Java 高级程序员面试笔试宝典

猿媛之家　组编

蔡 羽 楚 秦　等编著

机械工业出版社

本书是一本讲解 Java 高级程序员面试笔试的百科全书，在写法上，除了讲解如何解答 Java 高级程序员面试笔试问题以外，还引入了相关知识点辅以说明，让读者能够更加容易理解。

　　由于 Java 高级程序员所需要掌握的知识体系，较之初级、中级程序员会更加底层，所以本书会花费大量篇幅针对 Java 语言的高级特性（泛型、Collection 框架、JUC 框架、Java IO、JVM 等）进行深度剖析。本书将 Java 高级程序员面试笔试过程中各类知识点一网打尽。在广度上，通过各种渠道，搜集了近 3 年顶级 IT 企业针对 Java 高级程序员岗位的笔试、面试涉及的知识点，包括但不限于 Java 高级程序员必须掌握的各类技术点等，所选择知识点均为企业招聘考查的高频知识点。在讲解的深度上，本书由浅入深，分析每一个知识点，并提炼归纳，同时，引入相关知识点，并对知识点进行深度剖析，让读者不仅能够理解这个知识点，也能游刃有余地解决相似的问题。本书结构合理、条理清晰，对于读者进行学习与检索意义重大。

　　本书是一本计算机相关专业毕业生面试、笔试的求职用书，同时也适合期望在计算机软、硬件行业大显身手的计算机爱好者阅读。

图书在版编目（CIP）数据

Java 高级程序员面试笔试宝典 / 蔡羽等编著． —北京：机械工业出版社，2019.10（2021.5 重印）

ISBN 978-7-111-64118-6

Ⅰ. ①J… Ⅱ. ①蔡… Ⅲ. ①JAVA 语言—程序设计 Ⅳ. ①TP312.8

中国版本图书馆 CIP 数据核字（2019）第 242164 号

机械工业出版社（北京市百万庄大街 22 号　邮政编码 100037）

策划编辑：尚　晨　责任编辑：尚　晨

责任校对：张艳霞　责任印制：常天培

北京虎彩文化传播有限公司印刷

2021 年 5 月第 1 版·第 3 次印刷

184mm×260mm·20.25 印张·498 千字

4501－6000 册

标准书号：ISBN 978-7-111-64118-6

定价：79.00 元

电话服务

客服电话：010-88361066

　　　　　010-88379833

　　　　　010-68326294

封底无防伪标均为盗版

网络服务

机　工　官　网：www.cmpbook.com

机　工　官　博：weibo.com/cmp1952

金　书　网：www.golden-book.com

机工教育服务网：www.cmpedu.com

前　言

　　程序员求职始终是当前社会的一个热点，而市面上有很多关于程序员求职的书籍，例如《程序员代码面试指南》（左程云著）、《剑指Offer》（何海涛著）、《程序员面试笔试宝典》（何昊编著）、《Java程序员面试笔试宝典》（何昊编著）、《编程之美》（《编程之美》小组著）、《编程珠玑》（Jon Bentley 著）等，它们都是针对基础知识的讲解，各有侧重点，而且在市场上反映良好。但是，当前市面上没有一本专门针对Java高级程序员的面试笔试的分析与讲解，很多读者朋友们向我们反映，随着就业市场的竞争白热化，如果只是掌握一些浅显的初中级Java知识，那么找到一份月薪八千的工作问题不大，但要想获取更高的职位或薪酬，基本上是一件很难的事情。当下，一些互联网公司特殊Offer的要求也越来越高，要想领先他人，求职者就必须比别人掌握更深入的知识才行。

　　针对这种情况，我们创作团队经过精心准备，从互联网上的海量面试笔试真题中，选取了当前顶级企业（包括微软、谷歌、百度、腾讯、阿里巴巴、360和小米等）的面试笔试真题，挑选出其中最典型、考查频率最高、最具代表性的Java真题，同时对真题进行知识点的分门别类，做到层次清晰、条理分明、答案简单明了，最终编写成书。本书所选真题以及写作手法具有以下特点：

　　第一，考查率高。本书中所选知识点全是Java程序员面试笔试常考点，囊括当前Java程序员面试笔试过程中各类高频知识点，尤其是对高级Java语言特性的分析更是细致入微。

　　第二，行业代表性强。本书中所选知识点全部来自于顶级知名企业，它们是行业的风向标，代表了行业的高水准，其中绝大多数知识点因为题目难易适中，而且具有非常好的区分度，经常会被众多中小企业全盘照搬，具有代表性。

　　第三，答案详尽。本书对每一个知识点都有非常详细的解答，授之以鱼的同时还授之以渔，不仅提供答案，还告诉读者再遇到同类型题目时该如何解答。

　　第四，分类清晰、条理分明。本书对各个知识点都进行了归纳分类，这种写法有利于读者针对个人实际情况做到有的放矢、重点把握。

　　第五，讲解深入。对于大部分知识点，不仅给出这个知识点的用法，更重要的是给出其底层的实现原理。

　　由于篇幅所限，我们无法将所有的程序员面试笔试真题内容或者知识点都列入其中，鉴于此，我们在猿媛之家官方网站（www.yuanyuanzhijia.com）上提供了一个读者交流平台，读者朋友们可以在该网站上上传各类面试笔试真题，也可以查找自己所需要的知识，同时，读者朋友们也可以向本平台提供当前最新、最热门的程序员面试笔试题、面试技巧、程序员生活等相关材料。除此以外，我们还建立了公众号"猿媛之家"，作为对外消息发布平台，以便最大限度地满足读者需要。欢迎读者关注探讨新技术。

　　本书主要针对Java用户，我们还有专门针对C/C++用户的图书，同期出版发行。

感谢帮助过我们的亲人、同事、朋友和同学，无论我们遇到多大的挫折与困难，他们对我们不离不弃，一如既往地支持与帮助我们，使我们能够开开心心地度过每一天。在此对以上所有人致以最衷心的感谢。

所有的成长和伟大，如同中药，都是一个时辰一个时辰熬出来的；所有的好书，都是逐字逐句琢磨出来的。在技术的海洋里，我们不是创造者，但我们更愿意去当好一名传播者，让更多的求职者能够通过对本书的系统学习，找到一份自己满意的工作，实现自己的人生理想与抱负。

由于编者水平有限，书中不足之处在所难免，还望读者见谅。读者如果发现问题或者有此方面的困惑，可以通过邮箱 yuancoder@foxmail.com 联系我们。

猿媛之家

目　录

第二部分　JDK 内部实现原理分析

第三部分　JVM

第一部分　Java 特性

虽然本书重点介绍 Java 高级特性以及其实现原理，但是在面试笔试过程中，对基础知识的考查必不可少，因此这部分首先介绍部分 Java 的基础特性。Java 语言本身非常基础而且重要的特性，包括不可变类、值传递与引用传递、面向对象的特性、泛型和 Java 不同版本的一些新特性。

第1章 重视基础知识

1.1 不可变类

不可变类（Immutable class）是指当一个对象被创建出来以后，它的值就不能被修改了，也就是说，一个对象一旦被创建出来，在其整个生命周期中，它的成员变量就不能被修改了。它有点类似于常量（const），只允许别的程序读，而不允许别的程序进行修改。

在 Java 类库中，所有基本类型的包装类都是不可变类，例如 Integer、Float 等。此外，String 也是不可变类。可能有人会有疑问，既然 String 是不可变类，那么为什么还可以写出如下代码来修改 String 类型的值呢？

```
public class Test
{
    public static void main(String[] args)
    {
        String s="Hello";
        s+=" world";
        System.out.println(s);
    }
}
```

程序的运行结果为：

```
Hello world
```

表面上看，好像是修改 String 类型对象 s 的值。其实不是，String s="Hello" 语句声明了一个可以指向 String 类型对象的引用，这个引用的名字为 s，它指向了一个字符串常量"Hello"。s+=" world"并没有改变 s 所指向的对象（由于"Hello"是 String 类型的对象，而 String 又是不可变量），这句代码运行后，s 指向了另外一个 String 类型的对象，该对象的内容为"Hello world"。原来的那个字符串常量"Hello"还存在与内存中，并没有被改变。

在介绍完不可变类的基本概念后，下面主要介绍如何创建一个不可变类。通常来讲，要创建一个不可变类需要遵循下面五条基本原则：

1）类中所有的成员变量被 private 所修饰。

2）类中没有写或者修改成员变量的方法，例如：setxxx。只提供构造函数，一次生成，永不改变。

3）确保类中所有的方法不会被子类覆盖，可以通过把类定义为 final 或者把类中的方法定义为 final 来达到这个目的。

4）如果一个类成员不是不可变量，那么在成员初始化或者使用 get 方法获取该成员变量是需要通过 clone 方法，来确保类的不可变性。

　　5）如果有必要，可以通过覆盖 Object 类的 equals()方法和 hashCode()方法。在 equals()方法中，根据对象的属性值来比较两个对象是否相等，并且保证用 equals()方法判断为相等的两个对象的 hashCode()方法的返回值也相等，这可以保证这些对象能正确地放到 HashMap 或 HashSet 集合中。

　　除此之外，还有一些小的注意事项：由于类的不可变性，在创建对象的时候就需要初始化所有的成员变量，因此最好提供一个带参数的构造函数来初始化这些成员变量。

　　下面通过给出一个错误的实现方法与正确的实现方法来说明在实现这种类的时候需要特别注意的问题。首先给出一个错误的实现方法，示例代码如下所示：

```java
import java.util.Date;
class ImmutableClass
{
    private Date d;
    public ImmutableClass(Date d)
    {
        this.d=d;
    }
    public void printState()
    {
        System.out.println(d);
    }
}
public class TestImmutable
{
    public static void main(String[] args)
    {
        Date d=new Date();
        ImmutableClass immuC=new ImmutableClass(d);
        immuC.printState();
        d.setMonth(5);
        immuC.printState();
    }
}
```

程序的运行结果为：

```
Sun Aug 04 17:41:47 CST 2013
Tue Jun 04 17:41:47 CST 2013
```

　　需要说明的是，由于 Date 的对象的状态是可以被改变的，而 ImmutableClass 保存了 Date 类型对象的引用，当被引用的对象的状态改变的时候会导致 ImmutableClass 对象状态的改变。

　　其实，正确的实现方法应该如下所示：

```java
import java.util.ArrayList;
import java.util.Date;
class ImmutableClass
{
    private Date d;
    public ImmutableClass(Date d)
```

```
        {
                this.d=(Date)d.clone(); //解除了引用关系
        }
        public void printState()
        {
                System.out.println(d);
        }
        public Date getDate()
        {
                return (Date)d.clone();
        }
}
public class Test
{
        public static void main(String[] args)
        {
                Date d=new Date();
                ImmutableClass immuC=new ImmutableClass(d);
                immuC.printState();
                d.setMonth(5);
                immuC.printState();
        }
}
```

程序的运行结果为：

```
Sun Aug 04 17:47:03 CST 2013
Sun Aug 04 17:47:03 CST 2013
```

在 Java 语言中，之所以设计有很多不可变类，主要是因为不可变类具有使用简单、线程安全、节省内存等优点，但凡事有利就有弊，不可变类自然也不例外，例如，不可变的对象会因为值的不同而产生新的对象，从而导致无法预料的问题，所以，切不可滥用这种模式。

引申：对于一些敏感的数据（例如密码），为什么使用字符数组存储比使用 String 更安全？

答案：在 Java 语言中，String 是不可变类，它被存储在常量字符串池中，从而实现了字符串的共享，减少了内存的开支。正因为如此，一旦一个 String 类型的字符串被创建出来，这个字符串就会存在于常量池中，直到被垃圾回收器回收为止。因此，即使这个字符串（比如密码）不再被使用，它仍然会在内存中存在一段时间（只有垃圾回收器才会回收这块内容，程序员没有办法直接回收字符串）。此时有权限访问 memory dump（存储器转储）的程序都可能会访问到这个字符串，从而把敏感的数据暴露出去，这是一个非常大的安全隐患。如果使用字符数组，那么一旦程序不再使用这个数据，程序员就可以把字符数组的内容设置为空，此时这个数据在内存中就不存在了。从以上分析可以看出，与使用 String 相比，使用字符数组，程序员对数据的生命周期有更好的控制，从而可以增强安全性。

1.2　"=="、equals 与 hashcode

"=="、equals 与 hashcode 的作用类似，但也各有不同。

1）"=="运算符用来比较两个变量的值是否相等，也就是用于比较变量所对应的内存中所存储的数值是否相同，要比较两个基本类型的数据或两个引用变量是否相等，只能使用"=="运算符。

具体而言，如果两个变量是基本数据类型，那么可以直接使用"=="运算符比较其对应的值是否相等。如果一个变量指向的数据是对象（引用类型），那么，此时涉及了两块内存，对象本身占用一块内存（堆内存），变量也占用一块内存。例如，对于赋值语句 String s = new String()，变量 s 占用一块存储空间，而 new String()则存储在另外一块存储空间里，此时，变量 s 所对应的内存中存储的数值就是对象占用的那块内存的首地址。对于指向对象类型的变量，如果要比较两个变量是否指向同一个对象，那么要看这两个变量所对应的内存中的数值是否相等（这两个对象是否指向同一块存储空间），这时候就可以用"=="运算符进行比较。但是，如果要比较这两个对象的内容是否相等，那么用"=="运算符就无法实现了。

2）equals 是 Object 类提供的方法之一，因为每一个 Java 类都继承自 Object 类，所以每一个对象都具有 equals 这个方法。因为 Object 类中定义的 equals(Object) 方法是直接使用"=="运算符比较的两个对象，所以在没有覆盖 equals(Object) 方法的情况下，equals(Object) 与"=="运算符一样，比较的是引用。

相比"=="运算符，因为 equals(Object) 方法的特殊之处就在于它可以被覆盖，所以可以通过覆盖的方法让它不是比较引用而是比较数据内容。例如 String 类的 equals 方法是用于比较两个独立对象的内容是否相同，即堆中的内容是否相同。例如，对于下面的代码：

```
String s1=new String("Hello");
String s2=new String("Hello");
```

两条 new 语句创建了两个对象，然后用 s1、s2 这两个变量分别指向了一个对象，这是两个不同的对象，它们的首地址是不同的，即 a 和 b 中存储的数值是不相同的，所以，表达式 a==b 将返回 false，而这两个对象中的内容是相同的，所以，表达式 a.equals(b)将返回 true。

如果一个类没有自己定义 equals 方法，那么它将继承 Object 类的 equals 方法，Object 类的 equals 方法的实现代码如下所示：

```
boolean equals(Object o)
{
    return this==o;
}
```

通过以上例子可以看出，如果一个类没有自己定义 equals 方法，那么它默认的 equals 方法（从 Object 类继承的）就是使用"=="运算符，也是在比较两个变量指向的对象是否是同一对象，此时使用 equal 方法和使用"=="运算符会得到同样的结果，如果比较的是两个独立的对象，那么返回 false。如果编写的类希望能够比较该类创建的两个实例对象的内容是否相同，那么必须覆盖 equals 方法，由开发人员自己写代码来决定在什么情况即可认为两个对象的内容是相同的。

3）hashCode()方法是从 Object 类中继承过来的，它也用来鉴定两个对象是否相等。Object 类中的 hashCode()方法返回对象在内存中地址转换成的一个 int 值，所以如果没有重写 hashCode()方法，那么任何对象的 hashCode()方法都是不相等的。

虽然 equals 方法也是用来判断两个对象是否相等的，但是二者是有区别的。一般来讲，equals 方法是给用户调用的，如果需要判断两个对象是否相等，那么可以重写 equals 方法，然后在代码中调用，就可以判断它们是否相等了。对于 hashCode()方法，用户一般不会去调用它，例如在 hashmap 中，由于 key 是不可以重复的，它在判断 key 是否重复的时候就判断了 hashCode()这个方法，而且也用到了 equals 方法。此处"不可以重复"指的是 equals 和 hashCode()只要有一个不等就可以了。所以，hashCode()相当于是一个对象的编码，就好像文件中的 md5，它与 equals 方法的不同之处就在于它返回的是 int 型，比较起来不直观。

一般在覆盖 equals 方法的同时也要覆盖 hashCode()方法，否则，就会违反 Object.hashCode 的通用约定，从而导致该类无法与所有基于散列值(hash)的集合类（HashMap、HashSet 和 Hashtable）结合在一起正常运行。

hashCode()方法的返回值和 equals 方法的关系如下所示：如果 x.equals(y)返回 true，即两个对象根据 equals 方法比较是相等的，那么调用这两个对象中任意一个对象的 hashCode()方法都必须产生同样的整数结果。如果 x.equals(y)返回 false，即两个对象根据 equals()方法比较是不相等的，那么 x 和 y 的 hashCode()方法的返回值有可能相等，也有可能不等。反过来，hashCode()方法的返回值不等，一定能推出 equals 方法的返回值也不等，而 hashCode()方法的返回值相等，equals 方法的返回值则可能相等，也可能不等。

1.3 值传递与引用传递

按值传递指的是在方法调用时，传递的参数是实参值的拷贝。按引用传递指的是在方法调用时，传递的参数是实参的引用，也可以理解为实参所对应的内存空间的地址。

为了理解 Java 语言中的值传递与引用传递，首先给出下面的示例代码：

```
public class Test
{
    public static void testPassParameter(StringBuffer ss1, int n)
    {
        ss1.append(" World");
        n=8;
    }
    public static void main(String[] args)
    {
        int i=1;
        StringBuffer s1=new StringBuffer("Hello");
        testPassParameter(s1,i);
        System.out.println(s1);
        System.out.println(i);
    }
}
```

程序的运行结果为：

```
Hello World
1
```

从运行结果可以看出，int 作为参数的时候，对形参值的修改不会影响到实参，对于 StringBuffer 类型的参数，对形参对象内容的修改影响到了实参。为了便于理解，int 类型的参数可以理解为按值传递，StringBuffer 类型的参数可以理解为引用传递。

为了便于理解，Java 教材中会经常提到在 Java 应用程序中永远不会传递对象，而只传递对象引用，因此，是按引用传递对象。从本质上来讲，引用传递还是通过值传递来实现的，Java 语言中的引用传递实际上还是值传递（传递的是地址的值）。如图 1-1 所示。

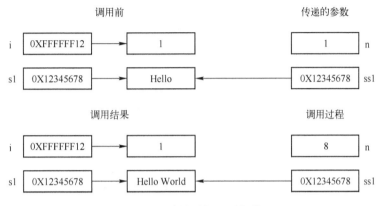

图 1-1 值传递与引用传递

下面首先按照传统的分析方法来理解按值传递和按引用传递：

为了便于理解，假设 1 和 "Hello" 存储的地址分别为 0XFFFFFF12 和 0X12345678。在调用方法 testPassParameter 的时候，由于 i 为基本类型，因此，参数是按值传递的，此时会创建一个 i 的副本，该副本与 i 有相同的值，把这个副本作为参数赋值给 n，作为传递的参数。而 StringBuffer 由于是一个类，因此，按引用传递，传递的是它的引用（可以理解为传递的是存储 "Hello 的地址"），如图 1-1 所示，在 testPassParameter 内部修改的是 n 的值，这个值与 i 是没关系的。但是在修改 ss1 的时候，修改的是 ss1 这个地址指向的字符串的内容，由于形参 ss1 与实参 s1 指向的是同一块存储空间，因此，修改 ss1 后，s1 指向的字符串也被修改了。

下面从另外一个角度出发来对引用传递进行详细分析：

对于变量 s1 而言，它是一个字符串对象的引用，引用的字符串的值是 "Hello"，而变量 s1 的值为 0X12345678（可以理解为是 "Hello" 的地址，或者 "Hello" 的引用），那么在方法调用的时候，参数传递的其实就是 s1 值的一个副本（0X12345678），如图 1-1 所示，ss1 的值也为 0X12345678。如果在方法调用的过程中通过 ss1（字符串的引用或地址）来修改字符串的内容，那么因为 s1 与 ss1 指向同一个字符串，因此，通过 ss1 对字符串的修改对 s1 也是可见的。但是方法中对 ss1 值的修改对 s1 是没有影响的，如下例所示：

```
public class Test
{
    public static void testPassParameter(StringBuffer ss1)
    {
        ss1 = new StringBuffer("World");
    }

    public static void main(String[] args)
```

```
        {
            StringBuffer s1 = new StringBuffer("Hello");
            testPassParameter(s1);
            System.out.println(s1);
        }
    }
```

程序的运行结果为：

Hello

对运行结果分析可知，在 testPassParameter 方法中，依然假设"Hello"的地址为 0XFFFFFF12（实际上是 s1 的值），在方法调用的时候，首先把 s1 的副本传递给 ss1，此时 ss1 的值也为 0XFFFFFF12，通过调用 ss1=new StringBuffer("World")语句实际上是改变了 ss1 的值（ss1 指向了另外一个字符串"World"），但是对形参 ss1 值的改变对实参 s1 没有影响，虽然 ss1 被改变"World"的引用（或者"World"的地址），s1 还是代表字符串"Hello"的引用（或可以理解为 s1 的值仍然是"Hello"的地址）。从这个角度出发来看，StringBuffer 从本质上来讲还是值传递，它是通过值传递的方式来传递引用的。

1.4 Java 关键字

1.4.1 static

static 关键字主要有两个作用：第一，为某特定数据类型或对象分配单一的存储空间，而与创建对象的个数无关。第二，实现某个方法或属性与类而不是对象关联在一起，也就是说，在不创建对象的情况下就可以通过类来直接使用类的方法或者属性。这一节将简要介绍一下 static 的作用。

（1）可修饰的元素

变量：静态变量，可以跨越代码块访问。

方法：静态方法，可以跨越代码块访问。

代码块：静态代码块，只能定义在类定义下，在类被加载时执行。

内部类：静态内部类，该类定义可以由外部类名引用。

导入包：静态导入包，导入指定的 static 变量。

（2）详细说明

static，静态，表示随着类的加载而加载，不会重复加载，执行顺序在 main 方法之前。在 JVM 内存里，static 修饰的变量存在于方法区中。静态导入包比较少见，其语法如下所示：

```
import static book.Constants.*; //引入 Constants 下的所有 static 变量

public class StaticImportConstants
{
    public static void main(String[] args)
    {
        int start = START;
```

```
            }
        }

        public interface Constants
        {
            int START = 1;
            int END = 2;
        }
```

1.4.2　final

final 用于声明属性、方法和类，分别表示属性不可变、方法不可覆盖、类不可被继承（不能再派生出新的子类）。

final 属性：被 final 修饰的变量不可变，由于不可变有两重含义，一是引用不可变，二是对象不可变。那么 final 到底指的是哪种含义呢？下面通过一个例子来进行说明。

```
public class Test
{
    public static void main(String[] arg)
    {
        final StringBuffer s=new StringBuffer ("Hello");
        s.append(" world");
        System.out.println(s);
    }
}
```

```
public class Test
{
    public static void main(String[] arg)
    {
        final StringBuffer s=new StringBuffer ("Hello");
        s=new StringBuffer("Hello world");
    }
}
```

运行结果为：

```
Hello world
```

编译期间错误

从以上例子中可以看出，final 指的是引用的不可变性，即它只能指向初始时指向的那个对象，而不关心指向对象内容的变化。所以，被 final 修饰的变量必须被初始化。一般可以通过以下几种方式对其进行初始化：①在定义的时候初始化；②final 成员变量可以在初始化块中初始化，但不可在静态初始化块中初始化；③静态 final 成员变量可以在静态初始化块中初始化；④在类的构造器中初始化，但静态 final 成员变量不可以在构造方法中初始化。

final 方法：当一个方法声明为 final 时，该方法不允许任何子类重写这个方法，但子类仍然可以使用这个方法。另外还有一种被称为 inline（内联）的机制，当调用一个被声明为 final 的方法时，直接将方法主体插入到调用处，而不是进行方法调用（类似于 C++语言中的 inline），这样做能提高程序的效率。

final 参数：用来表示这个参数在这个方法内部不允许被修改。

final 类：当一个类被声明为 final 时，此类不能被继承，所有方法都不能被重写。但这并不表示 final 类的成员变量也是不可改变的，要想做到 final 类的成员变量不可改变，必须给成员变量增加 final 修饰。值得注意的是，一个类不能既被声明为 abstract，又被声明为 final。

引申：为什么匿名内部类只能使用成员变量或者被 **final** 修饰的局部变量呢？

这是因为匿名内部类的生存期可能比一般的局部变量更久。

例如一个 Runable 的实现体，有可能在数秒之后才被调用，而它的外部方法体已经随着代码执行完毕而消亡了，之前定义在外部方法体内的变量随着方法区内存的回收也一起消亡了。

而被 final 修饰的局部变量在匿名内部类中有一个引用的副本，由于它本身不可被修改引用，所以可以在开发期认为 final 局部变量和内部类的引用副本是同一个引用。

1.4.3　transient

Java 的 serialization 提供了一种持久化对象实例的机制。当持久化一个对象时，可能并不想持久化所有的属性。对于这种情况，可以通过在属性前加上关键字 transient 来实现。

例如以下代码是 SuperClass 和 Sub 两个类的定义。在序列化一个 Sub 的对象 Sub 到文件时，只有 radius 会被保存到文件中。

```
class SuperClass
{
    public String name;
}
class Sub extends SuperClass implements Serializable
{
    private float radius;
    transient int color;
    public static String type = "Sub";
}
```

在分布式环境下，当进行远程通信时，无论是何种类型的数据，都会以二进制序列的形式在网络上传送。序列化是一种将对象转换成字节序列的过程，用于解决在对对象流进行读写操作时所引发的问题。序列化可以将对象的状态写在流里进行网络传输，或者保存到文件、数据库等系统里，并在需要的时候把该流读取出来重新构造成一个相同的对象。

如何实现序列化呢？其实，所有要实现序列化的类都必须实现 Serializable 接口，Serializable 接口位于 java.lang 包中，它里面没有包含任何方法。使用一个输出流（例如 FileOutputStream）来构造一个 ObjectOutputStream（对象流）对象，紧接着，使用该对象的 writeObject（Object obj）方法就可以将 obj 对象写出（即保存其状态），要恢复的时候可以使用其对应的输入流。

具体而言，序列化有如下几个特点：

1）如果一个类能被序列化，那么它的子类也能够被序列化。

2）由于 static（静态）代表类的成员，transient（Java 语言关键字，如果用 transient 声明一个实例变量，那么当对象存储时，它的值不需要维持）代表对象的临时数据，因此，被声明为这两种类型的数据成员是不能够被序列化的。

3）子类实现了 Serializable 接口，父类没有，父类中的属性不能序列化，但是子类中的属性仍能正确序列化。

1.4.4　volatile

该字段用于修饰会被多线程访问属性，以保持修改对所有线程可见。

相比于 synchronized，它仅用于修饰字段，且它只保持线程安全三要素中的可见性和有序性，并不保证操作的原子性。所以，它不严格地保证线程安全。

volatile 的实现基于内存栅栏（Memory Barrier）。

一个 volatile 字段在修改时，JVM 会执行一个 Write-Barrier 操作，该操作将当前处理器缓存的数据写回系统内存，并且使其他 CPU 核心里引用了该地址的数据变成脏数据。

当读取时，JVM 会多执行一个 Read-Barrier 指令，如果该数据已经变脏，那么从主存中重新获取数据。

第 2 章 再论面向对象

面向对象是现在非常流行的开发方法，它有诸多优点，下面主要介绍其中三个优点：

1）较高的开发效率。采用面向对象的开发方式，可以对现实的事物进行抽象，可以把现实的事物直接映射为开发的对象，与人类的思维过程相似。例如可以设计一个 Car 类来表示现实中的汽车，这种方式非常直观明了，也非常接近人们的正常思维。同时，由面向对象的开发方式可以通过继承或者组合的方式来实现代码的重用，因此可以大大地提高软件的开发效率。

2）保证软件的鲁棒性。正是由于面向对象的开发方法有很高的重用性，在开发的过程中可以重用已有的而且在相关领域经过长期测试的代码，所以，自然而然地对软件的鲁棒性起到了良好的促进作用。

3）保证软件的高可维护性。由于采用面向对象的开发方式，使得代码的可读性非常好，同时面向对象的设计模式也使得代码结构更加清晰明了。同时针对面向对象的开发方式，已有许多非常成熟的设计模式，这些设计模式可以使程序在面对需求的变更时，只需要修改部分的模块就可以满足需求。因此维护起来非常方便。

2.1 继承

2.1.1 多重继承

继承的主要目的就是为了重用父类的属性或者方法，而不需要重新重复定义。众所周知，Java 语言是不支持多重继承的。但是还是可以通过其他的方法间接地实现多重继承，下面重点介绍两种方法：

（1）通过接口来实现

在 Java 语言中，虽然不允许一个类继承多个类，但是允许一个类实现多个接口，因此可以通过实现多个接口的方法间接地实现多重继承的功能，实现示例如下所示：

```
interface CanFly
{
    public void   fly();
}
interface CanRun
{
    public void run();
}

class Animal
{
    public void getCatagory(){System.out.println("I'm animal");}
```

```java
}
class Duck extends Animal implements CanFly, CanRun
{
    public void fly() {System.out.println("I can fly");}
    public void run() {System.out.println("I can run");}
}
public class Test
{
    public static void main(String[] args)
    {
        Duck d=new Duck();
        d.getCatagory();
        d.fly();
        d.run();
    }
}
```

（2）通过内部类实现

在一个类中定义一些内部的类，让这些内部类继承自不同的父类，这样可以通过这些内部类来访问不同类的方法，从本质上讲，这种方法更像是组合，而不是继承。但是因为它有着继承的特点（可以重用多个类的方法与属性），因此这种方法也可以被看成是一种可以间接地实现多重继承的方法，实现示例如下所示：

```java
class Memory
{
    public void   m(){System.out.println("Memory");}
}
class CPU
{
    public void c(){System.out.println("CPU");}
}

class Computer
{
    class Memory1 extends Memory{}
    class CPU1 extends CPU{}
    public void m(){new Memory1().m();}
    public void c(){new CPU1().c();};
}
public class Test
{
    public static void main(String[] args){
            Computer c=new Computer();
        c.m();
        c.c();
    }
}
```

2.1.2 Overload 与 Override

多态是面向对象程序设计中代码重用的一个重要机制，它表示当同一个操作作用在不同的对象的时候，会有不同的语义，从而会产生不同的结果。比如：同样是"+"操作，3+4 用来实现整数相加，而"3"+"4"却实现了字符串的连接。在 Java 语言中，多态主要有以下两种表现方式：

（1）重载（Overload）

重载是指同一个类中有多个同名的方法，但这些方法有着不同的参数，因此可以在编译的时候就可以确定到底调用哪个方法，它是一种编译时多态。重载可以被看作一个类中的方法多态性。

（2）覆盖（Override）

由于子类可以覆盖父类的方法，因此同样的方法会在父类与子类中有着不同的表现形式。在 Java 语言中，基类的引用变量不仅可以指向基类的实例对象，也可以指向其子类的实例对象。同样，接口的引用变量也可以指向其实现类的实例对象。而程序调用的方法在运行期才动态绑定（绑定指的是将一个方法调用和一个方法主体连接到一起），就是引用变量所指向的具体实例对象的方法，也就是内存里正在运行的那个对象的方法，而不是引用变量的类型中定义的方法。通过这种动态绑定的方法实现了多态。由于只有在运行时才能确定调用哪个方法，因此通过方法覆盖实现的多态也可以被称为运行时多态。如下例所示：

```java
class Base
{
    public Base(){ g();   }
    public void f()
    {
        System.out.println("Base f()");
    }
    public void g()
    {
        System.out.println("Base g()");
    }
}
class Derived extends Base
{
    public void f()
    {
        System.out.println("Derived f()");
    }
    public void g()
    {
        System.out.println("Derived g()");
    }
}
public class Test
{
    public static void main(String[] args)
```

```
        {
            Base b=new Derived();
            b.f();
            b.g();
        }
    }
```

程序的运行结果为：

```
Derived g()
Derived f()
Derived g()
```

上例中，由于子类 Derived 的 f()方法和 g()方法与父类 Base 的方法同名，因此 Derived 的方法会覆盖 Base 的方法。在执行 Base b = new Derived()语句的时候，会调用 Base 类的构造函数，而在 Base 的构造函数中，执行了 g()方法，由于 Java 语言的多态特性，此时会调用子类 Derived 的 g()方法，而非父类 Base 的 g()方法，因此会输出 Derived g()。由于实际创建的是 Derived 类的对象，后面的方法调用都会调用子类 Derived 的方法。

此外，只有类中的方法才有多态的概念，类中成员变量没有多态的概念。如下例所示：

```
class Base
{
    public int i=1;
}
class Derived extends Base
{
    public int i=2;
}
public class Test
{
    public static void main(String[] args)
    {
        Base b=new Derived();
        System.out.println(b.i);
    }
}
```

程序的运行结果为：

```
1
```

由此可见，成员变量是无法实现多态的，成员变量的值取父类还是子类并不取决于创建对象的类型，而是取决于定义的变量的类型。这是在编译期间确定的。在上例中，因为 b 所属的类型为 Base，b.i 指的是 Base 类中定义的 i，所以程序输出结果为 1。

2.2　反射

在 Java 语言中，反射机制是指对于处在运行状态中的类，都能够获取到这个类的所有属性和方法。对于任意一个对象，都能够调用它的任意一个方法以及访问它的属性；这种通过动态获取类或对象的属性以及方法从而完成调用功能被称为 Java 语言的反射机制。它主要实现了以下功能：

- 获取类的访问能修饰符、方法、属性以及父类信息。
- 在运行时根据类的名字创建对象。在运行时调用任意一个对象的方法。
- 在运行时判断一个对象属于哪个类。
- 生成动态代理。

在反射机制中 Class 是一个非常重要的类，在 Java 语言中获取 Class 对象主要有如下几种方法：

（1）通过 className.class 来获取

```
class A
{
    static   { System.out.println("static block"); }
    { System.out.println("dynamic block"); }
}

class Test
{
    public static void main(String[] args)
    {
        Class<?> c=A.class;
        System.out.println("className:"+c.getName());
    }
}
```

程序的运行结果为：

```
className:A
```

（2）通过 Class.forName() 来获取

```
public static void main(String[] args)
{
    Class<?> c=null;
    try
    {
        c=Class.forName("A");
    }
    catch(Exception e)
    {
        e.printStackTrace();
    }
    System.out.println("className:"+c.getName());
}
```

程序的运行结果为：

```
static block
className:A
```

（3）通过 Object.getClass()来获取

```
public static void main(String[] args)
{
    Class<?> c=new A().getClass();
    System.out.println("className:"+c.getName());
}
```

程序的运行结果为：

```
static block
dynamic block
className:A
```

从上面的例子可知，虽然这三种方式都可以够获得 Class 对象，但是它们还是有区别的，区别如下：

● 方法一不执行静态块和动态构造块。

● 方法二只执行静态块、而不执行动态构造块。

● 方法三因为需要创建对象，所以会执行静态块和动态构造块。

Class 类提供了非常多的方法，下面给出三类常用的方法：

（1）获取类的构造方法

构造方法的封装类为 Constructor，Class 类中有如下四个方法来获得 Constructor 对象：

1）public Constructor<?>[] getConstructors()：返回类的所有的 public 构造方法。

2）public Constructor<T> getConstructor(Class<?>... parameterTypes)：返回指定的 public 构造方法。

3）public Constructor<?>[] getDeclaredConstructors()：返回类的所有的构造方法。

4）public Constructor<T> getDeclaredConstructor(Class<?>... parameterTypes)：返回指定的构造方法。

（2）获取类的成员变量的方法

成员变量的封装类为 Field 类，Class 类提供了以下四个方法来获取 Field 对象：

1）public Field[] getFields()：获取类的所有 public 成员变量。

2）public Field getField(String name)：获取指定的 public 成员变量。

3）public Field[] getDeclaredFields()：获取类的所有的成员变量。

4）public Field getDeclaredField(String name)：获取任意访问权限的指定名字的成员。

（3）获取类的方法

1）public Method[] getMethods()。

2）public Method getMethod(String name,Class<?>... parameterTypes) public Method[]。

3）getDeclaredMethods()：获取所有的方法。

4）public Method getDeclaredMethod(String name,Class<?>... parameterTypes)。

使用示例如下所示：

```
import java.lang.reflect.*;

public class Test
```

```
{
    protected Test()    { System.out.println("Protected constructor"); }
    public Test(String name) { System.out.println("Public constructor"); }

    public void f() { System.out.println("f()");        }

    public void g(int i){ System.out.println("g()：" + i);   }

    /* 内部类 */
    class Inner { }

    public static void main(String[] args) throws Exception
    {
        Class<?> clazz = Class.forName("Test");

        Constructor<?>[] constructors = clazz.getDeclaredConstructors();
        System.out.println("Test 类的构造函数：");
        for (Constructor<?> c : constructors)
        {
            System.out.println(c);
        }

        Method[] methods = clazz.getMethods();
        System.out.println("Test 的全部 public 方法：");
        for (Method md : methods)
        {
            System.out.println(md);
        }

        Class<?>[] inners = clazz.getDeclaredClasses();
        System.out.println("Test 类的内部类为：");
        for (Class<?> c : inners)
        {
            System.out.println(c);
        }
    }
}
```

程序的运行结果为：

```
Test 类的构造函数：
protected Test()
public Test(java.lang.String)
Test 的全部 public 方法：
public static void Test.main(java.lang.String[]) throws java.lang.Exception
public void Test.f()
public void Test.g(int)
public final void java.lang.Object.wait() throws java.lang.InterruptedException
public final void java.lang.Object.wait(long,int) throws java.lang.InterruptedException
public final native void java.lang.Object.wait(long) throws java.lang.InterruptedException
public boolean java.lang.Object.equals(java.lang.Object)
```

```
public java.lang.String java.lang.Object.toString()
public native int java.lang.Object.hashCode()
public final native java.lang.Class java.lang.Object.getClass()
public final native void java.lang.Object.notify()
public final native void java.lang.Object.notifyAll()
Test 类的内部类为：
class Test$Inner
```

引申：有如下代码：

```
class ReadOnlyClass
{
    private    Integer age = 20;
    public Integer getAge() { return age; }
}
```

现给定一个 ReadOnlyClass 的对象 roc，能否把这个对象的 age 值改成 30？

答案：从正常编程的角度出发分析，会发现在本题中，age 属性被修饰为 private，而且这个类只提供了获取 age 的 public 的方法，而没有提供修改 age 的方法，因此，这个类是一个只读的类，无法修改 age 的值。但是 Java 语言还有一个非常强大的特性：反射机制，所以，本题中，可以通过反射机制来修改 age 的值。

在运行状态中，对于任意一个类，都能够知道这个类的所有属性和方法；对于任意一个对象，都能够调用它的任意一个方法和属性；这种动态获取对象的信息以及动态调用对象的方法的功能称为 Java 语言的反射机制。Java 反射机制容许程序在运行时加载、探知、使用编译期间完全未知的 class。换句话说，Java 可以加载一个运行时才得知名称的 class，获得其完整结构。

在 Java 语言中，任何一个类都可以得到对应的 Class 实例，通过 Class 实例就可以获取类或对象的所有信息，包括属性（Field 对象）、方法（Method 对象）或构造方法（Constructor 对象）。对于本题而言，在获取到 ReadOnlyClass 类的 class 实例以后，就可以通过反射机制获取到 age 属性对应的 Field 对象，然后可以通过这个对象来修改 age 的值，实现代码如下所示：

```
import java.lang.reflect.Field;
class ReadOnlyClass
{
    private Integer age = 20;
    public Integer getAge()
    {
        return age;
    }
}
public class Test
{
    public static void main(String[] args) throws Exception
    {
        ReadOnlyClass pt = new ReadOnlyClass();
        Class<?> clazz = ReadOnlyClass.class;
        Field field = clazz.getDeclaredField("age");
```

```
                field.setAccessible(true);
                field.set(pt, 30);
                System.out.println(pt.getAge());
            }
        }
```

程序的运行结果为：

```
    30
```

2.3　嵌套类

在 Java 语言中，可以把一个类定义到另外一个类的内部，在类里面的这个类就叫做内部类，外面的类称为外部类。在这种情况下，这个内部类可以被看成外部类的一个成员（与类的属性和方法类似）。还有一种类被称为顶层（top-level）类，指的是类定义代码不嵌套在其他类定义中的类。

内部类可以分为很多种，主要有以下四种：静态内部类（static inner class）、成员内部类（member inner class）、局部内部类（local inner class）和匿名内部类（anonymous inner class）。它们的定义方法如下所示：

```
class outerClass
{
        static class innerClass{}    //静态内部类
}
```

```
class outerClass
{
        class innerClass{}    //成员内部类（普通内部类）
}
```

```
class outerClass
{
      public void menberFunction()
      {
            class innerClass{}      //局部内部类
      }
}
```

```
public class MyFrame extends Frame
{ //外部类
  public MyFrame()
  {
            addWindowListener(new WindowAdapter()
            { //匿名内部类
                public void windowClosing(WindowEvent e)
                {
                     dispose();
```

```
                        System.exit(0);
                    }
            });
        }
    }
```

　　静态内部类是指被声明为 static 的内部类，它可以不依赖于外部类实例而被实例化，而通常的内部类需要在外部类实例化后才能实例化。静态内部类不能与外部类有相同的名字，不能访问外部类的普通成员变量，只能访问外部类中的静态成员和静态方法（包括私有类型）。

　　一个静态内部类，如果去掉 static 关键字，那么就成为成员内部类。成员内部类为非静态内部类，它可以自由地引用外部类的属性和方法，无论这些属性和方法是静态的还是非静态的。但是它与一个实例绑定在了一起，不可以定义静态的属性和方法。只有在外部的类被实例化后，这个内部类才能被实例化。需要注意的是，非静态内部类中不能有静态成员。

　　局部内部类指的是定义在一个代码块内的类，它的作用范围为其所在的代码块，是内部类中最少使用到的一种类型。局部内部类像局部变量一样，不能被 public、protected、private 以及 static 修饰。对一个静态内部类，去掉其声明中的"static"关键字，将其定义移入其外部类的静态方法或静态初始化代码段中就成为局部静态内部类。对一个成员类，将其定义移入其外部类的实例方法或实例初始化代码中就成为局部内部类。局部静态内部类与静态内部类的基本特性相同。局部内部类与内部类的基本特性相同。

　　匿名内部类是一种没有类名的内部类，不使用关键字 class、extends、implements，没有构造函数，它必须继承（extends）其他类或实现其他接口。匿名内部类的一般好处是代码更加简洁、紧凑，但带来的问题是易读性下降。它一般应用于 GUI（Graphical User Interface，图形用户界面）编程中实现事件处理等。在使用匿名内部类时，需要牢记以下几个原则：

　　1）匿名内部类不能有构造函数。

　　2）匿名内部类不能定义静态成员、方法和类。

　　3）匿名内部类不能是 public、protected、private、static。

　　4）只能创建匿名内部类的一个实例。

　　5）一个匿名内部类一定是在 new 的后面，这个匿名类必须继承一个父类或实现一个接口。

　　6）因为匿名内部类为局部内部类，所以局部内部类的所有限制都对其生效。

第3章 泛　　型

Java 在 JDK1.5 中引入泛型这一新特性，泛型的本质是参数化类型，也就是说，可以把数据类型指定为一个参数，这个参数类型可以用在类、接口和方法的创建中。泛型在 Java 语言的 Collection 中大量地被使用，例如 List 允许被插入任意类型的对象，在程序中可以声明 List<Integer>、List<String>等更多的类型。泛型的引入为程序员带来了很多编程的好处，具体而言，有以下两个方面的内容：

1）简单安全。一方面，由于在编译时会进行类型检查，因此提高了安全性，另一方面，在编译阶段就可以把错误报出来，从而减轻了程序员的调试工作量。

2）性能的提升。以容器为例，在没有泛型的时候，由于容器返回的类型都是 Object 类型，因此需要根据实际情况将返回值强制转换为期望的类型。在引入泛型以后，由于容器中存储的类型在声明的时候可以确定，因此对容器的操作不需要进行类型转换，这样做的好处是一方面增强了代码的可读性，降低了程序出错的可能性，另一方面也提高了程序运行的效率。

3.1　基本概念

在 JDK 1.5 之前的版本中，Java 没有办法显式地指定容器中存储的类型，在没有注释或者文档说明的情况下，很容易出现运行时错误。以如下代码为例：

```
ArrayList list = new ArrayList();
list.add(0);
list.add(1);
list.add('2');
list.add(3);
//输出 list 内容
System.out.println(list);
//遍历输出 list 内容
for (int i = 0, len = list.size(); i < len; i++)
{
    Integer object = (Integer) list.get(i);
    System.out.println(object);
}
```

以上代码的运行结果如下所示：

```
[0, 1, 2, 3]
0
1
Exception in thread "main" java.lang.ClassCastException: java.lang.Character cannot be cast to
java.lang.Integer
        at capter3.generic.Generic3_1.test2(Generic3_1.java:28)
```

```
at capter3.generic.Generic3_1.main(Generic3_1.java:17)
```

从上面的运行结果可以看出，在直接输出 list 的时候，int 类型的 1 和 char 类型的 2 是看不出区别的，一旦忽略了类型的差别，当在代码中强制转换为 Integer 类型使用的时候，就抛出了强制类型转化异常。

泛型正是为了解决这种问题而诞生的。泛型是一种编程范式（Programming Paradigm），是为了效率和重用性产生的。由 Alexander Stepanov（C++标准库主要设计师）和 David Musser（伦斯勒理工学院计算机科学名誉教授）首次提出，自实现之日起，它就成为了 ANSI/ISO C++ 的重要标准之一。

泛型的本质是一个参数化的类型，那么，什么是参数化？

其实，参数是一个外部变量。对于一个方法，其参数都是从外部传入的，那么，参数的类型是否也作为一个参数，在运行时决定呢？答案是肯定的，泛型就可以做到这一点。示例代码如下所示：

```
List<String> list = new ArrayList<String>();
list.add(1);
```

上述代码中，在第 2 行处，会抛出如下的编译期错误：

The method add(int, String) in the type List<String> is not applicable for the arguments (int)

之所以会出现以上这样的现象，是因为 list 在声明时定义了 String 为自己需要的类型，而由于 1 是一个整型数，因此会出现类型不匹配的问题。在上面的例子中，以下几种添加方式都是合法的：

```
list.add("字符串");
list.add(new String());
String str="字符串";
list.add( str);
```

由此可见，泛型的出现是非常有必要的。具体而言，它主要提供了如下几个方面的功能：

1）避免代码中的强制类型转换。

2）限定类型。在编译时提供一个额外的类型检查，避免错误的值被存入容器。

3）实现一些特别的编程技巧。例如：提供一个方法用于拷贝对象，在不提供额外方法参数的情况下，使返回值类型和方法参数类型保持一致。

3.1.1　泛型的分类

根据泛型使用方式的不同，可以把泛型分为泛型接口、泛型类和泛型方法。它们的定义如下所示：

泛型接口：在接口定义的接口名后加上<泛型参数名>，就定义了一个泛型接口，该泛型参数名的作用域存在于接口定义和整个接口主体内。

泛型类：在类定义的类名后加上<泛型参数名>，就定义了一个泛型类，该泛型参数名的作用域存在于类定义和整个类主体内。

方法类：在方法的返回值之前加上<泛型参数名>，就定义了一个泛型方法，该泛型参数名的作用域包括方法返回值、方法参数、方法异常以及整个方法主体。

下面通过一个例子来分别介绍这几种泛型的定义方法，示例代码如下所示：

```
/* 在普通的接口后加上<泛型参数名>即可以定义泛型接口 */
interface GenericInterface<T> {}

/*
** 在类定义后加上<泛型参数名>即可定义一个泛型类,
** 注意后面这个 GenericInterface<T>，这里是使用类的泛型参数，而非定义。
*/
class GenericClass<T> implements GenericInterface<T>
{
    /* 在返回值前定义了泛型参数的方法，就是泛型方法。*/
    public <K, E extends Exception> K genericMethod(K param) throws E
    {
            java.util.List<K> list = new ArrayList<K>();
            K k = null;
            return null;
    }
}
```

在上例中，class GenericClass<T> implements GenericInterface<T>中有两个地方使用了<T>，它们是同一个概念吗？为了回答这个问题，下面给出几个基本概念，通过对这些基本概念的理解，将可以解决大部分类似的泛型问题。

1）类（接口）的泛型定义位置紧跟在类（接口）定义之后，可以替代该类（接口）定义内部的任意类型。在该类（接口）被声明时，确定泛型参数。

2）方法的泛型定义位置在修饰符之后，返回值之前，可以替代该方法中使用的任意类型，包括返回值、参数以及局部变量。在该方法被调用时，确定泛型参数，一般来说，是通过方法参数来确定的泛型参数。

3）<>的出现有两种情况，一是定义泛型，二是使用某个类/接口来具象化泛型。

根据上面介绍的几个基本概念，再来分析 class GenericClass<T> implemenets GenericInterface<T>这句代码就比较好理解了。上例中，由于 class GenericClass 是类的定义，那么第一个<T>就构成了泛型参数的定义，而接口 GenericInterface 是定义在别处的，因为该代码是对此接口的引用，所以，第二个<T>是使用泛型 T 来规范 GenericInterface。

引申：如果泛型方法是没有形参的，那么是否还有其他方法来指定类型参数？

答案：有方法指定，但是这个语法并不常见，实现代码如下所示：

```
GenericClass<String> gc=new GenericClass<String>();
gc.<String>genericMethod(null);
```

上面出现了一个非常特别的代码形式，gc.genericMethod(null)中间多出了一个<String>，它的作用是为 genericMethod 方法进行泛型参数定义。

3.1.2 有界泛型

有界泛型有三个非常重要的关键字：?、extends 和 super。以下将分别对它们进行分析。

1）? 表示通配符类型，用于表达任意类型，需要注意的是，它指代的是"某一个任意类型"，但并不是 **Object**。

示例代码如下所示：

```
class Parent { }
class Sub1 extends Parent {}
class Sub2 extends Parent { }

class WildcardSample<T>
{
    T obj;
    void test()
    {
        WildcardSample<Parent> sample1 = new WildcardSample<Parent>();
        //编译错误
        WildcardSample<Parent> sample2 = new WildcardSample<Sub1>();

        //正常编译
        WildcardSample<?> sample3 = new WildcardSample<Parent>();
        WildcardSample<?> sample4 = new WildcardSample<Sub1>();
        WildcardSample<?> sample5 = new WildcardSample<Sub2>();

        sample1.obj = new Sub1();
        // 编译错误
        sample3.obj = new Sub1();
    }
}
```

以上代码体现了通配符的作用。针对以上代码，分析如下：

① 由于 sample2 的声明中使用了 Parent 作为泛型参数，因此它不能指向使用 Sub1 作为泛型参数的实例。因为编译器处理泛型时严格地按照定义来执行，Sub1 虽然是 Parent 的子类，但它毕竟不是 Parent。

② 当 sample3~5 声明里使用?作为泛型参数的时候，可以指向任意 WildcardSample 实例。

③ sample1.obj 可以指向 Sub1 实例，这是因为 obj 被认为是 Parent，而 Sub1 是 Parent 的子类，满足向上转型。

④ sample3.obj 不能指向 Sub1 实例，因为 sample3.obj 的类型是？，这个通配符表示"某个类型"而并不是 Object，所以，Sub1 并不是？的子类，抛出编译期错误。例如：类型？从理论上讲，可以去表示 Sub2，如果把 Sub1 的对象赋给它，那么显然是不合理的。

⑤ 虽然有如此多的限制，但唯一可以确定的是可以使用 Object 类型来读取 sample3.obj，毕竟无论通配符是什么类型，Object 一定是它的父类。因此在这种情况下，这种通配符主要的作用是读而不是写，即可以读取 Object 类型。

引申：设想如果 sample3.obj = new Sub1()可以编译通过，那么事实上期望的 sample3 类型是 WildcardSample<Object>，这样的话，通配符就失去意义了。而在实际应用中，这并不只是失去意义这样简单的事，还会引起执行异常。下面给出例子来帮助理解：

```
WildcardSample<Parent> sample1 = new WildcardSample<Parent>();
sample1.obj = new Parent();
```

```
                WildcardSample<?> extSample = sample1;
                //原本应当被限定为 Parent 类型，这里使用了 String 类型，必须抛出异常。
                extSample.obj = new String();
```

2）**extends** 在泛型里不是继承，而是定义上界的意思，例如 **T extends UpperBound**，**UpperBound** 为泛型 **T** 的上界，也就是说，**T** 必须为 **UpperBound** 或者它的子类。

泛型上界可以用于定义以及声明代码处，在不同的位置使用的时候，它的作用与使用方法都有所不同，示例代码如下所示：

```
        /* 有上界的泛型类 */
        class ExtendSample<T extends Parent>
        {
            T obj;
            /* 有上界的泛型方法 */
            <K extends Sub1> T extendMethod(K param)
            {
                return this.obj;
            }
        }

        public class Generic3_1_2_b
        {
            public static void main(String[] args)
            {
                ExtendSample<Parent> sample1 = new ExtendSample<Parent>();
                ExtendSample<Sub1> sample2 = new ExtendSample<Sub1>();
                ExtendSample<? extends Parent> sample3 = new ExtendSample<Sub1>();
                ExtendSample<? extends Sub1> sample4;
                sample4 = new ExtendSample<Sub2>();   // 编译错误
                ExtendSample<? extends Number> sample5; // 编译错误
                sample1.obj = new Sub1();
                sample3.obj = new Parent();   // 编译错误
            }
        }
```

以上这个例子中使用了一个具备上界的泛型方法和一个具备上界的泛型类，它们体现了 extends 在泛型中的应用：

① 在方法、接口或类的泛型定义时，需要使用泛型参数名（例如 T 或者 K）。

② 在声明位置使用泛型参数时，需要使用通配符，意义是"用来指定类的上界（该类或其子类）"。

即使加上了上界，使用通配符来定义的对象，**也是只能读，不能写**。例如 B 和 C 都是 A 的子类，对于一个声明的列表 List<? extends A>，唯一可以确定的是这个列表中一定存储的是 A 或者它的子类，也就是说，可以从这个列表中读取类型 A 的对象，但是无法向列表中写入任何类型。之所以不能写入 A，是因为列表中有可能存储的是 B 类型，之所以不能写入 B，是因为列表中有可能存储的是 C 类型。

3）**super** 关键字用于定义泛型的下界。例如 **T super LowerBound**，**LowerBound** 为泛型 **T** 的下界，也就是说，**T** 必须为 **LowerBound** 或者它的父类。

泛型下界只能应用于声明代码处，表示泛型参数一定是指定类或其父类。

参考以下代码：

```
class SuperSample<T> {   T obj; }

public class Generic3_1_2_c
{
    public static void main(String[] args)
    {
        SuperSample<? super Parent> sample1 = new SuperSample<Parent>();
        // 编译错误，因为只能存放 Parent 或它的父类
        SuperSample<? super Parent> sample2 = new SuperSample<Sub1>();
        SuperSample<? super Sub1> sample3 = new SuperSample<Parent>();

        sample1.obj = new Sub1();
        sample1.obj = new Sub2();
        sample1.obj = new Parent();

        sample3.obj = new Sub1();
        sample3.obj = new Sub2();   // 编译错误
        sample3.obj = new Parent();// 编译错误
    }
}
```

通过以上这个例子可以发现：

① sample1.obj 一定是 Parent 或者 Parent 的父类，那么 Sub1/Sub2/Parent 都能满足向上转型，也就是说，Sub1 或 Sub2 的对象可以赋值给 sample1.obj。因为可以确定的是 sample1.obj 一定是 Sub1 与 Sub2 父类。Parent 的对象也可以赋值给 sample1.obj，因为 sample1.obj 一定是 Parent 或它的父类。

② sample3.obj 一定是 Sub1 或者 Sub1 的父类，因为 Parent 和 Sub2 无法完全满足条件，所以抛出了异常。例如 sample3.obj 完全有可能是 Sub1 类型，在这种情况下，显然 Parent 或 Sub2 的对象都不能赋值给 sample3.obj。

引申：在上面的例子里，sample1.obj 是什么类型？

答案：? extends Parent，也就是说，没有类型。

3.1.3   复杂的泛型

复杂的泛型也是由简单的泛型组合起来的，对于复杂泛型，需要掌握下面几个概念：

① 多个泛型参数定义由逗号隔开，例如<T,K>。

② 同一个泛型参数如果有多个上界，那么各个上界之间用符号&连接。

③ 多个上界类型里最多只能有一个类，其他必须为接口，如果上界里有类，那么必须放置在第一位。

结合以上的知识，可以灵活地组合出复杂的泛型声明来。参考以下代码：

```
class A { }
class B extends A { }
class C extends B { }
```

```
/* 这是一个泛型类 */
class ComplexGeneric<T extends A, K extends B & Serializable & Cloneable>    {...}
```

通过上面代码可以看出，ComplextGeneric 类具备两个泛型参数<T,K>，其中，T 具备上界 A，换言之，T 一定是 A 或者其子类；K 具备三个上界，分别为类 B、接口 Serializable 和 Cloneable，换言之，K 一定是 B 或者其子类，并且实现了 Serializable 和 Cloneable。

事实上，复杂的泛型为更规范更精确的设计提供了可能性。

引申：运行时，泛型会被处理为上界类型。也就是说，ComplextGeneric 在其内部用到泛型 T 的时候，反射会把它当成 A 类来处理（需要注意的是，在字节码里，还是当作 Object 处理），那么，反射用到泛型 K 的时候呢？答案是会把它当成上界定义的第一个上界处理，在当前例子是，也就是 B 这个类。

那么知道了这个有什么实际意义呢？设想有一个方法 <T extends A> void method(T t)，如果需要反射获取它，那么必须同时知道方法名和参数类型。这时候，使用 Object 是找不到它的，只能通过 A 类来获取。

3.1.4　数组和泛型容器

要区分数组和泛型容器，那么就需要先理解以下三个概念：协变性（covariance）、逆变性（contravariance）和无关性（invariant）。

若类 A 是类 B 的子类，则记作 A ≦ B。设有变换 f()，则有以下定律：

● 当 A ≦ B 时，有 f(A)≦ f(B)，则称变换 f()具有协变性。
● 当 A ≦ B 时，有 f(B)≦ f(A)，则称变换 f()具有逆变性。
● 如果以上两者皆不成立，那么称变换 f()具有无关性。

在 Java 语言中，数组具有协变性，而泛型具有无关性，示例代码如下所示：

```
Object[] array = new String[10];
ArrayList<Object> list=new ArrayList<String>();
```

以上这两行代码，数组正常编译通过，而泛型抛出了编译期错误，应用之前提出的概念对代码进行分析，可知以下推论：

```
String ≦ Object
```

数组的变换可以表达为 f(A)=A[]，通过之前的示例，可以得出以下推论：

```
f(String) = String[] 以及 f(Object) = Object[];
```

通过代码验证，String[] ≦ Object[] 是成立的，由此可见，数组具有协变性。

ArrayList 泛型的变换可以表达为 f(A)= ArrayList<A>，得出以下推论：

```
f(String) = ArrayList<String> 以及 f(Object) = ArrayList<Object>;
```

通过代码验证，ArrayList<String> ≦ ArrayList<Object>不成立，由此可见，泛型具备无关性。

最终得出结论，**数组具备协变性，而泛型具备无关性。**

所以，为了让泛型具备协变性和逆变性，Java 引入了有界泛型（参见 3.1.2 小节内容）的概念。

除了协变性的不同，**数组还是具象化的，而泛型不是。**

什么是**具象化**（也可以称之为具体化，物化）？

在《Java 语言规范》里，明确地规定了具象化类型的定义：

> 完全在运行时可用的类型被称为具象化类型（refiable type），会做这种区分是因为有些类型会在编译过程中被擦除，并不是所有的类型都在运行时可用。
>
> 它包括：
> - 非泛型类声明，接口类型声明。
> - 所有泛型参数类型为无界通配符（仅用 '?' 修饰）的泛型参数类。
> - 原始类型。
> - 基本数据类型。
> - 其元素类型为具象化类型的数组。
> - 嵌套类（内部类、匿名内部类等，例如 java.util.HashMap.Entry），并且嵌套过程中的每一个类都是具象化的。

无论是在编译时还是运行时，数组都能确切地知道自己所属的类型。但是泛型在编译时会丢失部分类型信息，在运行时，它又会被当作 Object 处理。

Java 的泛型最后都被当作上界（此概念会在后面说明）处理了。这里涉及类型擦除的相关知识，会在后面详细讲解。

引申 1：数组具备协变性，是 Java 语言的一个缺陷，因为极少有地方需要用到数组的协变性，甚至，使用数组的协变会引起不易检查的运行时异常，参见下面代码：

```
Object[] array = new String[10];
array[0] = 1;
```

很明显，上述代码会在运行期抛出异常：java.lang.ArrayStoreException。

由于数组与泛型的这些区别，在 Java 语言中，数组和泛型是不能混合使用的。参见下面代码：

```
List<String>[] genericListArray = new ArrayList<String>[10];
T[] genericArray = new T[];
```

它们都会在编译期抛出 Cannot create a generic array 错误。这是因为数组要求类型是具象化的，而泛型恰好不是。

换言之，数组必须清楚地知道自己内部元素的类型，并且会一直保存这个类型信息，在添加元素的时候，该信息会被用于做类型检查，而泛型的类型是不确定的。所以，在编译器层面就杜绝了这个问题的发生。这在《Java 语言规范》里有明确地说明：

> If the element type of an array were not reifiable, the virtual machine could not perform the store check described in the preceding paragraph. This is why creation of arrays of non-reifiable types is forbidden. One may declare variables of array types whose element type is not reifiable, but any attempt to assign them a value will give rise to an unchecked warning.

> 如果数组的元素类型不是具象化的，那么虚拟机将无法应用在前面章节里描述过的存储检查。这就是为什么创建（实例化）非具象化的数组是不允许的。你可以定义（声明）一个元素类型是非具象化的数组类型，但任何试图给它分配一个值的操作，都会产生一个 unchecked warning。
>
> 存储检查：这里涉及 Array 的基本原理，可以自行参阅《Java 语言规范》或者参考 5.1.1ArrayList 相关章节。

由此可以看出，虽然泛型有很多优点，但它也有一些设计上的缺陷。当然这些缺陷并不是没有方法解决，而是由于历史的原因造成的，在 3.2.6 节将会详细介绍具体的原因。

引申 2：为什么泛型具备无关系？

下面通过一个示例来说明泛型具备无关系的意义：

> 1）List<Object> list1=new ArrayList<Object>();
> 2）list1.add(new Object());
> 3）List<Integer> list2=list1; //编译错误(List<Object>转为List<Integer>失败)
> 4）ArrayList<Integer>list3=new ArrayList<Integer>();
> 5）list3.add(1);
> 6）ArrayList<Object> list4=list3;//编译错误(List<Integer>转为List<Object>失败)

上面的代码有两个编译错误：

1）第 3 行编译失败。因为 list1 中本来存放的就是 Object 类型的数据，如果允许第 3 行能编译通过，那么后面的代码就可以通过 list2 来获取 Integer 类型的数据，这样的操作有可能会抛出 ClassCastException 异常。因此，在编译阶段通过类型检查就报错能够避免运行时类型转换的异常，从而提高了代码的可靠性。

2）第 6 行编译失败。因为 list3 中存放的是 Integer 类型的数据，而 list4 中存放的是 Object 类型的数据，这种转换是没有意义的。因为从 list4 中取出的数据，在使用的时候还是会把它转换为 Integer 来使用，泛型出现的意义就是避免这种类型的转换，从而提高效率。

3.1.5 泛型使用建议

泛型在 Java 开发和设计中占据了非常重要的地位，如何正确高效地使用泛型显得尤为重要。下面通过介绍一些使用泛型时的建议，来加深对泛型的理解：

1）泛型类型只能是类类型，不能是基本数据类型，如果要使用基本数据类型作为泛型，那么应当使用其对应的包装类。例如，如果期望在 List 中存放整型变量，那么因为 int 是基本类型，所以不能使用 List<int>，应该使用 int 的包装类 Integer，所以正确的使用方法为 List<Integer>。

当然，泛型不支持基本数据类型，试图使用基本数据类型作为泛型的时候必须转化为包装类，这点是 Java 泛型设计之初的缺陷。

2）当使用到集合的时候，尽量使用泛型集合来替代非泛型集合。一般来说，软件的开发期和维护期时间占比是符合二八定律的，维护期的时长能超出开发期数倍。使用了泛型的集合，在开发时，很多 IDE 工具\编译环境会提供泛型泛型警告，来辅助开发者去确定合适的类型，从而可以提高代码的可读性，并且在编译期就可以避免一些严重的 BUG。

3）不要使用常见类名（尤其是 String 这种属于 java.lang 的类）作为泛型名，使用的话会造成编译器无法区分开类和泛型问题的发送，并且不会抛出异常。

3.2　泛型擦除

泛型的使用使得代码的重用性增强。例如，只需要实现一个 List 接口，就可以根据实际需求向 List 里面存储 String、Integer 或其他自定义类型，而不需要实现多个 List 接口（专门存放 String 的 List 接口，专门存放 Interger 的 List 接口），那么泛型到底是如何实现的呢？

在目前主流的编程语言中，编译器主要有以下两种处理泛型的方法：

（1）Code specialization

使用这种方法，每当实例化一个泛型类的时候都会产生一份新的字节代码，例如，对于泛型 ArrayList，当使用 ArrayList<String>、ArrayList<Integer)初始化两个实例的时候，就会针对 String 与 Integer 生成两份单独的代码。C++语言中的模板正是采用这种方式实现的，显然这种方法会导致代码膨胀（code bloat），从而浪费空间。

（2）Code sharing

使用这种方式，会对每个泛型类只生成唯一的一份目标代码，所有泛型的实例会被映射到这份目标代码上，在需要的时候执行特定的类型检查或类型转换。

C++中的模板（template）是典型的 Code specialization 实现。C++编译器会为每一个泛型类实例生成一份执行代码。执行代码中 integer list 和 string list 是两种不同的类型。这样会导致代码膨胀，不过有经验的 C++程序员可以有技巧地避免代码膨胀。

Code specialization 另外一个弊端是在引用类型系统中，浪费空间，因为引用类型集合中元素本质上都是一个指针，没必要为每个类型都产生一份执行代码。而这也是 Java 编译器中采用 Code sharing 方式处理泛型的主要原因。这种方式显然比较省空间，而 Java 就是采用这种方式来实现的。

如何将多种泛型类型实例映射到唯一的字节码中呢？Java 是通过类型擦除来实现的。在学习泛型擦除之前，需要首先明确一个概念：Java 的泛型不存在于运行时。这也是为什么有人说 Java 没有真正的泛型的原因了。

泛型擦除（类型擦除）是指在编译器处理带泛型定义的类、接口或方法时，会在字节码指令集里抹去全部泛型类型信息，泛型被擦除后在字节码里只保留泛型的原始类型（raw type）。类型擦除的关键在于从泛型类型中清除类型参数的相关信息，然后在必要的时候添加类型检查和类型转换的方法。

原始类型是指抹去泛型信息后的类型，在 Java 语言中，它必须是一个引用类型（非基本数据类型），一般而言，它对应的是泛型的定义上界。

示例：<T>中的 T 对应的原始泛型是 Object，<T extends String>对应的原始类型就是 String。

3.2.1　泛型信息的擦除

为了便于理解，可以认为类型擦除就是 Java 的泛型代码转换为普通的 Java 代码，只不过编译器在编译的时候，会把泛型代码直接转换为普通的 Java 字节码。

如何证明泛型会被擦除呢？下面通过一个例子来说明：

```
import java.lang.reflect.Field;

class TypeErasureSample<T>
{
    public T v1;
    public T v2;
    public String v3;
}

/* 泛型擦除示例 */
public class Generic3_2
{
    public static void main(String[] args) throws Exception
    {
        TypeErasureSample<String> type = new TypeErasureSample<String>();
        type.v1 = "String value";

        /* 反射设置 v2 的值为整型数 */
        Field v2 = TypeErasureSample.class.getDeclaredField("v2");
        v2.set(type, 1);

        for (Field f : TypeErasureSample.class.getDeclaredFields()) {
            System.out.println(f.getName() + ":" + f.getType());
        }

        /* 此处会抛出类型转换异常 */
        System.out.println(type.v2);
    }
}
```

程序的运行结果为：

```
v1:class java.lang.Object
v2:class java.lang.Object
v3:class java.lang.String
Exception in thread "main" java.lang.ClassCastException: java.lang.Integer cannot be cast to java.lang.String
        at capter3.generic.Generic3_2.main(Generic3_2.java:29)
```

v1 和 v2 的类型被指定为泛型 T，但是通过反射发现，它们实质上还是 Object，而 v3 原本定义的就是 String，和前两项比对，可以证明反射本身并无错误。

代码在输出 type.v2 的过程中抛出了类型转换异常，这说明了两件事情：

① 为 v2 设置整型数已经成功（可以自行写一段反射来验证）。

② 编译器在构建字节码的时候，一定做了类似于(String)type.v2 的强制转换，关于这一点，可以通过反编译工具（工具为 jd-gui）验证，结果如下所示：

```
public class Generic3_2
{
    public static void main(String[] args) throws Exception
    {
```

```
            TypeErasureSample type = new TypeErasureSample();
            type.v1 = "String value";

            Field v2 = TypeErasureSample.class.getDeclaredField("v2");
            v2.set(type, Integer.valueOf(1));

            for (Field f : TypeErasureSample.class.getDeclaredFields()) {
                System.out.println(f.getName() + ":" + f.getType());
            }
            System.out.println((String) type.v2);
        }
    }
```

由此可见，如果编译器认为 type.v2 有被声明为 String 的必要，那么都会加上(String)强行转换。可以使用下面的代码来验证上述的分析：

```
    Object o = type.v2;
    String s = type .v2;
```

后者会抛出类型转换异常，而前者是正常执行的。由此可见，泛型类型参数在编译的时候会被擦除，也就是说虚拟机中只有普通类和普通方法，而没有泛型。正因为如此，在创建泛型对象的时候，最好指明类型，这样编译器就能够尽早地做参数的类型检查。

引申 1：类型检查是针对引用的还是实际对象的？

在上一节中讲过，泛型在编译的时候会进行类型擦除，但是如何保证 List<Integer>中只能插入 Integer 类型的数据，而不能插入 String 类型的数据？Java 编译器是通过先检查代码中泛型的类型，然后再进行类型擦除，再进行编译的。也就是说，这个类型检查是在编译阶段来做的，那么这就带来一个问题：类型检查是针对引用的还是针对对象的呢？下面通过一个例子来说明：

```
    List<Integer> list1=new ArrayList();
    list1.add(1);       //编译正确
    list1.add("a");     //编译错误，因为 list1 存放的类型为 Integer
    Integer i = list1.get(0); //编译正确

    List list2=new ArrayList<Integer>();
    list2.add(1);               //编译正确
    list2.add("a");             //编译正确
    Integer i = list2.get(0); //编译错误，因为 get 返回的类型为 Object
    Object obj =list2.get(0); //编译正确
```

通过以上这个例子可以看出，list1 只能存放 Integer 类型的数据，而 list2 可以存放任意类型的数据，从 list1 中获取到的数据一定是 Integer 类型，而从 list2 获取到的数据是 Object 类型。由此可以看出，类型检查是针对引用的，而不是变量实际指向的对象。

3.2.2　擦除带来的问题

Java 是通过擦除来实现把泛型类型实例关联到同一份字节码上的。编译器只为泛型类型生成一份字节码，从而节约了空间，但是这种实现方法也带来了许多隐含的问题。下面介绍几种常见的问题。

（1）泛型类型变量不能是基本数据类型

泛型类型变量只能是引用类型，不能是 Java 中的 8 种基本类型（char、byte、short、int、long、boolean、float、double）。以 List 为例，只能使用 List<Integer>，但不能使用 List<int>，因为在进行类型擦除后，List 的原始类型会变为 Object，而 Object 类型不能存储 int 类型的值，只能存储引用类型 Integer 的值。

（2）类型的丢失

通过下面一个例子来说明类型丢失的问题。

```
class Test
{
    public void f( List<Integer> list){}
    public void f( List<String> list){}
}
```

上述代码中，编译器认为这个类中有两个相同的方法（方法参数也相同）被定义，因此会报错，主要原因是在声明 List<String>和 List<Integer>时，它们对应的运行时类型实际上是相同的，都是 List，具体的类型参数信息 String 和 Integer 在编译时被擦除了。正因为如此，对于泛型对象使用 instanceof 进行类型判断的时候就不能使用具体的类型，而只能使用通配符"？"，示例如下所示：

```
List<String> list=new ArrayList<String>();
if( list instanceof ArrayList<String>) {}        //编译错误
if( list instanceof ArrayList<?>) {}             //正确的使用方法
```

（3）catch 中不能使用泛型异常类

假设有一个泛型异常类的定义 MyException<T>，那么下面的代码是错误的：

```
try
{}
catch ( MyException<String> e1 ) {…}
```

catch (MyException<Integer> e2) {…}

因为擦除的存在，MyException<String>和 MyException<Integer>都会被擦除为 MyException<Object>，因此，两个 catch 的条件就相同了，所以这种写法是不允许的。

此外，也不允许在 catch 子句中使用泛型变量，示例代码如下所示：

```
public <T extends Throwable> void test(T t)
{
    try{
        ...
    }catch(T e){ //编译错误
        ...
    }catch(IOException e){
    }
}
```

假设上述代码能通过编译，由于擦除的存在，T 会被擦除为 Throwable。由于异常捕获的原则为：先捕获子类类型的异常，再捕获父类类型的异常。上述代码在擦除后会先捕获 Throwable，再捕获 IOException，显然这违背了异常捕获的原则，因此这种写法是不允许的。

（4）泛型类的静态方法与属性不能使用泛型

由于泛型类中的泛型参数的实例化是在实例化对象的时候指定的，而静态变量和静态方法的使用是不需要实例化对象的，显然这二者是矛盾的。如果没有实例化对象，而直接使用泛型类型的静态变量，那么此时是无法确定其类型的。

3.2.3　编译器保留的泛型信息

上一节中介绍了编译器会擦除全部泛型信息，那么是不是所有的泛型信息都会在编译的过程中消失呢？答案是否定的，字节码中指令集之外的地方，会保留部分泛型信息。下面的泛型在编译阶段是会被保留的：

- 泛型接口、类、方法定义上的所有泛型。
- 成员变量声明处的泛型。

换而言之，只有局部代码块里的泛型被擦除了。

示例代码如下所示：

```
/* 定义了泛型参数的接口   */
interface GI<T> { }

/* 定义了泛型参数并实现了泛型接口的类   */
class GC<T> implements GI<T>
{
    /* 两种使用了泛型的成员变量 */
    T m1;
    ArrayList<T> m2 = new ArrayList<T>();

    /* 定义了泛型参数的方法，并在返回值、参数和异常抛出位置使用了该泛型   */
    <K extends Exception> ArrayList<K> method(K p) throws K
    {
        /* 在方法体中使用了泛型 */
        K k = p;
        ArrayList<K> list = new ArrayList<K>();
        list.add(k);
        return list;
    }
}
```

代码涵盖了泛型的各种声明和使用情况。接下来使用反编译工具看看结果，可以注意到，接口、类、方法定义的位置，大部分泛型信息依然存在，字段中使用到泛型作为声明的位置，泛型同样存在，而所有在局部代码块中对泛型引用的地方，泛型内容消失了：

```
abstract interface GI<T>{ }

class GC<T>    implements GI<T>
{
    T m1;
```

```
                ArrayList<T> m2 = new ArrayList();

                <K extends Exception> ArrayList<K> method(K p) throws Exception
                {
                    Exception k = p;
                    ArrayList list = new ArrayList();
                    list.add(k);
                    return list;
                }
        }
```

可以注意到，在之前没有提及的位置，例如 GC.m2 成员变量的实例化位置，method 方法体里的泛型信息全部被擦除。

为什么 Java 会保留这部分泛型信息？主要有如下几个方面的原因：

① 因为局部代码块没有外部调用，所以可以擦除。

② 成员变量、方法定义等位置的泛型信息可以用于验证边界，属于可能会被使用的信息，所以被保留。

相信注意细节的读者已经发现了，之前提及的"会被保留泛型信息的位置"里，"异常抛出位置"的 K 被替换为了 Exception，这不正说明它被擦除了？

事实上，如果通过反射来获取泛型信息（方法将在下一小节详细讲解），那么依然可以得到异常的泛型信息。因此，**作为抛出异常的泛型参数，也没有消失。**

这是为什么呢？

既然反编译工具没有记录下泛型信息，只能说明该工具没有解析二进制文件里的某些信息。这些信息是什么呢？这里要引入的一个概念——方法签名（Method Signatrue）。

下面列出的是上一个例子的部分字节码内容（也就是 class 文件反编译的原始内容）：

```
    // Method descriptor #31 (Ljava/lang/Exception;)Ljava/util/ArrayList;
    // Signature: <K:Ljava/lang/Exception;>(TK;)Ljava/util/ArrayList<TK;>;^TK;
    // Stack: 1, Locals: 2
    java.util.ArrayList method(java.lang.Exception p) throws java.lang.Exception;
    0   aconst_null
    1   areturn
      Line numbers:
        [pc: 0, line: 40]
      Local variable table:
        [pc: 0, pc: 2] local: this index: 0 type: capter3.generic.GC
        [pc: 0, pc: 2] local: p index: 1 type: java.lang.Exception
      Local variable type table:
        [pc: 0, pc: 2] local: this index: 0 type: capter3.generic.GC<T>
        [pc: 0, pc: 2] local: p index: 1 type: K
```

从上面的字节码可以看出，从第 4 行开始就是方法的定义部分，包括返回值类型 ArrayList，参数类型 Exception 和抛出的异常 Exception。显然字节码中完全没有泛型的信息，而 1~3 行可以看到 3 行注释，这就是之前所说的方法签名了。

方法签名是方法定义的一部分，它规定了方法的参数列表和返回值等信息。下面来详细解释下各个部分的概念。

第 1 行：// Method descriptor #31 (Ljava/lang/Exception;)Ljava/util/ArrayList;

Method descriptor：是标志方法签名的开始。

#ID：是该方法的 id 号，在同一个方法体内不会重复。

(参数列表)表示方法有一个 Exception 类型的形参，类名前的 L 是引用类型的标记；基础数据类型的标记是对应类型的首字母大写，比如 int 对应 I。数组的标记是在原始标记前加上符号[，比如 double[]对应[D，String[]对应[Ljava/lang/String。

最后的位置是返回值，比如 Ljava/util/ArrayList;表示方法的返回值是 ArrayList。

第 2 行：// Signature: <K:Ljava/lang/Exception;>(TK;)Ljava/util/ArrayList<TK;>;^TK;

Signature 是签名的意思，标识开始的关键字，这一行对应的就是泛型了。

<泛型参数名：上界>对应的是方法的泛型描述。

(参数列表)和第 1 行的大体意思一致，但是多了泛型的定义，在字节码中，泛型会用其上界来替代（擦除），如果没有定义上界，那么默认为 Object，真正的泛型的定义就出现在本行的这个位置。用 T 前缀来表示泛型，比如泛型 K 就对应 TK。

紧跟着参数列表的是返回值。该返回值描述和第 1 行的返回值描述一致，不过，同样多了泛型的描述，也是用 T 前缀来表达，比如返回值是 java.util.ArrayList，这里就变为 Ljava/util/ArrayList<TK;>。

^泛型异常，用于描述用泛型表达的异常，如果异常不是泛型，那么该部分描述不会生成。比如 throws K 就会被描述为^TK;。

第 3 行：// Stack: 1, Locals: 2

Stack，表达的是调用栈（call stack），用于描述在调用栈上最多有多少个对象。为什么会有个这个栈呢？这是因为"局部变量"这个概念对于虚拟机来说，是不存在的，所以在某个方法被调用前，需要把该方法要用到的变量都加载到一个全局调用栈内。当方法被虚拟机唤起的时候，只需要按顺序传入变量类型，然后自动从调用栈里按需取得变量。

每次操作执行完成后，栈被清空，所以，栈深等同为变量最多的操作的变量数。

Locals，用于描述使用到的本地变量，读者可能会疑惑，该方法里明明只用到了一个形参 K，为什么会有两个变量呢？这是因为 Java 默认给方法注册了一个 this 作为本地变量。关于这部分内容的详细解释，请参考 JVM 章节。

通过对字节码的分析可以发现，在 Java 语言中，方法的泛型没有记录在方法体内部，而是在方法签名内做了实现。同样，可以在字节码里找到类、接口签名和类字段（成员变量）签名等。

换而言之，Java 的泛型是由编译时擦除和签名来实现的。

Java 之所以这样设计，是为了兼容性的考虑，低版本的字节码和高版本基本上只有签名上的不一样，不影响功能体。因此，低版本的字节码可以不做任何改动就在高版本的虚拟机里运行。

3.2.4　反射获取泛型信息

上一节中提到了如下的一些泛型信息会被保留：

● 泛型接口、类、方法定义上处的所有泛型。

● 成员变量声明处的泛型。

既然这些信息在编译的过程中就被保留下来了，那么这些泛型信息也就应当能够被反射获取。

下面将分别讲解如何通过反射获取这些泛型信息：

（1）泛型接口和泛型类。

它们对应的反射对象都是 java.reflect.Class，该类提供了三个方法：

```
public Type getGenericSuperclass(){...}
public Type[] getGenericInterfaces() {...}
public TypeVariable<Class<T>>[] getTypeParameters() {...}
```

以上三个方法分别对应获取超类的完整类型、获取接口的完整类型与以及获取自身的类型变量。

java.lang.reflect.Type 是一个空接口，在使用标准 JDK 的情况下，一般来说，泛型的实现类是 sun.reflect.generics.reflectiveObjects.ParameterizedTypeImpl。

它提供了获取原始类型和泛型类型的方法。

java.lang.reflect.TypeVariable 是 Type 的子接口，它提供的方法就比 Type 要详细一些，这些多出来的方法包括：

Type[] getBound()，获取上界；

D getGenericDeclaration()，获取泛型定义；

String getName()，获取泛型参数名，也就是<T>中的 T。

（2）声明为泛型的字段。

它对应的反射对象是 java.reflect.Field，提供了一个方法，如下所示：

```
public Type getGenericType() {...}
```

该方法的使用方式和上文一致。

（3）泛型方法。

对应的反射对象是 java.reflect.Method，提供了三个方法，如下所示：

```
public Type getGenericReturnType() {...}
public Type getGenericParameterTypes() {...}
public Type getGenericExceptionTypes() {...}
```

以上三个方法分别对应返回值泛型、参数泛型和异常泛型。

需要注意的是，虽然这里可以获取到泛型的定义，但无论是哪一种方式，其获取到的泛型，都不会是具体的某一个类。给定一个泛型的定义<T>，能获取到的只有 T 这个关键字。这是因为，Java 目前的泛型实现已经在原理上（泛型擦除）堵死了"反射获取泛型的确定类型"的可能性。

示例代码如下所示：

```
import java.lang.reflect.*;
import java.util.HashMap;

public class Generic3_3
{
    private HashMap<Integer, String> map;
```

```
public static void main(String[] args) throws Exception
{
    Class<Generic3_3> c = Generic3_3.class;
    Field field = c.getDeclaredField("map");
    Class<?> type = field.getType();
    System.out.println("map 的数据类型是：： " + type);
    Type gType = field.getGenericType();
    if (gType instanceof ParameterizedType)
    {
        ParameterizedType pType = (ParameterizedType) gType;
        System.out.println("泛型类型是： ");
        for (Type t: pType.getActualTypeArguments())
        {
            System.out.println( t);
        }
    }
}
```

程序的运行结果为：

```
map 的数据类型是：： class java.util.HashMap
泛型类型是：
class java.lang.Integer
class java.lang.String
```

3.2.5　Java 泛型的历史

既然 Java 的泛型存在这么多的问题，那么为什么还采用这种实现方式呢？

之前的章节里已经说明了 Java 泛型的擦除会导致很多问题，C++和 C#的泛型都是在运行时存在的，难道 Java 天然不支持"真正的泛型"吗？

事实上，Java1.5 在 2004 年 10 月发布泛型之前，Java 就证明了它是可以实现运行时泛型的。早在 2001 年 8 月，有一种基于 Java，并且能运行在 JVM 上的编程语言，就实现过运行时泛型，它叫做 Pizza。不过很可惜，Pizza 在一年后就消亡了，主要的开发人员转入了 Generic Java（简称 GJ）项目中，而 GJ 这门语言的泛型在整合了通配符之后，就构成了如今 Java 泛型的原型。

J2SE 的开发者当然是明白 Java 泛型的问题的，在 JVM LS 2015 上，就有介绍几种泛型实现的比较：

C++通过使用编译时模板填充来实现泛型，对于每一种参数类型，都会产生一份代码，它的优势是能很好地指定各种类型，劣势是没有代码复用，会占用大量的空间。

C#则是把类型变量存入了二进制文件（以参数化二进制码的形式），这对于使用各种类型是有优势的，唯一存在的问题只是虚拟机的实现会复杂一些。

Java 的泛型实现则是依赖擦除，这对于代码复用有好处，但是对于原始数据类型支持不足。

了解完泛型的历史，就不得不提一个人，Martin Odersky。此人是 Pizza 的作者，也是 GJ

的设计者之一，他在一次访谈中爆料：Java 要支持泛型，遇到的最大的问题是向上兼容。

按照 JVM 语言大会给出的说法，增加泛型功能无非有两种方案：

1）修改虚拟机，使字节码本身支持泛型。

2）把泛型信息抹去，用边界信息来代替。

C#就选择了方案 1 并且取得了成功。但这会提高虚拟机实现的复杂度，同时，又会导致旧版本的字节码不能在新版本虚拟机上执行，当然，也有人问，为什么不能同时支持带泛型和不带泛型两种，这无疑是增加复杂度降低执行效率的。.NET 从 1.1 跨度到 2.0，就抛弃了之前的兼容性。

可惜 Java 不能这么做，.NET 在当时用户量并不多，实际应用的代码既不广泛也不大型。而 Java 已经迭代到了 1.4 版本，是最具活力的编程语言之一，庞大的用户量同时也成了 Java 的选择桎梏。

当然，Java 开发者们也在不停地尝试新的方案，目前，新的 Java 泛型设计正在实行中，相信在新的 J2SE 版本里会不断地改进。

第 4 章　Java 新特性

Java 在每个版本中都会引入一些非常有用的新特性。这里只介绍部分比较实用的特性。

4.1　Java 8 新特性

4.1.1　Lambda 表达式

Lambda 表达式是一个匿名函数（指的是没有函数名的函数），它基于数学中的 λ 演算得名，直接对应于其中的 Lambda 抽象。Lambda 表达式可以表示闭包（注意和数学传统意义上的不同）。

Lambda 表达式允许把函数作为一个方法的参数。Lambda 表达式的基本语法如下所示：

```
(parameters) -> expression
```

或

```
(parameters) ->{ statements; }
```

Lambda 的使用如下例所示：

```
Arrays.asList( 1, 7, 2 ).forEach( i -> System.out.println( i ) );
```

以上这种写法中，i 的类型由编译器推测出来的，当然，也可以显式地指定类型，如下例所示：

```
Arrays.asList( 1, 7, 2 ).forEach( ( Integer i ) -> System.out.println( i ) );
```

在 Java 8 以前，Java 语言通过匿名函数的方法来代替 Lambda 表达式。

对于列表的排序，如果列表里面存放的是自定义的类，那么通常需要指定自定义的排序方法，传统的写法如下所示：

```java
import java.util.Arrays;
import java.util.Comparator;
class Person
{
    public Person(String name, int age)
    {
        this.name = name;
        this.age = age;
    }
    private String name;
    private int age;
    public int getAge() {return age;}
    public String getName() {return name;}
```

```
        public String toString() {return name + ":" + age;        }
    }
    public class Test
    {
        public static void main(String[] args)
        {
            Person[] people = { new Person("James", 25), new Person("Jack", 21) };
            // 自定义类排序方法，通过年龄进行排序
            Arrays.sort(people, new Comparator<Person>()
            {
                @Override
                public int compare(Person a, Person b)
                {
                    return a.getAge() - b.getAge();
                }
            });
            for (Person p : people)
            {
                System.out.println(p);
            }
        }
    }
```

采用 Lambda 表达式后，写法如下所示：

```
Arrays.sort(people, (Person a, Person b) -> a.getAge()-b.getAge());
```

或

```
Arrays.sort(people, (a, b) -> a.getAge()-b.getAge());
```

显然，采用 Lambda 表达式后，代码会变得更加简洁。

Lambda 表达式是通过函数式接口（只有一个方法的普通接口）来实现的。函数式接口可以被隐式地转换为 Lambda 表达式。为了与普通的接口区分开（普通接口中可能会有多个方法），JDK1.8 新增加了一种特殊的注解@FunctionalInterface。下面给出一个函数式接口的定义：

```
@FunctionalInterface
interface fun {
    void f();
}
```

4.1.2 方法的默认实现和静态方法

JDK1.8 通过使用关键字 default 可以给接口中的方法添加默认实现，此外，接口中还可以定义静态方法，示例代码如下所示：

```
interface Inter8{
    void f();
    default void g() {
            System.out.println("this is default method in interface");
    }
```

```
        static void h(){
                System.out.println("this is static method in interface");
        }
    }
```

那么，为什么要引入接口中方法的默认实现呢？

其实，这样做的最重要的一个目的就是为了实现接口升级。在原有的设计中，如果想要升级接口，例如给接口中添加一个新的方法，那么会导致所有实现这个接口的类都需要被修改，这给 Java 语言已有的一些框架进行升级带来了很大的麻烦。如果接口能支持默认方法的实现，那么可以给这些类库的升级带来许多便利。例如，为了支持 Lambda 表达式，Collection 中引入了 foreach 方法，可以通过这个语法增加默认的实现，从而降低了对这个接口进行升级的代价，不需要所有实现这个接口的类进行修改。

4.1.3 方法引用

方法引用指的是可以直接引用 Java 类或对象的方法。它可以被看成是一种更加简洁易懂的 Lambda 表达式，使用方法引用后，上例中的排序代码就可以使用下面更加简洁的方式来编写：

```
Arrays.sort(people, Comparator.comparing(Person::getAge));
```

方法引用共有下面 4 种形式：

1）引用构造方法：ClassName::new

2）引用类静态方法：ClassName::methodName

3）引用特定类的任意对象方法：ClassName::methodName

4）引用某个对象的方法：instanceName::methodName

下面给出一个使用方法引用的例子：

```java
import java.util.Arrays;
import java.util.Comparator;
import java.util.function.Supplier;
class Person
{
    private    String name;
    private    int age;
    public Person(){}
    public Person(String name, int age) {
        this.name = name;
        this.age = age;
    }
    public static Person getInstance( final Supplier< Person > supplier ) {
        return supplier.get();
    }
    public void setAge(int age){        this.age=age;}
    public int getAge() {return age;}
    public String getName() {return name;}
    public static int compareByAge(Person a, Person b) { return b.age-a.age;}
    public String toString() {return name + ":" + age;}
```

```
    }
class CompareProvider
{
    public int compareByAge(Person a, Person b)
    {
        return a.getAge()-b.getAge();
    }
}
public class Test
{
    public static void main(String[] args)
    {
        //引用构造方法
        Person p1 = Person.getInstance( Person::new );
        p1.setAge(19);
        System.out.println("测试引用构造方法： "+p1.getAge());
        Person[] people = { new Person("James", 25), new Person("Jack", 21) };
        //引用特定类的任意对象方法
        Arrays.sort(people, Comparator.comparing(Person::getAge));
        System.out.println("测试引用特定类的任意对象方法： ");
        for (Person p : people)
        {
            System.out.println(p);
        }
        //引用类静态方法
        Arrays.sort(people, Person::compareByAge);
        System.out.println("测试引用类静态方法： ");
        for (Person p : people)
        {
            System.out.println(p);
        }
        //引用某个对象的方法
        Arrays.sort(people, new CompareProvider()::compareByAge);
        System.out.println("测试引用某个对象的方法： ");
        for (Person p : people)
        {
            System.out.println(p);
        }
    }
}
```

程序的运行结果为：

```
测试引用构造方法：19
测试引用特定类的任意对象方法：
Jack:21
James:25
测试引用类静态方法：
James:25
Jack:21
测试引用某个对象的方法：
```

```
Jack:21
James:25
```

4.1.4　注解（Annotation）

1）JDK1.5 中引入了注解机制，但是有一个限制：相同的注解在同一位置只能声明一次。JDK1.8 引入了重复注解机制后，相同的注解在同一个地方可以声明多次。

备注：注解为开发人员在代码中添加信息提供了一种形式化的方法，它使得开发人员可以在某个时刻方便地使用这些数据（通过解析注解来使用这些数据）。注解的语法比较简单，除了@符号的使用以外，它基本上与 Java 语言的语法一致，Java 语言内置了三种注解方式，它们分别是@Override（表示当前方法是覆盖父类的方法）、@Deprecated（表示当前元素是不赞成使用的）、@SuppressWarnings（表示关闭一些不当的编译器警告信息）。需要注意的是，它们都定义在 java.lang 包中。

2）JDK1.8 对注解进行了扩展。使得注解被使用的范围更广，例如可以给局部变量、泛型、方法异常等提供注解。

4.1.5　类型推测

JDK1.8 加强了类型推测机制，这种机制可以使得代码更为简洁，假如有如下类的定义。

```
class List<E> {
    static <Z> List<Z> nil() { ... };
    static <Z> List<Z> cons(Z head, List<Z> tail) { ... };
    E head() { ... }
}
```

在调用的时候，可以使用下面的代码：

```
List<Integer> l = List.nil();   //通过赋值的目标类型来推测泛型的参数
```

在 Java 7 的时候，这种写法将会产生编译错误，Java 7 中的正确写法如下所示：

```
List< Integer > l = List.< Integer >nil();
```

同理，在调用 cons 方法的时候的写法为：

```
List.cons(5, List.nil());   //通过方法的第一个参数来推测泛型的类型
```

而不需要显式地指定类型：List.cons(5, List.<Integer>nil());

4.1.6　参数名字

JDK1.8通过在编译的时候增加–parameters选项，以及增加反射API与Parameter.getName()方法实现了获取方法参数名的功能。

示例代码如下所示：

```
import java.lang.reflect.Method;
import java.lang.reflect.Parameter;
public class Test
```

```
    {
        public static void main(String[] args)
        {
            Method method;
            try
                {
                    method = Test.class.getMethod( "main", String[].class );
                    for( final Parameter parameter: method.getParameters() )
                        {
                            System.out.println( "Parameter: " + parameter.getName() );
                        }
                }
            catch (Exception e)
                {
                    e.printStackTrace();
                }
        }
    }
```

如果使用命令 javac Test.java 来编译并运行以上程序，那么程序的运行结果为：Parameter: args0。

如果使用命令 javac Test.java –parameters 来编译并运行以上程序，那么程序的运行结果为：Parameter: args。

4.1.7　新增 Optional 类

在使用 Java 语言进行编程的时候，经常需要使用大量的代码来处理空指针异常，而这种操作往往会降低程序的可读性。JDK1.8 引入了 Optional 类来处理空指针的情况，从而增强了代码的可读性，下面给出一个简单的例子：

```
public class Test
{
    public static void main(String[] args)
    {
        Optional<String> s1 = Optional.of("Hello");
        //判断是否有值
        if(s1.isPresent())
            System.out.println(s1.get());//获取值
        Optional<String> s2 = Optional.ofNullable(null);
        if(s2.isPresent())
            System.out.println(s2.get());
    }
}
```

这里只是介绍了 Optional 简单的使用示例，读者如果想要了解更多相关内容，那么可以查看 Java 手册来详细了解 Optional 类的使用方法。

4.1.8　新增 Stream 类

JDK1.8 新增加了 Stream 类，从而把函数式编程的风格引入到 Java 语言中，Stream 的 API

提供了非常强大的功能，使用 Stream 后，可以写出更加强大、更加简洁的代码（例如可以代替循环控制语句）。示例代码如下所示：

```java
import java.util.ArrayList;
import java.util.Iterator;
import java.util.List;
import java.util.Map;
import java.util.Optional;
import java.util.stream.Collectors;
class Student
{
    private String name;
    private Integer age;
    public Student(String name,int age)
    {
        this.name=name;
        this.age=age;
    }
    public String getName() {return name;}
    public Integer getAge() {return age;}
}
public class Test
{
    public static void main(String[] args)
    {
        List<Student> l=new ArrayList<>();
        l.add(new Student("Wang",10));
        l.add(new Student("Li",13));
        l.add(new Student("Zhang",10));
        l.add(new Student("Zhao",15));
        System.out.println("找出年龄为 10 的第一个学生：");
        Optional<Student> s=l.stream().filter(stu -> stu.getAge().equals(10)).findFirst();
        if(s.isPresent())
            System.out.println(s.get().getName()+","+s.get().getAge());
        System.out.println("找出年龄为 10 的所有学生：");
        List<Student> searchResult=l.stream().filter(stu -> stu.getAge().equals(10)).collect(Collectors.toList());
        for(Student stu:searchResult)
            System.out.println(stu.getName()+","+stu.getAge());
        System.out.println("对学生按年龄分组：");
        Map<Integer,List<Student>> map=l.stream().collect(Collectors.groupingBy(Student::getAge));
        Iterator<Map.Entry<Integer,List<Student>>> iter = map.entrySet().iterator();
        while (iter.hasNext())
        {
            Map.Entry<Integer, List<Student>> entry = (Map.Entry<Integer, List<Student>>) iter.next();
            int age=entry.getKey();
            System.out.print(age+":");
            List<Student> group=entry.getValue();
            for(Student stu:group)
                System.out.print(stu.getName()+"   ");
            System.out.println();
```

```
          }
       }
    }
```

程序的运行结果为：

```
找出年龄为 10 的第一个学生：
Wang,10
找出年龄为 10 的所有学生：
Wang,10
Zhang,10
对学生按年龄分组：
10:Wang   Zhang
13:Li
15:Zhao
```

此外，Stream 类还提供了 parallel、map、reduce 等方法，这些方法用于增加对原生类并发处理的能力，有兴趣的读者可以参考 Java 官方文档学习。

4.1.9 日期新特性

在 JDK1.8 以前，处理日期相关的类主要有如下三个：

1）Calendar：实现日期和时间字段之间转换，它的属性是可变的。因此，它不是线程安全的。

2）DateFormat：格式化和分析日期字符串。

3）Date：用来承载日期和时间信息，它的属性是可变的。因此，它不是线程安全的。

这些 API 使用起来很不方便，而且有很多缺点，以如下代码为例：

```
Date date = new Date(2015,10,1);
System.out.println(date);
```

在 Date 类传入参数中，月份为 10 月，但输出却为 Mon Nov 01 00:00:00 CST 3915。

JDK1.8 对日期相关的 API 进行了改进，提供了更加强大的 API。新的 java.time 主要包含了处理日期、时间、日期/时间、时区、时刻（instants）和时钟（clock）等操作，下面给出一个使用示例：

```
import java.time.Clock;
import java.time.Instant;
import java.time.LocalDate;
import java.time.LocalDateTime;
import java.time.LocalTime;
import java.time.ZoneId;

public class Test
{
    public static void main( String[] args )
    {
        //Clock 类通过指定一个时区，可以获取到当前的时刻，日期与时间
        Clock c = Clock.system(ZoneId.of("Asia/Shanghai")); //上海时区
```

```
        System.out.println("测试 Clock： ");
        System.out.println(c.millis());
        System.out.println(c.instant());

        // Instant 使用方法
        System.out.println("测试 Instant： ");
        Instant ist = Instant.now();
        System.out.println(ist.getEpochSecond());//精确到秒
        System.out.println(ist.toEpochMilli()); //精确到毫秒

        //LocalDate 以 ISO-8601 格式显示的日期类型，无时区信息
        LocalDate date = LocalDate.now();
        LocalDate dateFromClock = LocalDate.now( c );
        System.out.println("测试 LocalDate： ");
        System.out.println( date );
        System.out.println( dateFromClock );

        //LocalTime 是以 ISO-8601 格式显示时间类型，无时区信息
        final LocalTime time = LocalTime.now();
        final LocalTime timeFromClock = LocalTime.now( c );
        System.out.println("测试 LocalTime： ");
        System.out.println( time );
        System.out.println( timeFromClock );

        //LocalDateTime 以 ISO-8601 格式显示的日期和时间
        final LocalDateTime datetime = LocalDateTime.now();
        final LocalDateTime datetimeFromClock = LocalDateTime.now(c);
        System.out.println("测试 LocalDateTime： ");
        System.out.println( datetime );
        System.out.println( datetimeFromClock );
    }
}
```

程序的运行结果为：

```
测试 Clock：
1445321400809
2015-10-20T06:10:00.809Z
测试 Instant：
1445321400
1445321400821
测试 LocalDate：
2015-10-20
2015-10-20
测试 LocalTime：
14:10:00.822
14:10:00.822
测试 LocalDateTime：
2015-10-20T14:10:00.822
2015-10-20T14:10:00.822
```

4.1.10　调用 JavaScript

JDK1.8 增加 API 使得通过 Java 程序来调用 JavaScript 代码，使用示例如下所示：

```
import javax.script.*;
public class Test
{
    public static void main( String[] args ) throws ScriptException
    {
        ScriptEngineManager manager = new ScriptEngineManager();
        ScriptEngine engine = manager.getEngineByName( "JavaScript" );
        System.out.println( engine.getClass().getName() );
        System.out.println( engine.eval( "function f() { return 'Hello'; }; f() + ' world!';" ) );
    }
}
```

程序的运行结果为：

```
jdk.nashorn.api.scripting.NashornScriptEngine
Hello world!
```

4.1.11　Base64

Base64 编码是一种常见的字符编码，可用来作为电子邮件或 Web Service 附件的传输编码。JDK1.8 把 Base64 编码添加到了标准类库中。示例代码如下所示：

```
import java.nio.charset.StandardCharsets;
import java.util.Base64;
public class Test
{
    public static void main( String[] args )
    {
        String str = "Hello world";
        String encodStr = Base64.getEncoder().encodeToString( str.getBytes( StandardCharsets.UTF_8 ) );
        System.out.println( encodStr );
        String decodStr = new String(Base64.getDecoder().decode( encodStr ),StandardCharsets.UTF_8 );
        System.out.println( decodStr );
    }
}
```

程序的运行结果为：

```
SGVsbG8gd29ybGQ=
Hello world
```

4.1.12　并行数组

JDK1.8 增加了对数组并行处理的方法（parallelXxx），下面以排序为例介绍其用法。

```
import java.util.Arrays;
public class Test
```

```
    {
        public static void main( String[] args )
        {
            int[] arr = {1,5,8,3,19,40,6};
            Arrays.parallelSort( arr );
            Arrays.stream( arr ).forEach(i -> System.out.print( i + " " ) );
            System.out.println();
        }
    }
```

4.2 Java 9 新特性

Java 9 吸取了许多其他语言中比较实用的特性,从而进一步增强了 Java 的可用性,这一节重点介绍其中的 7 个新特性。

4.2.1 JShell:交互式 Java REPL

许多语言已经具有交互式编程环境,例如 Perl 和 Python。Java 从 Java 9 开始也引入了交互式编程环境(REPL),也就是 JShell。它允许程序员执行 Java 脚本代码,并且立即返回结果。在没有交互式编程环境的情况下,要运行代码,只能创建一个工程,编译并运行。有了交互式编程环境以后,当只需要测试部分代码正确性的时候就非常容易了。只需要把代码直接在交互环境下运行就可以马上看到运行结果,而不需要创建工程。因此非常有利于代码的调试。

下面给出一个 JShell 的使用示例,在命令行下输入 JShell 就可以进入 JShell 环境:

```
jshell> String s="hello world";
s ==> "hello world"

jshell> System.out.println(s);
hello world

jshell> int a=1;
a ==> 1

jshell> int b=2;
b ==> 2

jshell> a+b;
$12 ==> 3
```

在 JShell 环境下,语句末尾的";"是可选的。但推荐还是最好加上。这样能提高代码可读性。此外,JShell 提供了自动补全的功能,只需按下〈Tab〉键,就能自动补全。例如,当输入 System.o 的时候按〈Tab〉键会自动补齐为 System.out;当输入 System.out.后按下〈Tab〉键后,会列出所有的方法。

```
jshell> System.out.
append(        checkError()    close()       equals(       flush()       format(
toString()     wait(           write(
```

4.2.2 不可变集合工厂方法

在 Java 8 以及更早的版本中,如果想创建一个不可变的集合对象,那么只能通过

Collections 类的 unmodifiableXXX（例如 unmodifiableList，unmodifiableMap）方法来实现。
如下例所示：

```
1 import java.util.*;
2 public class Test
3 {
4     public static void main(String[] args)
5     {
6             List<Integer> list = new ArrayList<Integer>();
7             list.add(1);
8             List<Integer> imtList= Collections.unmodifiableList(list);
9             imtList.add(2);
10    }
11 }
```

运行这段程序是会报下面的错误：

```
Exception in thread "main" java.lang.UnsupportedOperationException
    at java.util.Collections$UnmodifiableCollection.add(Collections.java:1055)
    at Test2.main(Test2.java:9)
```

从上面的运行结果可以看出使用 unmodifiableXXX 是可以创建不可变集合对象，但是这
种方法使用起来有很多冗余的地方。从上面的例子也可以发现，使用这种方式创建一个不可
变容器，需要两个容器来完成。Java 9 增加了 List.of()、Set.of()、Map.of()和 Map.ofEntries()
等一系列的工厂方法来创建不可变集合，从而简化了创建过程。使用示例如下所示：

```
List immutableList = List.of();    //创建一个空的不可变列表
List immutableList = List.of("a","b","c");     //创建一个非空的不可变列表
Map nonemptyImmutableMap = Map.of(1, "one", 2, "two", 3, "three") //创建不可变 Map
```

显然这种创建不可变容器的方法更加简洁。

4.2.3 私有接口方法

Java 8 引入了接口的默认方法与静态方法，也就是说接口也可以包含行为，而不仅仅包
含方法的定义。但是不能在接口中定义私有方法。如果接口中的多个方法有相似的逻辑，那
么这样会导致接口中的代码有大量的冗余，为了避免冗余，从而使代码的更加清晰，Java 9
在接口中引入了私有方法。下面给出一个接口私有方法的使用示例：

```
public interface MyInterface
{
    void method1();
    default void defaultMethod1() { init(); }
    default void defaultMethod2() { init(); }
    private void init() { System.out.println("Initializing"); }
}
```

从上面的代码可以看出，私有方法能够将冗余代码提取到通用的私有方法中，一方面增
加了代码的重用性，减少冗余，另一方面也实现了代码的隐藏，使得这些方法对 API 用户不
可见。

在接口中编写私有方法时，应该遵循以下规则：

1）应该使用私有修饰符(private)来修饰这些方法。

2）不能使用 abstract 来修饰这些方法。因为"私有"方法意味着完全实现的方法，对子类是不可见的，因此也就无法在子类中来实现。

4.2.4 平台级模块系统

模块化是软件工程中非常重要的一个概念。它能把独立的功能封装成模块，并提供接口供外部使用是模块化在软件工程中有着非常重要的作用，例如：

1）降低代码间的耦合，增加代码的内聚，是代码更容易维护。

2）能够有效降低工程的复杂度。

3）能提供更好的伸缩性和扩展性。

正是由于模块化的这些诸多的优势，Java 9 也引入了模块化的概念。模块化的引入改变了 Java 应用程序的设计和编译方式。

模块可以被看成是一个包含了很多 package 的一个 jar 文件。对一个引用程序进行模块化意味着需要把一个应用程序分解成多个模块，而且这些模块可以协同工作。在 Java 9 的模块化开发中，开发者需要显式地使用 require 关键字来指明依赖的模块，使用关键字 export 来控制哪些包是可以被其他模块访问到的，模块化的出现很好地解决了下面的几个问题：

1）模块系统的出现意味着 public 不是对所有类可见了。如果一个类被修饰为 public，那么它只是在模块内是 public 的，也就是说它不能被其他模块访问，除非这个模块被其他模块使用 require 关键字来引用。这显然增强了程序的封装性。

2）JVM 在加载类的时候会使用类加载器在 classpath 中寻找指定的类并加载，但是如果忘记把需要的类配置在 classpath 中，那么类加载器在加载类的时候就会抛出 ClassNotFound Exception 异常。但是由于类加载器使用的是懒加载方式，也就是说只有类被使用到的时候才去加载，这样就会导致一个问题，程序在启动的时候并不会报错，而只有在运行的时候才会报错，这显然影响了程序的可用性。另外一个更严重的问题是，环境可能会有重复的 jar 包，或者两个库文件需要使用不同版本的第三方的库。模块系统的出现使得每个模块可以指定自己依赖的模块，因此也就有足够多的信息在编译期或在程序启动的时候就可以抛出异常。同时各个模块可以根据需求指定自己需要的第三方库对应的版本。

3）在 Java 9 之前的版本，即使是一个非常简单的"Hello World"程序，都需要包含 rt.jar（这里面包含了几乎所有的 Java 标准类库）。模块化系统的出现不仅允许开发者模块化自己的应用程序，同时也对 JDK 本身进行了模块化，因此一个应用程序就可以只包含它所需要的类库。

需要注意的是模块化的开发方法是可选的，如果没有提供模块化开发需要的信息，那么程序会仍然使用 classpath 来查找依赖的类库。

下面通过一个例子来介绍模块化的开发方法。

对于模块化的开发，每个模块需要有自己的名字，而且这模块不能在默认的 package 中，因此，需要创建单独的 package。在下面的示例代码中，将会使用如下的代码结构：

```
├── com.test
│   ├── module-info.java
```

```
|    |— com
|       |— test
|            |— Demo.java
```

示例代码如下所示：

```
package com.test;

public class Demo
{
    public String greet()
    {
        return "Hellow world";
    }

    public static void main(String args[])
    {
        System.out.println(new Demo().greet());
    }
}
```

为了把一个 package 下面的代码当作一个模块，需要在这个 package 的根目录下创建一个 module-info.java 文件，这个文件中需要指定模块的名字，它依赖的模块以及哪些 package 是对外可见的。下面给出一个最简单的定义（只给出模块名字）：

```
module com.test{
}
```

接下来在终端切换到这个 package 的根目录下，使用下面的命令来编译这个模块：

```
javac -d out module-info.java com/test/Demo.java
```

编译完成后，会有 out 目录生成出来，这个目录中包含了所有编译的.class 文件。

接着就可以使用下面的命令把 package 打包成一个模块。打包后就会生成 demo.jar 文件（与普通 jar 文件的唯一区别就是多了一个额外的 module-info.java 文件）。

```
jar cvfe programming-quote.jar demo.jar com.test.Demo -C out .
```

当然可以通过下面的命令来运行：

```
java -jar demo.jar
```

但是，如果想以模块化的方式来运行，那么就必须提供模块的路径（通常使用--module-path 或者-p 来指定）和入口类（通常使用—module 或-m 来指定）。如下例所示：

```
java --module-path demo.jar --module com.test/com.test.Demo
```

上面的例子只介绍了一个简单的模块的开发和运行方式，如果涉及多个模块，那么如何相互引用呢？下面通过另外一个例子来介绍模块之间的引用。

首先定义一个类来把前面引入的类中方法返回的字符串在 GUI 上显示出来，实现代码如下所示：

```java
package com.gui;

import javafx.application.Application;
import javafx.scene.Scene;
import javafx.scene.control.Label;
import javafx.stage.Stage;

public class DemoAPP extends Application
{

    @Override
    public void start(Stage primaryStage) throws Exception
    {
        primaryStage.setTitle("Quotes");

        Label label = new Label("hello");
        Scene scene = new Scene(label, 300, 300);
        primaryStage.setScene(scene);

        primaryStage.show();
    }

    public static void main(String[] args)
    {
        Application.launch(args);
    }
}
```

接着通过 module-info.java 来定义这个模块：

```java
module com.gui{
}
```

接着通过下面的命令来编译这个模块的代码：

```
javac -d out module-info.java com/gui/DemoApp.java
```

编译过程中会碰到下面的一些编译错误：

```
com/gui/DemoAPP.java:3: error: package javafx.application is not visible
import javafx.application.Application;
              ^
  (package javafx.application is declared in module javafx.graphics, but module com.gui does not read it)
com/gui/DemoAPP.java:4: error: package javafx.scene is not visible
import javafx.scene.Scene;
              ^
  (package javafx.scene is declared in module javafx.graphics, but module com.gui does not read it)
com/gui/DemoAPP.java:5: error: package javafx.scene.control is not visible
import javafx.scene.control.Label;
              ^
  (package javafx.scene.control is declared in module javafx.controls, but module com.gui does not read it)
```

```
com/gui/DemoAPP.java:6: error: package javafx.stage is not visible
import javafx.stage.Stage;
                   ^
   (package javafx.stage is declared in module javafx.graphics, but module com.gui does not read it)
com/gui/DemoAPP.java:10: error: method does not override or implement a method from a supertype
   @Override
   ^
5 errors
```

从上面的编译错误可以看出，虽然在代码中通过 import 导入了 javafx.graphics，但是 JavaFX 是不可见的，主要的原因为：从 Java 9 开始 JDK 也引入了模块化的思想。因此，在开发应用程序的时候就需要显式地指定依赖的模块。

需要注意的只有一个 Java 工程中包含了 module-info.java 文件的时候，这个工程才会使用模块化的开发思想，才会检查是否引用了依赖的模块。如果没有包含 module-info.java 文件，那么一切都与原来的开发方式一样（会通过 classpath 来查找依赖的类库）。这样做的目的是为了向下兼容。

回到这个例子中来，为了使程序能够编译通过，首先需要通过 requires 关键字来引入依赖的类库。把 module-info.java 修改为：

```
module com.gui {
    requires javafx.controls;
}
```

然后使用上面介绍的 javac 目录重新编译，就可以编译通过。需要注意的是，在上面的代码中，只引入了 javafx.controls，而没有引入 javafx.graphics 的原因是，在一般情况下，如果使用了 javafx.controls，那么在大部分情况下都会使用 javafx.graphics，因此在设计 javafx.controls 模块的时候，已经通过引入了 javafx.graphics 模块。

如果使用下面的命令运行这个模块：

```
java --module-path out --module com.gui/com.gui.DemoAPP
```

那么仍然会碰到下面的错误

```
java.lang.IllegalAccessException: class com.sun.javafx.application.LauncherImpl (in module javafx.graphics) cannot access class com.gui.DemoAPP (in module com.example.gui.DemoAPP) because module com.gui.DemoAPP does not export com.gui.DemoAPP to module javafx.graphics
```

主要的原因为 JavaFX 需要访问 DemoAPP，因此需要通过关键字 exports 来把 com.gui 这个模块暴露出来给 JavaFX 模块使用。因此可以在把 module-info.java 修改为：

```
module com.gui {
    requires javafx.controls;
    exports com.gui to javafx.graphics;
}
```

通过这个修改，JavaFX 模块就可以使用 com.gui 这个模块了。通过这个修改后，这个模块的代码就可以正常运行了。

上面的例子介绍了如何使用系统的类库。下面重点介绍如何开发一个模块，以及如何使用自己开发的模块。

首先通过修改上面开发的第一个模块(com.test)的 module-info.java 的定义来把这个模块暴露出来供其他模块使用。

```
module com.test{
    exports com.test;
}
```

接着通过上面的命令把这个模块打包为 demo.jar，为了方便，可以把 demo.jar 复制到 com.gui 下面的 lib 目录下，接着就可以在 DemoAPP.java 中使用 demo.jar 模块中的方法了。具体使用方法如下所述。

1）修改 DemoAPP.java 代码为：

```
package com.gui;

import javafx.application.Application;
import javafx.scene.Scene;
import javafx.scene.control.Label;
import javafx.stage.Stage;
import com.test.Demo;

public class DemoAPP extends Application
{
    @Override
    public void start(Stage primaryStage) throws Exception
    {
        primaryStage.setTitle("Quotes");

        Label label = new Label(new Demo().greet());
        Scene scene = new Scene(label, 300, 300);
        primaryStage.setScene(scene);

        primaryStage.show();
    }

    public static void main(String[] args)
    {
        Application.launch(args);
    }
}
```

2）接着修改 module-info.java 为：

```
module com.gui {
    requires javafx.controls;
    requires com.test;
    exports com.gui to javafx.graphics;
}
```

3）然后使用下面的命令编译这个模块的代码：

```
javac -d out --module-path lib module-info.java com/gui/DemoAPP.java
```

4）最后可以使用下面的命令运行这个代码：

```
java   --module-path   out:lib --module com.gui/com.gui.DemoAPP
```

4.2.5　进程 API 的改进

在 Java 9 之前，启动一个进程唯一的方法就是调用 Runtime.getRuntime().exec()，而且与进程相关的 API 仍然缺乏对使用本地进程的基本支持，例如获取进程的 PID 和所有者，获取进程的开始时间，使用 CPU 的时间以及多少本地进程正在运行等。

Java 9 增加了一个名为 ProcessHandle 的接口来增强 java.lang.Process 类。ProcessHandle 用来标识一个本地进程，它允许查询进程状态并管理进程。此外，ProcessHandle 接口中声明的 onExit() 方法可用于在某个进程终止时触发某些操作。

下面通过一个简单的示例来介绍新的 API 是如何创建进程的以及如何获取进程相关的信息。

```java
import java.time.ZoneId;
import java.util.stream.Stream;
import java.util.stream.Collectors;
import java.io.IOException;

public class Test
{
    public static void main(String[] args) throws IOException
    {
        ProcessBuilder pb = new ProcessBuilder("java","-version");
        String np = "Not Present";
        Process p = pb.start();
        ProcessHandle.Info info = p.info();
        System.out.println("pid : "+ p.pid());
        System.out.println("Command name : "+ info.command().orElse(np));
        System.out.println("Command line : "+ info.commandLine().orElse(np));
        System.out.println("Process isAlive: "+ p.isAlive());

        System.out.println("Start time: "+
            info.startInstant().map(i -> i.atZone(ZoneId.systemDefault())
            .toLocalDateTime().toString()).orElse(np));

        System.out.println("Arguments "+
            info.arguments().map(a -> Stream.of(a).collect(
            Collectors.joining(" "))).orElse(np));

        System.out.println("User : "+ info.user().orElse(np));

        try
        {
            p.onExit().get();//等待进程终止
        }
```

```
        catch (Exception e)
        {
                e.printStackTrace();
        }
        System.out.println("Process isAlive: "+ p.isAlive());
    }
}
```

程序的运行结果为：

```
pid : 6586
Command name : /home/jdk-10.0.1/bin/java
Command line : /home /jdk-10.0.1/bin/java -version
Process isAlive: true
Start time: 2018-06-25T17:08:29.610
Arguments -version
User : root
Process isAlive: false
```

4.2.6　try-with-resources

在没有 try-with-resources 的时候，开发者往往需要编写很多重复而且丑陋的代码（需要有大量的 catch 和 finally 语句）。一旦开发者忘记释放资源，就会造成内存泄漏。从 JDK7 开始引入了 try-with-resources 来解决这些问题，这个语法的出现可以使代码变得更加简洁从而增强代码的可读性，也可以更好地管理资源，避免内存泄漏。

下面给出一个在 JDK7 中使用的示例：

```
InputStream fis = new FileInputStream("input.txt");
try (InputStream fis1 = fis)
{
    while (fis1.read() != -1)
        System.out.println(fis1.read());
}
catch (Exception e)
{
    e.printStackTrace();
}
```

从这个例子可以看出，虽然在 try 语句外已经实例化了一个对象 fis，但是为了使用 try-with-resources 这个特性，需要在使用另外一个额外的引用 fis1。因为在 JDK7 中，try 语句块中不能使用外部声明的任何资源。如果把 try (InputStream fis1 = fis) 修改为 try(fis)，那么就会出现编译错误。

Java 9 针对这个缺陷进行了改进。在 Java 9 中，try 块中可以直接引用外部声明的资源，而不需要外声明一个引用。示例代码如下所示：

```
InputStream fis = new FileInputStream("input.txt");
try (fis)
{
    while (fis.read() != -1)
```

```
                System.out.println(fis.read());
    }
    catch (Exception e)
    {
        e.printStackTrace();
    }
```

显然，在 Java 9 对 Try-With-Resources 进行优化后，代码变得更加简洁。

4.2.7 Stream API 的改进

Java 9 对 Stream API 进行了改进，主要增加了 dropWhile、takeWhile、ofNullable 和 iterate 四个非常便利的方法，使得对流的处理更加容易。下面分别介绍各个方法的作用。

（1）takeWhile 方法

TakeWhile 方法的使用语法为：

```
default Stream<T> takeWhile(Predicate<? super T> predicate)
```

从上面的语法可以看出这个方法使用了一个断言作为参数，断言其实就是一个布尔表达式，它的返回值为 true 或 false。这个方法会返回给定 Stream 的子集直到断言语句第一次返回 false。如果第一个值不满足断言条件，那么需要注意的是 takeWhile 会返回从开头开始的尽量多的元素。由此可见，这个方法对于有序与无序的 stream 会返回不同的结果，如下例所示：

```
jshell> Stream<Integer> stream = Stream.of(1,2,3,4,5)
stream ==> java.util.stream.ReferencePipeline$Head@5b275dab

jshell> stream.takeWhile(x -> x < 4).forEach(a -> System.out.println(a))
1
2
3

jshell> Stream<Integer> stream = Stream.of(1,2,5,3,4)
stream ==> java.util.stream.ReferencePipeline$Head@3bfdc050

jshell> stream.takeWhile(x -> x < 4).forEach(a -> System.out.println(a))
1
2
```

（2）dropWhile 方法

takeWhile 方法的使用语法为：

```
default Stream<T> dropWhile(Predicate<? super T> predicate)
```

dropWhile 方法和 takeWhile 作用相反的，使用一个断言作为参数，直到断言语句第一次返回 true 才返回给定 Stream 的子集。也就是说这个方法会最大限度地扔掉满足断言的条件的元素，然后把剩余的元素作为返回值。示例代码如下所示：

```
jshell> Stream<Integer> stream = Stream.of(1,2,3,4,5)
stream ==> java.util.stream.ReferencePipeline$Head@91161c7
```

```
jshell> stream.dropWhile(x -> x < 4).forEach(a -> System.out.println(a))
4
5

jshell> Stream<Integer> stream = Stream.of(1,2,5,3,4)
stream ==> java.util.stream.ReferencePipeline$Head@5622fdf

jshell> stream.dropWhile(x -> x < 4).forEach(a -> System.out.println(a))
5
3
4
```

（3）ofNullable 方法

ofNullable 方法的使用语法为：

```
static <T> Stream<T> ofNullable(T t)
```

这个方法用来返回非空的元素来避免 NullPointerExceptions。

示例代码如下所示：

```
jshell> Stream<Integer> s = Stream.ofNullable(1)
s ==> java.util.stream.ReferencePipeline$Head@53b32d7

jshell> s.forEach(System.out::println)
1

jshell> Stream<Integer> s = Stream.ofNullable(null)
s ==> java.util.stream.ReferencePipeline$Head@1a968a59

jshell> s.forEach(System.out::println)
```

（4）iterate 方法

iterate 方法的使用语法为：

```
static <T> Stream<T> iterate(T seed, Predicate<? super T> hasNext, UnaryOperator<T> next)
```

这个方法返回一个 stream，这个 stream 中的元素是通过下面的逻辑生成出来的：第一个
参数作为起始值，第二个参数作为断言，第三个参数用来指定生成下一个元素的逻辑。

示例代码如下所示：

```
jshell> IntStream.iterate(2, x -> x < 20, x -> x * x).forEach(System.out::println)
2
4
16
```

第二部分 JDK 内部实现原理分析

虽然在 Java 开发中不会使用到 JDK 的源码，但是 JDK 的源码能够帮助开发者理解内部的实现原理，从而在开发的过程中能够做到游刃有余，能够选择最适合的类库。

第 5 章　Collection 框架

容器在 Java 语言开发中有着非常重要的作用，Java 提供了多种类型的容器来满足开发的需要，容器不仅在面试笔试中也是非常重要的一个知识点，在实际开发的过程中也是经常会用到。因此，对容器的掌握是非常有必要也是非常重要的。Java 中的容器可以被分为两类：

（1）Collection

用来存储独立的元素，其中包括 List、Set 和 Queue。其中 List 是按照插入的顺序保存元素，Set 中不能有重复的元素，而 Queue 按照排队规则来处理容器中的元素。它们之间的关系如图 5-1 所示。

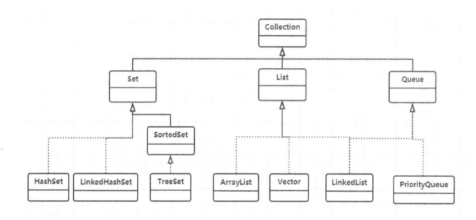

图 5-1　Collection 类图

（2）Map

用来存储<键，值>对，这个容器允许通过键来查找值。Map 也有多种实现类，如图 5-2 所示。

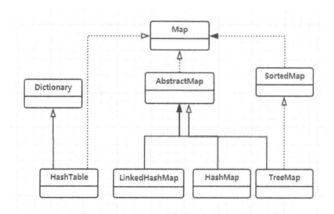

图 5-2　Map 类图

由于篇幅原因，本章将会重点介绍部分常用的容器。

5.1 List

List 是一种线性的列表结构，它继承自 Collection 接口，是一种有序集合，List 中的元素可以根据索引进行检索、删除或者插入操作。在 Java 语言中 List 接口有不同的实现类，图 5-3 给出了部分常用的 List 的实现类。

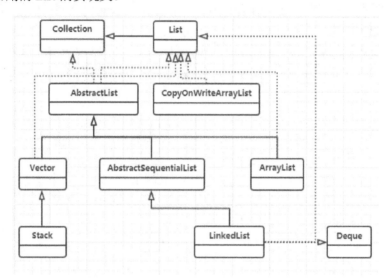

图 5-3 List 类图

下面将会分别介绍这几种 List 的具体实现方式。

5.1.1 ArrayList

ArrayList（java.util.ArrayList）是用数组来实现的 List，是最常见的列表之一。它与数组有着同样的特点：

1）随机访问（相对于顺序访问）效率高。

2）读快写慢，由于写的过程中需要涉及元素的移动，因此写操作的效率比较低。

本章节将详细解释这两个特性是如何体现出来的，以及如何利用它们更好地使用 ArrayList。

在介绍数组的实现之前，首先引入两个概念：随机访问和顺序访问。

随机访问（又称直接访问）：在一组长度为 n 的数据中，要找到其中第 i 个元素，只需要通过下标 i 就可以找到。

顺序访问：在一组长度为 n 的数据中，要找到其中第 i 个元素，只能从头到尾或者从尾到头遍历，直到找到第 i 个元素，需要依次查找 i 或 n-i 次。

数组就是常见随机访问结构，为什么数组能实现随机访问呢？这要从数组的内存存储结构来进行解析（数组在内存中占用连续的存储空间）。

给定一段数据，如果知道它的起始位置和数据长度，那么就可以很快地在内存中定位它。

例如：一个 int 型数据，在 Java 语言中 int 的长度是 4 个字节（32 位），假设它的起始地址为 0x00000001，用下面方块表示：

0x00000001

显然，如果还有一个 int 数据紧跟着该方块之后，那么内存地址就该是 0x00000001+32，依次类推，可以知道一串连续的 int 数据的存储结构为：

0x00000001	0x00000033	0x00000065	0x00000097	…

这一连串的 int 数据就构成了一个 int 数组，可以注意到，数组的存储依然是顺序的。那么，要如何达到随机访问的效果呢？通过对上面的结构进行分析，可以发现两个规律：

1）所有数据块的内存是连续的。

2）所有数据块的长度是相同的。

由此，可以推论得出公式，设数据块下标为 i，则：

第 i 个元素的地址 = 起始地址 + 单位长度 x i

如此，就实现了通过下标 i 来查找指定数据块的功能。数组需要记录的数据只有两个：起始地址和单位长度。

引申：int 的长度在 Java 语言中是确定的，Object 的长度却是根据其内容来决定的，那么，一个 Object[]数组要如何确定单位长度呢？

答案：Java 无需确定 Object 的长度，Object[]数组保存的是各个 Object 的引用（也可以理解为指针），无论是任何类型的引用，其长度都是确定的（可能各个虚拟机使用不同的长度，但在一个虚拟机内部这个长度是固定的），使用下标获取引用，然后通过引用再来查找指定的数据。

下面将通过对源码的分析来讲解 ArrayList 的实现原理：

（1）父类和接口

1）java.util.AbstractList。该抽象类是大部分 List 的共同父类，它提供了一些基本的方法封装，以及通用的迭代器实现。

2）java.util.List。列表标准接口，列表是一个有序集合，又被称为序列。该接口对它内部的每一个元素的插入位置都有精确控制，用户可以使用整数索引（index）来查询。

一般来说，列表允许重复元素，也可以插入 null 元素。

3）java.util.RandomAccess。这是一个标记性质的随机访问接口，它没有提供任何方法。如果一个类实现了这个接口，那么表示这个类使用索引遍历比迭代器要更快（ArrayList、CopyOnWriteArrayList、Stack 和 Vector 都实现了这个接口）。示例代码如下所示：

```
int size = 1999999;
List<String> list = new ArrayList<String>();

for (int i = 0; i < size; i++) {
    list.add(i + "");
}

long time = System.currentTimeMillis();
```

```
String r;
// 遍历索引
for (int i = 0, len = list.size(); i < len; i++) {
    r = list.get(i);
}
System.out.println("遍历索引耗时:" + (System.currentTimeMillis() - time));

time = System.currentTimeMillis();
// 迭代器
Iterator<String> iterator = list.iterator();
while (iterator.hasNext()) {
    r = iterator.next();
}
System.out.println("迭代器遍历耗时:" + (System.currentTimeMillis() - time));
```

程序的运行结果为:

```
遍历下标耗时:93
迭代器遍历耗时:141
```

这表明索引遍历比迭代器要快, 当然, 这并不是 RandomAccess 接口本身的功能, 而是 ArrayList 的具体实现来决定的, 它仅仅是个 "标记", 至于为什么 ArrayList 索引遍历会比迭代器更快, 将在后面说明。

4) java.lang.Cloneable。用于标记可克隆对象, 是一个常见接口, 没有实现该接口的对象在调用 Object.clone()方法时会抛出异常。

5) java.io.Serializable。序列化标记接口, 是一个常见接口, 被此接口标记的类可以实现 Java 序列化和反序列化。该接口没有任何内容, 但是 Java 序列化里有一些默认成员变量和默认方法, 会在序列化和反序列化的时候调用到。主要有如下几个方法:

```
/* 在序列化时调用, 可以将特定的类转换成自己需要的序列化格式 */
private void writeObject(java.io.ObjectOutputStream out) throws IOException
/* 在反序列化时调用, 可以将输入转换成特定的类 */
private void readObject(java.io.ObjectInputStream in) throws IOException,ClassNotFoundException
/*反序列化时调用, 当遇到类似版本不一致之类的问题, 为了使序列化成功, 提供的一个缺省方法*/
private void readObjectNoData() throws ObjectStreamException
```

(2) 成员变量和常量

ArrayList 有三个重要的成员变量和两个常量。

1) 成员变量。

① private transient Object[] elementData, elementData 是该 List 的数据域, 其中被 transient 修饰表示这个变量不会被序列化, 它提供给 Serializable 接口使用。示例代码如下所示:

```
List<String> list = new ArrayList<String>();
list.add("string1");
list.add("string2");

// 序列化 list
```

```
File file = new File("f:/list");
if (!file.exists())
    file.createNewFile();
FileOutputStream fos = new FileOutputStream(file);
ObjectOutputStream out = new ObjectOutputStream(fos);
out.writeObject(list);

fos.close();
out.close();

// 反序列化 list
FileInputStream fis = new FileInputStream(file);
ObjectInputStream in = new ObjectInputStream(fis);
Object obj = in.readObject();
System.out.println(obj);
fis.close();
in.close();
```

运行结果为：

```
[string1, string2]
```

从运行结果可以发现，对 ArrayList 的序列化与反序列化都成功了。为什么 transient 没有生效？

其实它已经生效了，但这里涉及的是 Java 序列化接口另一个方法：writeObject，在 ArrayList 源码里可以找到下面这部分奇怪的代码：

```
private void writeObject(java.io.ObjectOutputStream s)    throws java.io.IOException{
    // Write out element count, and any hidden stuff
    int expectedModCount = modCount;
    s.defaultWriteObject();

    // Write out array length
    s.writeInt(elementData.length);

    // Write out all elements in the proper order.
    for (int i=0; i<size; i++)
        s.writeObject(elementData[i]);

    if (modCount != expectedModCount) {
        throw new ConcurrentModificationException();
    }
}
```

由此可见，ArrayList 实现了 Serializable 接口的 writeObject 方法，这个方法把 elementData 中的元素全部序列化到文件中了，但是这个方法是 private 的，在 ArrayList 中并没有在任何位置调用它。那么它是如何被调用的呢？当 list 被序列化时，序列化方法会反射调用该方法来替代默认的序列化方式。

下面的代码是 Java 序列化相关类 ObjectStreamClass 的代码片段，通过这个片段可以看出 writeObject 方法是通过反射机制来被调用的。

```
writeObjectMethod = getPrivateMethod(cl, "writeObject",
                    new Class<?>[] { ObjectOutputStream.class },
                    Void.TYPE);
```

那么为什么不直接用 elementData 来序列化，而采用上面的方式来实现序列化呢？主要的原因是 elementData 是一个缓存数组，为了性能的考虑，它通常会预留一些容量，当容量不足时会扩充容量，因此，可能会有大量的空间没有实际存储元素。采用上面的方式来实现序列化可以保证只序列化实际有值的那些元素，而不序列化整个数组。

② private int size，size 表示当前 List 的长度，需要注意的是，elementData 的 length 是必然大于或等于 size 的。这是因为 elementData 是存放数据的数组。一方面，数组尾部可能有不计入长度的 null 元素。另一方面，数组的 length 是固定的，如果每一次添加都需要扩容，那么这是巨大的消耗。所以，ArrayList 提供了一系列机制来维持数组的大小，并且提供了一个 size 变量来标识真正的 List 大小。

③ protected transient int modCount = 0，该成员变量继承自 java.util.AbstractList，记录了 ArrayList 结构性变化的次数。在 ArrayList 的所有涉及结构变化的方法中都会增加 modCount 的值，这些方法包括：add()、remove()、addAll()、removeRange()及 clear()。

2）常量。

① private static final long serialVersionUID = 8683452581122892189L

序列化版本 UID，根据这个名字能判断出它是提供给序列化接口使用的，该 UID 是为了维持序列化版本一致性的。

设想，ArrayList 在某次升级后，多出了新的成员需要被序列化，那么在旧版本中序列化的内容就无法反序列化成新版本的 ArrayList 对象。

② private static final int MAX_ARRAY_SIZE = Integer.MAX_VALUE - 8

数组长度的上限，这里设置的是最大整数-8。

（3）构造方法

ArrayList 有三个重载的构造方法：

```
public ArrayList(int initialCapacity)
public ArrayList()
public ArrayList(Collection<? extends E> c)
```

其中，initialCapacity 表示初始化的 elementData 的长度，如果使用无参构造，那么默认为 10。当构造方法的参数为集合的时候，它会把 elementData 的长度设置等同为集合的大小，然后再复制集合的所有元素到 ArrayList 的 elementData 中。

下面重点介绍常用的几个方法的实现。

1）indexof/lastIndexof/contains 方法实现。

indexof 方法用于查询指定对象的索引 index，实现的方式是对数组顺序遍历，调用指定元素的 equals 方法来比对，如果查询不到，那么返回-1。

lastIndexof 则于 indexof 相反，是对数组倒序遍历。

contains 方法直接调用 indexof 方法，根据返回值是否为-1 判断代查找的元素是否存在。

2）set/add/addAll 方法实现。

set 方法的实现很简单，即替换数组里的对应索引处的值。

add 和 **addAll** 方法的实现相对复杂一些。首先要检查当前 elementData 的长度，如果添加后的大小超出 elementData 的长度，那么需要对 elementData 的容量进行修正。

这里重点讲解一下 elementData 容量修正的逻辑。

容量修正主要是两个方向：多余和不足。

这里涉及的关键方法是 **grow**(int)，该方法的 int 参数指定了"本次扩容所允许的最小容量"。在 ArrayList 里，除了外部直接调用 ensureCapacity 方法间接地调用外，grow 只会被 add 或 addAll 触发。此时，所需要的最小容量一定是超出当前 elementD ata 的长度的。

grow 的逻辑很简单。首先，找出当前容量，把新容量设置为旧容量的 1.5 倍，如果新容量比可用最小容量（形参）要小，那么设置新容量为最小容量；如果新容量比**极限容量常量**要大，那么设置为**极限容量常量**和**最大的整型数**中的大值。接着，使用该新容量初始化一个新的数组，将原有 elementData 中的元素等位复制过去。

3）remove/removeAl/retainAll 方法实现。

remove 方法有两种重载形式：remove(int)和 remove(Object)。

当形参为 int 时，表示移除位于指定 index 的数据，如果移除的不是最后一位，那么会调用 System.arrayCopy 方法把 index 之后的数据向前移动一位，该方法的返回值指向被删除的元素。由此可见 ArrayList 的 remove 方法效率比较低。

当形参为 Object 时，表示移除指定的对象，该方法会顺序遍历整个数组，找到第一个与之相等对象（使用该对象的 equals 方法来判断两个对象是否相等），并执行类似 remove(int) 的操作。该方法的返回值表示删除是否成功。

removeAll 方法用于移除指定集合里的所有元素。与之相对的 retainAll 方法则是会保留指定集合里存在的元素。这两个方法都是调用 batchRemove(Collection,boolean)，区别是传入的参数值不同，removeAll 传入的是 false，retainAll 传入的是 true，这个方法的实现的核心逻辑如下所示：

```
final Object[] elementData = this.elementData;
int r = 0, w = 0;
for (; r < size; r++)
    if (c.contains(elementData[r]) == complement)
        elementData[w++] = elementData[r];
if (w != size) {
    for (int i = w; i < size; i++)
        elementData[i] = null;
    size = w;
    modified = true;
}
```

为了便于理解，首先解释一下几个变量，elementData 是数据域数组，r 是已经读取过的索引，w 是已经写入过的索引，c 是集合形参表示指定的集合，complement 是 boolean 形参，

false 表示 removeAll 反之则是 retainAll。

如果要实现这个功能，那么可以考虑以下流程：

① 创建一个新的缓存数组，假设为 newArray。

② 遍历 elementData，判断每一个元素是否被 c 包含。

③ 如果 complement 为 true，那么把包含的元素放进 newArray。

④ 如果 complement 为 false，那么把不包含的元素放进 newArray。

⑤ 用 newArray 来替换 elementData。

如此，即完成了功能，在 ArrayList 的实现中，使用的就是上述流程，只是对它进行了优化。首先有两个前提，无论是 removeAll 还是 retainAll，最后得出的结果集中元素的个数一定小于或者等于 elementData 中原来元素的个数；而且结果集中原来数据的顺序是保持不变的。基于这两个前提，理当可以使用 elementData 本身来做流程中的 newArray 缓存，简化后的 removeAll 流程如下所示：

① 遍历 elementData，判断每一个元素[r]是否被 c 包含。

② 如果包含，那么不做任何处理，判断下一个元素。

③ 如果不包含，那么将 elementData 的第 w 位替换成该 elementData[r]，w 递增 1。为什么可以这么做？因为 r 一定是大于等于 w 的，如果等于，那么等同于没有操作，如果是大于，那么说明之前的位数都属于"包含"的情况，是属于需要删除的数据。

④ 完成遍历后，清除 elementData 里 w 标号之后的所有元素。

同理就能理解 retainAll 流程，一定是把②、③里的包含判断条件取否。

这样回头看看上面贴出的代码，就更容易理解了。

思考一个问题，为什么要判断 if(w != size)呢？如果 w == size 成立，那么说明写入次数已经覆盖了整个 elementData，流程④就没有执行的意义了。

（4）迭代器

前面提到过 RandomAccess 接口是用于标记该 List 的，使用索引遍历会比迭代器遍历效率更高，那么是什么原因导致索引遍历有更高的效率呢？下面从两个方面来进行讲解：

① 由于索引遍历使用 get(int)方法来取数据，而 get(int)方法直接从数组中获取数据，$T_1(n)= n\theta(1)$，因此遍历列表操作的时间复杂度为 O(n)。

② 迭代器遍历使用 java.util.Iterator 来实现。标准写法如下所示：

```
Iterator<String> iterator = list.iterator();
while (iterator.hasNext()) {
    r = iterator.next();
}
```

可以看到，hasNext()方法和 next()方法都被调用了 n 次，$T_2(n) = n(hasNext()+next())$。

hasNext()方法中判断了索引是否和 size 相等，$hasNext() = \theta(1)$。

next()方法则进行了多个操作，分别为：取出索引元素，索引增加 1，声明一个本地变量 elementData，指向作为外部类的 ArrayList 里的 elementData，以及一系列比对。设一个常量 a 表示这些操作的开销，那么 $next()= a\theta(1)$。

综上 $T_2(n) = (a+1)n\theta(1)$；其中 a 为某个常量，时间复杂度为 O(1)。

由此可见，两种方式的时间复杂度一致，这说明无论用哪种，都不会出现数量级上的区别，但是 $T_1(n) < T_2(n)$ 是确定的，只有当数据量很大的时候，这两种方法的性能差别才会体现出来。

之前的章节中提到过，modCount 是用来统计 ArrayList 修改次数的，expectedModCount 则是在 Iteractor 初始化时记录的 modCount 的值。每次 Iteractor.next() 方法调用时，都会调用 checkForComnodification() 方法检查 ArrayList 是否被修改，如果发现 List 被修改，那么就会抛出异常。实现 fail-fast 机制的主要代码如下所示：

```
if (modCount != expectedModCount)
    throw new ConcurrentModificationException();
```

5.1.2 LinkedList

LinkedList 常用来和 ArrayList 进行比较，事实上，这一类的问题都是**顺序访问**序列和**随机访问**序列的比较。LinkedList 的两个主要的特性为：**顺序访问**和**写快读慢**。下面，将通过对 JDK 源码的解析，来分析 LinkedList 的实现原理。

（1）父类和接口

1）java.util.AbstractSequentialList。该抽象类继承自 java.util.AbstractList，提供了顺序访问存储结构，只要类似于 LinkedList 这样的顺序访问 List，都可以继承该类。它提供了 get\set\add\addAll\remove 等方法的迭代器方式的实现，前提是必须提供对迭代器接口 java.util.Iterator 的实现。

2）java.util.Deque。双向队列接口，继承自 java.util.Queue。LinkedList 为什么要实现该接口呢？因为 Queue 的特性是"先进先出"，也就是说，可以在尾部增加数据，头部获取数据。Deque 则可以同时在头尾处完成读写操作。在此基础上，LinekdList 还能操作头尾之间的任意结点，所以 LinkedList 在实现 Deque 的同时实现了 java.util.List。

3）java.lang.Cloneable、java.util.List 和 java.lang.Serialiable。请参见 ArrayList 先关的章节的讲解。

（2）成员变量和常量

这里重点介绍 3 个成员变量：

1）transient int size = 0; 用于标记序列的大小，因为链表由单个结点组成，除了统计结点个数以外并没有办法获取 size，所以提供了一个标记量来做记录，来提高效率。

2）transient Node<E> first; 链表的头结点。

3）transient Node<E> last; 链表的尾结点。同时提供头尾结点是为了实现 java.util.Deque 双向队列接口要求的功能。

引申：可以注意到，所有成员变量都被 transient 修饰符修饰，在之前的 ArrayList 小节里介绍过，该修饰符用于标记无需序列化的成员变量。也就是说，LinkedList 的所有成员都无需序列化。那么，结合之前讲解过的 Serialiable 接口的知识，可以得出结论，LinkedList 一定提供了 readObject 和 writeObject 方法，读者可以自行阅读 LinkedList 源码查证。与 ArrayList 的实现原理类似。

常量：private static final long serialVersionUID = 876323262645176354L;

这个常量提供给 Serialiable 序列化接口使用，在 ArrayList 小节里有详细讲解，不再赘述。

（3）构造方法

LinkedList 有两个重载的构造方法：

1）public LinkedList()。

2）public LinkedList(Collection<? extends E> c)。

与 ArrayList 需要一个定长的数组不同，链表无需初始化任何对象，所以无参构造方法里没有做任何操作；Collection 形参的构造方法中，调用了 addAll(Collection)方法，该方法的具体实现将会在后面讲解。

（4）Deque 双向队列的实现

LinkedList 是一个在双向队列基础上搭建的双向链表，面试时候经常会问到其底层实现原理；因此，不仅要求掌握底层实现使用的数据结构，而且还需要掌握底层的具体实现原理。

双向链表的关键方法主要有以下几个：

1）addFirst(E)：在队头添加元素。

2）addLast(E)：在队尾添加元素。

3）E removeFirst()：删除队头元素。

4）E removeLast()：删除队尾元素。

这些方法都是通过操作成员变量 first 和 last 来实现的。first 和 last 的类型是私有类 Node<E>。实现很简洁，如下所示：

```java
private static class Node<E> {
    E item;
    Node<E> next;
    Node<E> prev;

    Node(Node<E> prev, E element, Node<E> next) {
            this.item = element;
            this.next = next;
            this.prev = prev;
    }
}
```

熟悉双向链表数据结构的读者一定知道："链表是由结点构成的，结点分为数据域和指针域，双向链表里的单个结点会保存上前驱结点和后继结点的指针（在 Java 语言中是引用）"。

这个 Node，是不是就符合和双向链表的结点概念？

E item 是数据域，用于存储数据。

Node<E> next 指向后继结点。

Node<E> prev 指向前驱结点。

构造方法中清晰体现了它们的初始化过程。这样就能很好地理解之前提及的四个方法是如何实现了。

比如，addLast(E)，新建一个 Node 结点 n，数据域为方法形参，n.prev 设置为当前的 last，last.next 设置为 n，然后 last = n，即可完成需求。其他方法的实现原理类似。

（5）getFirst/getLast/get 方法实现

getFirst 和 getLast 这两个方法分别用于取出头或尾的数据，在理解了 first 和 last 这两个 Node 之后，就很好理解了，直接返回 first.item 和 last.item 即可实现。

get(int)方法则不一样，LinkedList 是顺序存储结构，要取到第 i 个数据，必须顺序遍历到 i 结点，所以这个方法的时间复杂度为 O(n)。具体实现时，在这个基础上进行了优化，实现代码如下所示：

```
if (index < (size >> 1)) {
    Node<E> x = first;
    for (int i = 0; i < index; i++)
        x = x.next;
    return x;
} else {
    Node<E> x = last;
    for (int i = size - 1; i > index; i--)
        x = x.prev;
    return x;
}
```

如果 index 小于 size（成员变量，代表链表长度）的一半，那么正序遍历，反之倒序遍历。虽然这依然是个 O(n) 级别的算法，但是遍历规模小了一倍。这里也体现了双向队列的应用。

（6）set/add/addAll 的实现

与 ArrayList 不同的是，LinkedList 的 add 方法比 set 更加迅速。add 的本质是在尾部增加一个结点，LinkedList 维护有成员变量 last，很快就能实现。而 set 则需要遍历查找到指定结点 i，并替换之。

addAll(Collection)等价于调用 add(E)多次。

（7）removeFirst/removeLast/remove 方法实现

removeFirst 与 removeLast 方法用于移除头尾结点并返回数据，remove 则是遍历到指定结点，然后移除它。都很好理解，这里需要注意的是它们都会调用的方法 unlinkFirst/unlinkLast/unlink。而这三个方法都是用于解除 Node 指针域的指向关系，也就是把 Node.prev 或 Node.next 指向 null。remove 方法的删除操作只需要修改待删除结点后继结点的 pre 与前驱结点的 next 的指向，而不需要像 ArrayList 的 remove 操作一样移动数据，因此，删除操作有更高的效率。

（8）迭代器

ListIteractor<E> listIterator()方法返回了一个内部类 ListItr，该类即是 LinkedList 迭代器的实现。由于 LinkedList 本身就是顺序结构，该迭代器除了记录 nextIndex 之外没有做特殊处理。此外 LinkedList 的迭代器也具备 fail-fast 特性。

5.1.3　Vector 和 Stack

Stack 是栈，Vector 是矢量，为什么要放在一起讲解呢？下面将对这两种容器分别介绍。

（1）Vector

Vector 的实现与 ArrayList 基本一致，底层使用的也是数组，其迭代也具备 fail-fast 特性，但它和 ArrayList 还有一些区别，主要体现在以下特性：

1）Vector 是线程安全的，ArrayList 不是。这体现在 Vector 的所有 public 方法都使用了 synchronized 关键字。

2）Vector 多了一个成员变量 capacityIncrement，用于标明扩容的增量，与 ArrayList 每次固定扩容 50% 相比，Vector 根据 capacityIncrement 的数值来扩容，capacityIncrement 大于 0 时，增加等同于 capacityIncrement 的容量，否则增加一倍容量。capacityIncrement 由构造方法 Vector(int,int) 的第二个形参决定。

（2）Stack

Stack 是 Vector 的子类，所以它的实现和 Vector 是一致的，与 Vector 相比，它多提供了以下方法以表达栈的含义。

1）E push(E)，入栈，等同在 Vector 最末位置增加一个元素。

2）E pop()，出栈，移除 Vector 最末位置元素，并返回。

3）E peek()，查看栈顶，返回 Vector 最末位置元素。

4）empty()，检查栈是否为空。

5）search(E)，查找元素的栈深，注意，栈顶元素的深度为 1，当找不到指定元素时，返回-1。算法为 size()-lastIndexof(E)。

由此可知，Stack 如果调用 Vector 的方法，那么还是可以修改非栈顶元素的，但是在使用一个栈的时候，用户应当自觉使用栈的特性。

需要注意的是，Stack 和 Vector 使用了大量 synchronized 关键字来实现线程安全，这并不是当下的推荐方式，因为这种实现方式效率比较低，在 java.util.Collections 工具类中有提供 synchronizedList 方法也提供线程安全的列表，而且有更好的性能。因此，这两个类可以被看做是已经过时的容器。

5.1.4 总结

1）ArrayList 是用数组实现的，数组本身是随机访问的结构。

ArrayList 为什么读取快？是因为 get(int) 方法直接从数组获取数据。为什么写入慢？其实这个说法并不准确，在容量不发生变化的情况下，它一样很快，在容量被改变的时候，grow(int) 方法里对数组的扩容会造成写的效率下降。

2）LinkedList 是顺序访问结构，在双向队列的应用中得到了体现。

3）LinkedList 查询指定数据会消耗一些时间。在头尾增加删除数据的操作非常迅速，但是如果要做随机插入，那么还是需要遍历，当然这还是比 ArrayList 的 System.arraycopy 性能要好一些。

4）Vector 与 ArrayList 相比，Vector 是线程安全的，而且容量增长策略不同。

5）Stack 是 Vector 的子类，提供了一些与栈特性相关方法。

5.2 Queue

Queue 本身是一种先入先出（FIFO）的模型，与日常生活中的排队模型很相似。在 Java 语言中，Queue 是一个接口，它只是定义了一个 Queue 应该具有哪些功能。Queue 有多个实现类，有的类采用线性表来实现的，有的则是基于链表实现的。有些类是多线程安全的，有些则不是。

Java 中具有 Queue 功能的类主要有如下几个：AbstractQueue、ArrayBlockingQueue、Concurrent LinkedQueue、LinkedBlockingQueue、DelayQueue、LinkedList、PriorityBlockingQueue、PriorityQueue 和 ArrayDqueue。图 5-4 给出了部分常用的 Queue 的类。

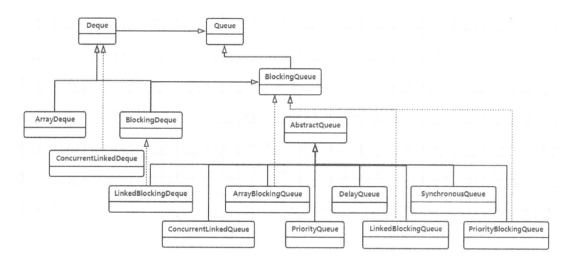

图 5-4　Queue 类图

这一节重点介绍 PriorityQueue，在后面的章节中将会介绍另外几个多线程安全的 Queue。

PriorityQueue 并不遵循 FIFO（先入先出）原则，它会根据队列元素的优先级来调整顺序，优先级最高的元素最先出。由此可以推断，PriorityQueue 要么提供一个 Comparator 来对元素进行比较，要么元素本身需要实现了接口 Comparable。下面通过对源码的解析，来验证这个推断。

（1）成员变量

PriorityQueue 的主要成员变量有：

```
transient Object[] queue;        /* 存值数组  */
private int size = 0;            /* 元素数量 */
/* 比较器，可以为 null，当为 null 时 E 必须实现 Comparable */
private final Comparator<? super E> comparator;
```

由此可见，这个类提供了一个 comparator 成员变量。同时，可以看到，PriorityQueue 的存储结构是个数组。因此，数据增加的同时，就必须考虑到数组的扩容。

这里可以思考一个问题，为什么 PriorityQueue 不去模仿 LinkedList 做顺序访问结构，宁可付出扩容的代价，也要使用数组呢？这个问题将会在后面的章节中对 PriorityQueue 核心方法的解析中得到答案。

（2）heapify 方法和最小堆

在讲解 PriorityQueue 之前，需要先熟悉一个有序数据结构：**最小堆**。

最小堆是一种经过排序的完全二叉树，其中任一非终端结点数值均不大于其左孩子和右孩子结点的值。

可以得出结论，如果一棵二叉树满足最小堆的要求，那么，堆顶（根结点）也就是整个序列的最小元素。

最小堆的例子如图 5-5 所示。

可以注意到，20 的两个子结点 31、21，和它的叔结点 30 并没有严格的大小要求。以广度优先的方式从根结点开始遍历，可以构成序列：

[10,20,30,31,21,32,70]

反过来，可以推演出，序列构成二叉树的公式是：对于序列中下标为 i（此处指的下标从 0 开始）的元素，左孩子的下标为 left(i) = i*2 +1，右孩子的下标为 right(i) = left(i)+1。

现在可以思考一个问题，对于给定的序列，如何让它满足最小堆的性质？

例如：[20, 10, 12, 1, 7, 32, 9]构成的二叉树如图 5-6 所示。

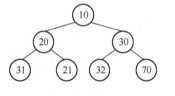
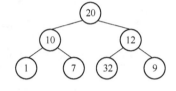

图 5-5　最小堆　　　　　　　　　　　　　　图 5-6　二叉树示例图

这里提供了一个如何把一个二叉树调整为最小堆方法，这个方法主要有下面几个步骤：

1）倒序遍历数列。

2）对二叉树中的元素挨个进行沉降处理，沉降过程为：把遍历到的结点与左右子结点中的最小值比对，如果比最小值要大，那么和该子结点交换数据，反之则不做处理，继续 1 过程。

3）沉降后的结点，再次沉降，直到叶子结点。

同时，因为下标在 size/2 之后的结点都是叶子结点，所以可以从 size/2-1 位置开始倒序遍历，从而减少比较次数。

应用该方法对之前的数列进行调整：

因为数列[20,10,12,1,7,32,9]的长度为 7，所以 size/2 - 1 =2，倒序遍历过程是 12 -> 10 ->20。

1）12 的左孩子为 32，右孩子为 9，12>9，进行沉降，结果如图 5-7 所示。

2）10 的左孩子为 1，右孩子为 7，10 > 1，进行沉降，结果如图 5-8 所示。

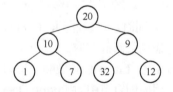
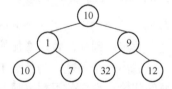

图 5-7　结点 12 下沉后的二叉树　　　　　　图 5-8　结点 10 下沉后的二叉树

3）20 的左孩子为 1，右孩子为 9，20 > 1，进行沉降，结果如图 5-9 所示。

4）20 的左孩子为 10，右孩子为 7，20 > 7，进行沉降，得到最终结果如图 5-10 所示。

满足最小堆的要求，此时，得出的序列为[1,7,9,10,20,32,12]。

该实现的流程也就是 PriorityQueue 的 heapify 方法的流程，heapify 方法负责把序列转化为最小堆，也就是所谓的建堆。其源码如下所示：

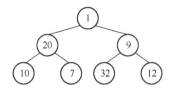

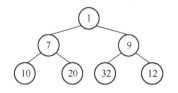

图 5-9　结点 20 下沉后的二叉树　　　　图 5-10　结点 20 继续下沉后的二叉树

```java
private void heapify() {
    for (int i = (size >>> 1) - 1; i >= 0; i--)
        siftDown(i, (E) queue[i]);
        siftDown(i, (E) queue[i]);

}
```

siftDown 方法也就是之前提过的**沉降方法**。

（3）siftDown(k,x)方法

siftDown 方法用于沉降，根据 comparator 成员变量是否为 null，它的执行方式略有不同。

如果 comparator 不为 null，那么调用 comparator 进行比较；反之，则把元素视为 Comparable 进行比较。如果元素没有实现 Comparable 接口，那么会抛出 ClassCastException。无论使用哪种方法进行比较，执行的算法都是一样的，这里只选取其中之一进行讲解：

```java
private void siftDownUsingComparator(int k, E x) {
    int half = size >>> 1;    /* 只查找非叶子结点 */
    while (k < half) {
        int child = (k << 1) + 1;    /* 左孩子 */
        Object c = queue[child];
        int right = child + 1;        /* 右孩子 */
        /* 取左右孩子中的最小者 */
        if (right < size && comparator.compare((E) c, (E) queue[right]) > 0)
            c = queue[child = right];
        /* 父结点比最小孩子小说明满足最小堆，结束循环 */
        if (comparator.compare(x, (E) c) <= 0)
            break;
        /* 交换父结点和最小孩子位置，继续沉降 */
        queue[k] = c;
        k = child;
    }
    queue[k] = x;
}
```

注释已经解释清楚了代码的执行逻辑，其目的是把不满足最小堆条件的父结点一路沉到最底部。从以上代码可以看出，siftDown 的时间复杂度不会超出 $O(\log_2 n)$。

（4）offer(e)方法

PriorityQueue 的 offer 方法用于把数据入队，其源码实现如下所示：

```java
public boolean offer(E e) {
    if (e == null)
        throw new NullPointerException();
```

```
            modCount++;
            int i = size;
            if (i >= queue.length)    /* 容量不够时, 对数组做扩容 */
                grow(i + 1);
            size = i + 1;
            if (i == 0)
                queue[0] = e;         /* 初始化队列 */
            else
                siftUp(i, e);         /* 上浮结点 */
            return true;
        }
```

从实现源码中可以观察到它有如下几个特性:

1）不能存放 null 数据。

2）与 ArrayList 留有扩容余量不同, 当 size 达到数组长度极限时, 才执行扩容（grow 方法）。

3）当队列中有数据时, 会执行结点上浮（siftUp）, 把优先级更高的数据放置在队头。

为什么新加入的结点需要做上浮呢? 这是因为新添加的结点初始位置是在整个数列的末位, 在二叉树中, 它一定是叶子结点, 当它的值比父结点要小时, 就不再满足最小堆的性质了, 所以, 需要进行上浮操作。

（5）grow(minCapacity)方法

grow 方法用于对 PriorityQueue 进行扩容, 源码实现如下所示:

```
        private void grow(int minCapacity) {
            int oldCapacity = queue.length;
            // 长度较小则扩容一倍, 否则扩容50%
            int newCapacity = oldCapacity + ((oldCapacity < 64) ?
                                            (oldCapacity + 2) :
                                            (oldCapacity >> 1));
            // 溢出校验
            if (newCapacity - MAX_ARRAY_SIZE > 0)
                    newCapacity = hugeCapacity(minCapacity);
            queue = Arrays.copyOf(queue, newCapacity);
        }
        private static int hugeCapacity(int minCapacity) {
            if (minCapacity < 0) // overflow
                throw new OutOfMemoryError();
            return (minCapacity > MAX_ARRAY_SIZE) ?
                    Integer.MAX_VALUE :
                    MAX_ARRAY_SIZE;
        }
```

grow 方法有如下两个功能:

① 扩容。扩容策略是, 如果旧容量小于 64, 那么增加一倍+2, 否则增加 50%。

② 溢出校验。如果小于 0, 那么认为溢出, 容量最大能支持到最大正整数。

（6）siftUp(k,x)方法

siftUp 方法用于上浮结点。新加入的结点一定在数列末位, 为了让数列满足最小堆性质,需要对该结点进行上浮操作。

与 siftDown 一样,它也有两种等效的实现路径,这里只做 shifUpUsingComparator 的解析:

```
private void siftUpUsingComparator(int k, E x) {
    while (k > 0) {
        /* 找到父结点 */
        int parent = (k - 1) >>> 1;
        Object e = queue[parent];
        /* 父结点较小时，满足最小堆性质，终止循环 */
        if (comparator.compare(x, (E) e) >= 0)
            break;
        /* 交换新添加的结点和父结点位置，继续上浮操作*/
        queue[k] = e;
        k = parent;
    }
    queue[k] = x;
}
```

为了更容易地理解这个方法,下面通过一个例子来详细的解析,假设有最小堆数列[10,20,30,40,30,50,70],构成最小堆如图 5-11 所示。

1）执行添加 19 后的二叉树如图 5-12 所示。

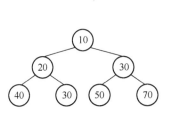

图 5-11　最小堆示例

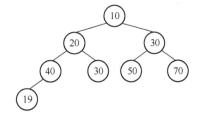

图 5-12　添加结点 19 后的二叉树

2）19<40,与 40 交换位置,交换后的二叉树如图 5-13 所示。

3）19<20,与 20 交换位置,交换后的二叉树如图 5-14 所示。

4）19>10,终止上浮操作,最后得到的数列为:

```
[10, 19, 30, 20, 30, 50, 70, 40]
```

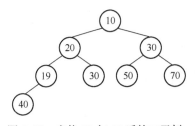

图 5-13　交换 19 与 40 后的二叉树

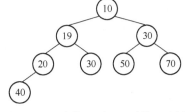

图 5-14　交换 19 与 20 后的二叉树

该数列满足了最小堆的性质。

（7）poll()方法

poll 方法用来检索并移除此队列的头,它的实现源码如下所示:

```
public E poll() {
    if (size == 0)
        return null;
    int s = --size;
    modCount++;
    E result = (E) queue[0];      /* 获取队头 */
    E x = (E) queue[s];           /* 获取队尾 */
    queue[s] = null;              /* 清空队尾 */
    //队尾和队头不是同一个结点的时候，进行沉降操作
    if (s != 0)
        siftDown(0, x);
    return result;
}
```

通过之前的间接可以知道，最小堆虽然不保证数列的顺序，但其堆顶元素始终是最小元素，恰好，PriorityQueue 只要求出队的对象优先级最高，所以，poll 方法只需要直接获取堆顶元素即可达到目的。

但是，当堆顶元素移除后，如果不做调整，那么新的堆顶会变成原来堆顶的左孩子，所以，移除后需要对二叉树重新调整。根据最小堆的性质，可以证明：**移除最小堆任意叶子结点，最小堆性质不变**。

因为数组的末位结点在最小堆内，一定是叶子结点，所以，这里可以使用末位结点来替换根结点，然后进行沉降操作。这样做有以下三个好处：

1）不需要整个重新排列数组。

2）不破坏最小堆性质。

3）沉降操作时间复杂度不会超过 $O(\log_2 n)$，效率得以保证。

以满足最小堆的数列[1, 7, 9, 10, 20, 32, 12]为例，其构建的最小堆如图 5-15 所示。

1）执行 poll()，备份并移除结点 1，移除后把堆的最后一个结点 12 移动到堆顶，移除后的二叉树如图 5-16 所示。

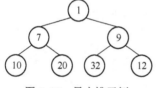 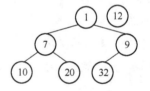

图 5-15　最小堆示例　　　　图 5-16　用 12 替换结点 1

2）执行 siftDonw(0,结点 12)，即把结点 12 视为堆顶，进行沉降。12 的左孩子为 7，右孩子为 9，12 > 7，向左侧沉降，结果如图 5-17 所示。

3）12 的左孩子为 10，右孩子为 20，12 > 10，向左侧沉降，结果如图 5-18 所示。

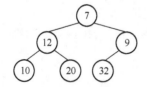 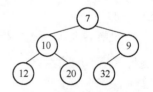

图 5-17　用 12 替换结点 1 沉降　　　图 5-18　用 12 向左沉降

4）12 为叶子结点，操作结束，最终得出的数列为：

[7,10,9,12,20,32]

满足最小堆的要求。

5.3 Map

Map 是一种由多组 key-value（键值对）集合在一起的结构，其中，key 值是不能重复的，而 value 值则无此限定。其基本接口为 java.util.Map，该接口提供了 Map 结构的关键方法，比如常见的 put 和 get，下面将分别介绍 Map 的多种不同的实现类。

5.3.1 HashMap

HashMap 是最常用的 Map 结构，Map 的本质是键值对。它使用数组来存放这些键值对，键值对与数组下标的对应关系由 key 值的 hashCode 来决定，这种类型的数据结构可以称之为哈希桶。

在 Java 语言中，hashCode 是个 int 值，虽然 int 的取值范围是[-2^{32}，$2^{31}-1$]，但是 Java 的数组下标只能是正数，所以该哈希桶能存储[$0,2^{31}-1$]区间的哈希值。这个存储区间可以存储的数据足足有 20 亿之多，可是在实际应用中，hashCode 会倾向于集中在某个区域内，这就导致了大量的 hashCode 重复，这种重复又称为哈希冲突。

下面的代码介绍了 hashCode 在 HashMap 中的作用：

```
public class HashMapSample {
    public static void main(String[] args) {
        HashMap<HS, String> map = new HashMap<HS, String>();

        // 存入 hashCode 相同的 HS 对象
        map.put(new HS(), "1");
        map.put(new HS(), "2");
        System.out.println(map);

        // 存入重写过 equals 的 HS 子类对象
        map.put(new HS() {
                @Override
                public boolean equals(Object obj) { return true; }
            },
            "3");
        System.out.println(map);

        // 存入重写过 equals 和 hashCode 的 HS 子类对象
        map.put(new HS() {
                public int hashCode() { return 2;}
                public boolean equals(Object obj) { return true; }
            },
            "3");
        System.out.println(map);
    }
```

```
    }

class HS {
    /*  重写 hashCode，默认返回 1     */
    public int hashCode() { return 1; }
}
```

程序的运行结果为：

```
{capter5.collections.HS@1=2, capter5.collections.HS@1=1}
{capter5.collections.HS@1=3, capter5.collections.HS@1=1}
{capter5.collections.HS@1=3, capter5.collections.HS@1=1, capter5.collections.HashMapSample$2@2=3}
```

从上述运行结果可以观察到三个现象：

1）hashCode 一致的 HS 类并没有发生冲突，两个 HS 对象都被正常地存入了 HashMap。

2）hashCode 一致，同时 equals 返回 true 的对象发生了冲突，第三个 HS 对象替代了第一个。

3）重写了 hashCode 使之不一致，同时 equals 返回 true 的对象，也没有发生冲突，被正确的存入了 HashMap。

这三个现象说明，当且仅当 hashCode 一致，且 equals 比对一致的对象，才会被 HashMap 认为是同一个对象。

这似乎和之前介绍的哈希冲突的概念有些排斥，下面将通过对 HashMap 的源码进行分析，以阐述 HashMap 的实现原理和哈希冲突的解决方案。

需要注意的是，Java 8 对 HashMap 做过重大修改，这一节将分别解析两种实现的区别。

5.3.2　Java 8 之前的 HashMap

在 Java 7 及之前的版本中，HashMap 的底层实现是数组和链表，结构如 5-19 所示。

（1）成员变量

HashMap 的主要成员变量包括：

```
/* 存储数据的核心成员变量 */
transient Entry<K,V>[] table;
/* HashMap 中键值对数量 */
transient int size;
/* 加载因子，用于决定 table 的扩容量 */
final float loadFactor;
```

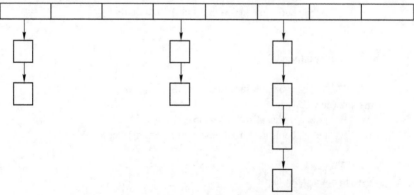

图 5-19　Java 7 之前的版本 HashMap 底层数据结构

table 是 HashMap 的核心成员变量。该数组用于记录 HashMap 的所有数据，它的每一个下标都对应一条链表。换言之，所有哈希冲突的数据，都会被存放到同一条链表中。Entry<K,V>则是该链表的结点元素。

Entry<K,V>包含以下成员变量：

```
/* 存放键值对中的关键字  */
final K key;
/* 存放键值对中的值 */
V value;
/* 指向下一个结点的引用 */
Entry<K,V> next;
/* key 所对应的 hashcode */
int hash;
```

通过上述源码可以看出，HashMap 的核心实现是一个单向链表数组（Entry<K,V>[] table），由此可以推测，HashMap 的所有方法都是通过操作该数组来完成，HashMap 规定了该数组的两个特性：

1）会在特定的时刻，根据需要来扩容。

2）其长度始终保持为 2 的幂次方。

在 HashMap 中，数据都是以键值对的形式存在的，其键值所对应的 hashCode 将会作为其在数组里的下标。例如，字符串 "1" 的 hashCode 经过计算得到 51，那么，在它被作为键值存入 HashMap 后，table[51]对应的 Entry.key 就是 "1"。

思考一个问题，如果另一个 Object 对象对应的 hashCode 也是 51，那么它和上面的字符串同时存入 HashMap 的时候，会怎么处理？

答案是，它会被存入链表里，和之前的字符串同时存在。当需要查找指定对象的时候，会先找到 hashCode 对应的下标，然后遍历链表，调用对象的 equals 方法进行比对从而找到对应的对象。

由于数组的查找是比链表要快的，于是我们可以得出一个结论：

尽可能使键值的 hashcode 分散，这样可以提高 HashMap 的查询效率。

以上是对成员变量的分析，在之后的源码分析中，将分别证明这些特性和结论。

（2）常量

```
/* 默认的初始化容量，必须为 2 的幂次方 */
static final int DEFAULT_INITIAL_CAPACITY = 16;
/* 最大容量，在构造函数指定 HashMap 容量的时候，用于做比较  */
static final int MAXIMUM_CAPACITY = 1 << 30;
/* 默认的加载因子，如果没有构造方法指定，那么 loadFactor 成员变量会使用该常量 */
static final float DEFAULT_LOAD_FACTOR = 0.75f;
```

（3）put(K,V)方法，用于向 HashMap 中添加元素

put 是最常见 HashMap 的之一，下面通过对其实现的解析，来深入理解 HashMap 的基本原理，其实现源码如下所示：

```
public V put(K key, V value) {
    if (key == null)
        return putForNullKey(value);
```

```
int hash = hash(key);
int i = indexFor(hash, table.length);
for (Entry<K,V> e = table[i]; e != null; e = e.next) {
    Object k;
    if (e.hash == hash && ((k = e.key) == key || key.equals(k))) {
        V oldValue = e.value;
        e.value = value;
        e.recordAccess(this);
        return oldValue;
    }
}
modCount++;
addEntry(hash, key, value, i);
return null;
}
```

该方法的执行流程如图 5-20 所示。

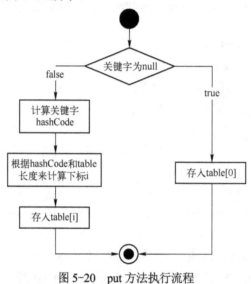

图 5-20　put 方法执行流程

可以注意到，该流程图和 put 方法的实现不是完全一一对应的，接下来会详细讲解相关内容。

1）**indexFor(int,int)方法**，作用是根据 **hashCode** 和 **table** 长度来计算下标。

可以注意到它并不是 put 方法流程图里第一个被调用的方法，但是这个方法非常重要，后面的讲解会依赖于这个方法。因此，首先介绍这个方法的实现，具体实现代码如下所示：

```
static int indexFor(int h, int length) {
    return h & (length-1);
}
```

这里用到了"**&**"操作，它是按位与计算，与操作的特点如表 5-1 所示。

表 5-1　与操作的特点

输入 1	输入 2	输出
1	1	1

（续）

输入 1	输入 2	输出
1	0	0
0	0	0

在这里 h&(length - 1) 有什么意义呢？

h 是目标 key 值的 hashCode，该 hashCode 最终要被换算为 table 中的指定下标，那么，如果不发生扩容，那么 hashCode 应当是不能超出 length-1 的。由此，需要把 hashCode 进行一定变换，保留不超出 length 的特征值，也即是 hash 表的**冲突处理**。

&（与运算）是如何实现这个功能的呢？

这里就涉及了 length 的特殊性，在之前介绍成员变量的时候有提及过，table 的长度一定是 2 的幂。在二进制表示里，可以认为 length 一定满足 1 << x。也即是 10,1000,100000 这样的二进制形式。那么 length-1，自然就是高位全部为 0，低位全部为 1 的二进制形式。

与运算的特性是：1 & 1=1，1 & 0=0，0 & 1=0。

那么，h&(length - 1)的意义就很明确了，假如 h > length -1，计算后，超出的位数归零，没有超出的位数不变，举例：

> 1111 0010 1010 & 0000 1111 1111 = 0000 0010 1010

也即是高位全部归零，而低位保持不变，等同于对 h 取余，保证计算后的 index 不会超出 table 的长度范围。

即是：h 小于 length-1 的时候，取 h；h 大于 length-1 的时候，取余数。

2）**hash(Object k)方法，用于计算键值 k 的 hashCode。**

代码实现如下所示：

```java
final int hash(Object k) {
    int h = 0;
    if (useAltHashing) {
        if (k instanceof String) {
            return sun.misc.Hashing.stringHash32((String) k);
        }
        h = hashSeed;
    }
    h ^= k.hashCode();
    h ^= (h >>> 20) ^ (h >>> 12);
    return h ^ (h >>> 7) ^ (h >>> 4);
}
```

这段代码里的算法看上去有些复杂，下面来详细分析它们的作用。

首先建立一个概念，**松散哈希**。松散哈希是指数值尽可能平衡分布的 hashCode，在 Java 语言中，一般会认为 hashCode 是一个 int 值，int 是一个 32bit 整型数，比如一个八位十六进制数：1A47 F1C0，比之 C790 0000 就要松散。

松散哈希有什么意义呢？

之前提到过，HashMap 默认的容量是 16，同时，在 indexFor(int,int)方法的介绍里也提到过，hashCode 如果超出 length-1，那么会执行取余计算。

设想一个情况，如果有一类数据，其原始的 hashCode 集中在 000A 0000 ~ FFFF 0000 之间，那么，计算 indexFor 的时候，其结果会全部为 0。

这种 hashCode 重复的现象称之为**哈希碰撞**，当发生哈希碰撞的时候，碰撞的键值对都会被存入同一条链表中，导致 HashMap 效率低下。**松散哈希**可以尽量减少哈希碰撞的发生。

在掌握了这个知识点后，再回头看看 hash(Object) 的源码。

useAltHashing 是个标识量，当它的值为 true 时，将启用替代的哈希松散算法，它有以下两个意义：

① 当处理 String 类型数据时，直接调用 sun.misc.Hashing.stringHash32(String) 方法来获取最终的哈希值。

② 当处理其他类型数据时，提供一个相对于 HashMap 事例唯一且不变的随机值 hashSeed 作为 hashCode 计算的初始量。

useAltHashing 本身的来源可以参考下面的代码：

```
useAltHashing = sun.misc.VM.isBooted() &&
                (capacity >= Holder.ALTERNATIVE_HASHING_THRESHOLD);
```

可以看到，它要为 true 必须满足两个条件：

① 虚拟机已经启动。

② 设定的容量超出了虚拟机设定的某个替代哈希散列算法阈值。

之后执行了一些**异或操作**和**无符号右移操作**，则是把高位的数据和低位的数据特性混合起来，使 hashCode 更加离散。

异或操作（^），同位数相同则为 0，不同则为 1。比如 $0 \wedge 0 = 0$，$1 \wedge 0 = 1$。

无符号右移操作（>>>），是忽略符号位（最高位），整体位数右移。

以 hashCode=ABCD0000H 为例，表格 5-2 将会演示 hash 冲突解决算法的计算过程。

表 5-2　hash 冲突解决的计算过程

h	1010 1011 1100 1101 0000 0000 0000 0000
h >>> 20	0000 0000 0000 0000 0000 0000 1010 1011
h >>> 12	0000 0000 0000 0000 0000 1010 1011 1100
(h >>> 20)^(h >>> 12)	0000 0000 0000 0000 0000 1010 0001 0111
h ^= (h >>> 20)^(h >>> 12)	1010 1011 1100 1101 0000 1010 0001 0111
h >>> 7	0000 0001 0101 0111 1001 1010 0001 0100
h >>> 4	0000 1010 1011 1100 1101 0000 1010 0001
h ^ (h >>> 7) ^(h >>> 4)	1010 0000 0010 0110 0100 0000 1010 0010

中间的演算过程可以忽略，比较**第一行的输入**和**最后一行得出的结果**，显然，最终的结果要更加松散，1 和 0 的分布更加平衡。

3）**存储数据**。对应 **put** 方法中 **for** 循环之后的部分。

```
for (Entry<K,V> e = table[i]; e != null; e = e.next) {
    Object k;
    if (e.hash == hash && ((k = e.key) == key || key.equals(k))) {
        V oldValue = e.value;
```

```
            e.value = value;
            e.recordAccess(this);
            return oldValue;
        }
    }
    modCount++;
    addEntry(hash, key, value, i);
    return null;
```

这段代码的执行流程如图 5-21 所示。

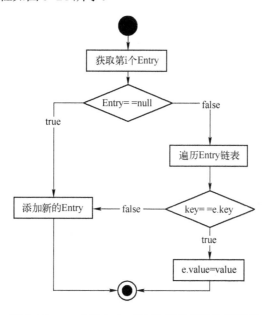

图 5-21　put 方法中 for 循环之后的部分执行流程

根据该流程图，可以得出结论，新增 Entry 的情况有以下两种：

① table[] 里不存在指定下标，也就是没有发生哈希碰撞。

② table[] 里存在指定下标（发生了哈希碰撞），但是该下标对应的链表上所有结点都和待添加的键值对的 key 值不同，在这种情况下也会向这个链表中添加 Entry 结点。

4）addEntry(int,K,V,int) 和 createEntry(int,K,V,int)，添加键值对。

该方法参数分别为 hash 值、键值、值以及下标。由于 HashMap 的核心数据结构是一个数组，所以一定会涉及数组的扩容。是否需要扩容的依据为成员变量：

```
int threshold;
```

当添加键值对的时候，如果键值对将要占用的位置不是 null，并且 size>=threshold，那么会启动 HashMap 的扩容方法 resize(2*table.length)，扩容之后会重新计算一次 hash 和下标。

不论 HashMap 是否扩容，都会执行创建键值对 createEntry(hash,key,value,bucketIndex) 方法，该方法会增加 size。

5）resize(int)，用于给 HashMap 扩充容量。

resize 主要完成以下工作：

① 根据新的容量，确定新的扩容阈值（threshold）大小。如果当前的容量已经达到了最大容量（1<<30)，那么把 threshold 设为 Integer 最大值；反之，则用新计算出来的容量乘以加载因子（loadFactor），计算结果和最大容量+1 比较大小，取较小者为新的扩容阈值。

Integer 最大值为 0x7fffffff，如果 threshold 被设置为最大整型数，那么它必然大于 size，扩容操作不会再次触发。而容量*加载因子得到的是一个小于容量的数（加载因子必须小于 1 大于 0)，以它为阈值则说明，加载因子的大小对 HashMap 影响很大，太小了会导致 HashMap 频繁扩容，太大了会导致空间的浪费。0.75 是 Java 提供的建议值。

② 确定是否要哈希重构（rehash），判断依据是原有的 useAltHashing（是否使用替代哈希算法标识）和新产生的这个值，是否一致。不一致时，需要哈希重构。

这一点可以参考前文的 hash(K)方法，useAltHashing 这个值的一致性导致了计算 hash 值时，是否需要调用替代方案。

③ 使用新容量来构造新的 Entry<K,V> table 数组，调用 transfer(newTable, rehash)来重新计算当前所有结点转移到新 table 数组后的下标。

6）**transfer(Entry[] , boolean)，重新计算转移到新 table 数组后的 Entry 下标。**

该方法会遍历所有的键值对，根据键值的哈希值和新的数组长度来确定新的下标，如果需要哈希重构，那么还需先对所有键值执行哈希重构。

7）**put 方法总结**

put 方法是 HashMap 中最常用的方法之一，可以看到，它的实现相对复杂，整个功能包括：

① 计算键值（key）的 hash 值。

② 根据 hash 值和 table 长度来确定下标。

③ 存入数组。

④ 根据 key 值和 hash 值来比对，确定是创建链表结点还是替代之前的链表值。

⑤ 根据增加后的 size 来扩容，确定下一个扩容阈值，确定是否需要使用替代哈希算法。

（4）get 方法

get 方法是 HashMap 的常用方法之一，用于取值。其实现比之 put 要简单一些。下面是相关实现源码：

```java
public V get(Object key) {
    if (key == null)
        return getForNullKey();
    Entry<K,V> entry = getEntry(key);
    return null == entry ? null : entry.getValue();
}
/* 从 table[0]位置获取值，因为 null 作为 key 的时候，其值只能在 table[0]位置 */
private V getForNullKey() {...}
final Entry<K,V> getEntry(Object key) {
    int hash = (key == null) ? 0 : hash(key);
    for (Entry<K,V> e = table[indexFor(hash, table.length)];
        e != null;
        e = e.next) {
        Object k;
        if (e.hash == hash && ((k = e.key) == key || (key != null && key.equals(k))))
```

```
                return e;
        }
        return null;
    }
```

上述代码的处理流程如图 5-22 所示。

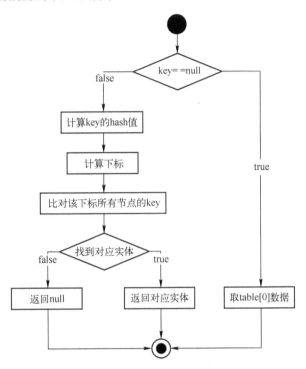

图 5-22　get 方法执行流程

从上面的流程图可以看出，每一次 get 操作都要比较对应链表所有结点 key 值，因为链表的遍历操作的时间复杂度为 O(n)，所以，get 方法的性能关键就在链表的长度上。

（5）性能优化

通过对 get 和 put 这两个常用方法的分析，可以得出以下推论：

1）HashMap 执行写操作（put）的时候，比较消耗资源的是遍历链表，扩容数组操作。

2）HashMap 执行读操作（get）的时候，比较消耗资源的是遍历链表。

影响遍历链表的因素是链表的长度，在 HashMap 中，链表的长度被哈希碰撞的频率决定。

哈希碰撞的频率受数组长度所决定，长度越长，则碰撞的概率越小，但长度越长，闲置的内存空间越多。所以，扩容数组操作的结果也会影响哈希碰撞的频率，需要在时间和空间上取得一个平衡点。

哈希碰撞的频率又受 key 值的 hashCode() 方法影响，所计算得出的 hashCode 的独特性越高，哈希碰撞的概率也会变低。

链表的遍历中，需要调用 key 值的 equals 方法，不合理的 equals 实现会导致 HashMap 效率低下甚至调用异常。

因此，要提高 HashMap 的使用效率，可以从以下几个方面入手：

1）根据实际的业务需求，测试出合理的 loadFactor，否则会始终使用 Java 建议的 0.75。

2）合理的重写键值对象的 hashCode 和 equals 方法，可以参考《Effective Java》的建议：

equals	<ul><li>自反性：对于任意引用值 x，x.equals(x)一定为 true。</li><li>对称性：对于任意引用值 x 和 y，当且仅当 x.equals(y)返回 true 时，y.equals(x)也一定返回为 true。</li><li>传递性：对于任意引用值 x、y 和 z，如果 x.equals(y)和 y.equals(z)返回 true，那么 x.equals(z)一定返回为 true。</li><li>一致性：如果 x 和 y 引用的对象没有发生变化，那么反复调用 x.equals(y)应该返回同样的结果。</li><li>对于非空引用 x，x.equals(null)一定返回 false。</li></ul>
hashCode	<ul><li>要为不相等的对象产生不相等的散列码。理想情况下，hashcode 函数应该把一个集合中不相等的实例均匀地分布到所有可能的数值上。</li><li>对于 equals 里用到的所有成员变量，都要单独计算它们的 hashCode。</li><li>byte、char、short 和 int 的 hashcode 使用它自身。</li><li>boolean 计算（f?0:1）。</li><li>long 类型计算(int)(f^(f>>>32))。</li><li>float 类型计算 Float.floatToIntBits(f)。</li><li>double 类型计算 Double.floatToLongBits(f)得到一个 long 值，按前文要求计算。</li><li>引用类型直接取用 hashCode()方法返回。</li><li>数组类型则遍历应用上述规则。</li><li>每一个成员变量计算的结果视为 result，提供一个常量 c（任意整型数），一个质数常量 z（比如 37）。</li><li>递归计算 result = z*result + c。</li></ul>

5.3.3 Java 8 提供的 HashMap

Java 8 的 HashMap 数据结构发生了较大的变化，之前的 HashMap 使用的数组+链表来实现，这主要体现在 Entry<K,V>[] table 这个成员变量，新的 HashMap 里，虽然依然使用的是 table 数组，但是数据类型发生了变化。如下所示：

```
transient Node<K,V>[] table;
```

显而易见，代表链表结点的 Entry<K,V>换成了 Node<K,V>，Node 本身具备链表结点的特性，同时，它还有一个子类 TreeNode<K,V>，从名字可以看出，这是个树结点。

可以得出推论：Java 8 里的 HashMap 使用的是数组+树+链表的结构。如图 5-23 所示（R 表示红色，B 表示黑色）。

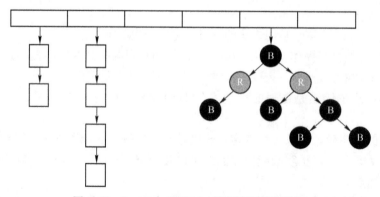

图 5-23　Java 8 中 HashMap 底层实现数据结构

下面将通过对源码的分析证明这点。

（1）put(K,V)方法详解

Java 8 的 put 方法与历史版本中的实现相比，有很多变化。

主体流程只有以下两步：

1）获取 key 值的 hashCode。

2）调用 putVal 方法进行存值。

下面将分别介绍这两个步骤的实现原理：

1）计算 hashCode 的 hash 方法的实现源码。

```
static final int hash(Object key) {
    int h;
    return (key == null) ? 0 : (h = key.hashCode()) ^ (h >>> 16);
}
```

可以注意到，Java 8 也进行了哈希分散，只不过计算过程简单了很多，这是一个经验性质的改进，之前版本采用的多次位移异或计算方式与这种实现方式相比，并不能避免太多的哈希碰撞，反倒增加了计算次数。HashMap 的效率问题主要还是出在链表部分的遍历上。因此提高链表遍历的效率就能够提高 HashMap 的效率。下面通过源码的实现来讲解 Java 8 如何提高遍历的效率。

2）putVal(int,K,V,boolean,boolean)方法详解。

putVal 方法的定义如下所示：

```
final V putVal(int hash, K key, V value, boolean onlyIfAbsent,boolean evict){...}
```

- hash 代表 key 值的 hashCode。
- key 代表 key 值。
- value 代表 value 值。
- onlyIfAbsent 代表是否取代已存在的值。
- ecvict 在 HashMap 里并没有特殊含义，是一个为继承预留的布尔值，暂时不用关注。

这个方法主要做了以下三件事：

① 计算下标，j 计算公式为：下标 = table 的长度-1 & hash，与历史版本一致。

② 当 table 为空，或者数据数量（size）超过扩容阈值（threshold）的时候，重新计算 table 长度。

③ 保存数据。保存数据又分为多种情况：

- 当下标位置没有结点的时候，直接增加一个链表结点。
- 当下标位置结点为树结点（TreeNode）的时候，增加一个树结点。
- 当前面情况都不满足时，则说明当前下标位置有结点，且为链表结点，此时遍历链表，根据 hash 和 key 值判断是否重复，以决定是替代某个结点还是新增结点。
- 在添加链表结点后，如果链表深度达到或超过建树阈值（TREEIFY_THRESHOLD-1），那么调用 treeifyBin 方法把整个链表重构为树。注意，TREEIFY_THRESHOLD 是一个常量，值固定为 8。也就是说，当链表长度达到 7 的时候，会转化为树结构，为什么要这样设计呢？该树是一棵红黑树，由于链表的查找是 O(n)，而红黑树的查找是 O(log$_2$n)的，数值太小的时候，它们的查找效率相差无几，Java 8 认为 7 是一个合适的阈值，因此这个值被用来决定是否要从链表结构转化为树结构。

有关红黑树的细节将在后面来详细介绍。

3）resize 方法。resize 方法用于重新规划 table 长度和阈值，如果 table 长度发生了变化，那么部分数据结点也需要重新进行排列。这里分两部分来讨论：

① **重新规划 table 长度和阈值**，它主要遵循以下的逻辑：

当数据数量（size）超出扩容阈值时，进行扩容：把 table 的容量增加到旧容量的两倍。

如果新的 table 容量小于默认的初始化容量 16，那么将 table 容量重置为 16，阈值重新设置为新容量和加载因子（默认 0.75）之积。

如果新的 table 容量超出或等于最大容量（1<<30），那么将阈值调整为最大整型数，并且 return，终止整个 resize 过程。注意，由于 size 不可能超过最大整型数，所以之后不会再触发扩容。

② **重新排列数据结点**，该操作遍历 table 上的每一个结点，对它们分别进行处理：

如果结点为 null，那么不进行处理。

如果结点不为 null 且没有 next 结点，那么重新计算该结点的 hash 值，存入新的 table 中。

如果结点为树结点(TreeNode)，那么调用该树结点的 split 方法处理，该方法用于对红黑树进行调整，如果红黑树太小，则将其退化为链表。

如果以上条件都不满足，那么说明结点为链表结点。在上文中提到过，根据 hashcode 计算出来的下标不会超出 table 容量，超出的位数会被设为 0，而 resize 进行扩容后，table 容量发生了变化，同一个链表里有部分结点的下标也应当发生变化。所以，需要把链表拆成两部分，分别为 hashCode 超出旧容量的链表和未超出容量的链表。对于 hash & oldCap==0 的部分，不需要做处理；反之，则需要被存放到新的下标位置上，公式如下所示：

新下标 = 原下标+旧容量；

该等式是个巧算，利用了位运算以及容量必然是 2 的指数的特性，下面会探讨它为什么会成立。

证明：

∵ 下标公式 index = (length -1) & hash

∴ 新下标 =(newCap -1)&hash，原下标+旧容量 =(oldCap - 1)&hash + oldCap

∵oldCap & hash != 0，oldCap 是 2 的整数倍

∴oldCap & hash = oldCap

又∵ newCap = oldCap << 1，oldCap 是 2 的整数倍

∴ 新下标 =(newCap-1)&hash

   = (oldCap + oldCap-1) & hash

   = oldCap&hash +(oldCap-1)&hash

   = oldCap + (oldCap - 1)&hash

   = 原下标 + 旧下标

思考一个问题，这样能确保新下标位置数据为 null 吗？

首先，(oldCap -1)&hash > 0，所以 index = oldCap + (oldCap -1)&hash 必然大于 oldCap，所以新下标一定存在于扩容的空间中，而新扩容的空间必然是 null。

然后，又可证明，旧下标不同的数据，计算得出的新下标也不同。下标公式为：新下标 = 原下标 + 旧容量。这里的旧容量是个偏移量，所以原下标不同的结点不可能会被分配到同一个新下标。

（2）红黑树相关知识点详解

1）二叉查找树。在介绍二叉树之前首先引入一个问题：对于有序数列[10，13，31，72，76，89，91，97]，如何确定 31 在哪个位置上？

当然可以依靠遍历来解决这个问题，直接遍历的时间复杂度和数列规模增长一致，也就是 O(n)。

更好的方式也很显而易见，二分查找法。计算过程如下所示：

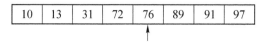

对于长度为 8 的数列，先找到 length/2 位置的数字，76 比较，由于 76>31，因此在数列的左半部分继续查找，左半部分长度为 4，因此会查找在 2/2=2 的位置的数据，显然是 31，查找结束。显然，第二次查找就找到了 31 这个数字。

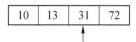

从这个过程可以看出，最优结果是要查找的数字正好在划分点上，最差结果是，一直划分 $\log_2 n$ 次才找到对应结果。即是说，在最差结果下，二分查找的时间复杂度也是 $O(\log_2 n)$。

二分查找树就是以二分法思想为指导，设计出来一种快速查找树。

把上述查找过程转换成树结构，如图 5-24 所示。

这棵树保证了以下几个特性：

● 每一个结点关键字只会在树中出现一次。

● 任何一个结点，如果它有子结点，那么左侧的关键字一定比较小，右侧的关键字一定比较大。

如果把之前的数列转化为这种结构，每次都从根结点开始查找，就算查找到叶子结点，也只是进行了 $\log_2 n$ 次比较，效率明显高于顺序\倒序遍历。

2）平衡二叉树（AVL 树）。二叉查找树有什么缺点呢？同样的一个数列，可以对应不同高度的二叉树，二叉树也可以被表示为图 5-25 所示的形状。

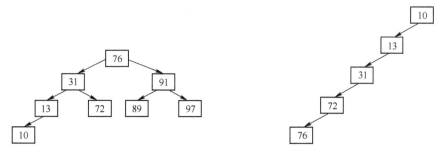

图 5-24　二分查找树　　　　　　　图 5-25　极端情况下的二分查找树

这棵树也是满足二叉查找树的定义的，显然它和链表并无区别。在实际应用中，对一棵二分查找树进行多次插入和删除后，它往往会朝着链表的方向退化，同是二分查找树，与前面提到的其他二分树相比，这课二分树的查找效率显然比较低下。为了提高二叉树的查询效率，提出一个平衡二叉树（AVL 树）的概念，它有如下特点：

- 它是一棵空树或者二分树查找树。
- 左右两个子树的高度差的绝对值不超过 1。
- 左右两个子树都是一棵平衡二叉树。

满足这些条件的二叉树，查找的时间复杂度不会超过 $O(\log_2 n)$。

换言之，在对二叉查找树做插入或删除的时候，需要通过一系列旋转操作（自平衡），让其始终满足平衡二叉树的条件，从而可以达到查找效率最优。以图 5-26 这棵树为例。

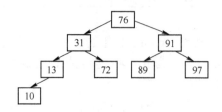

图 5-26　平衡二叉树

决定该树是否失衡的关键变量为平衡因子 bf。bf(p) = p 左子树高度-p 右子树高度，它有以下特性：

- 结点平衡因子变化后，回溯修改父结点的平衡因子。
- 当平衡因子等于-2 或者 2 的时候，认为以该结点为根结点的树失衡。
- 失衡后需要进行修复，修复完成后，停止回溯修改父结点的平衡因子。

下面重点介绍对二叉树进行不同的操作后，如何维持平衡二叉树的特性。

插入操作

插入操作有四种失衡情况。

① 结点平衡因子为 2，左孩子平衡因子为 1，进行 LL 旋转（单向右旋）。比如，插入 7：点插入后，因为 7 比 10 小，所以放置在了 10 的左侧。此时，受到影响而失衡最小子树为如图 5-27 所示。

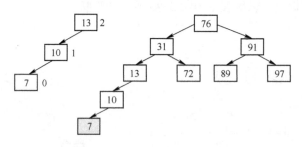

图 5-27　插入结点 7 后的二叉树

其左子树为根结点为 10，左侧插入了 7，对于这种情况，可以以 13 为旋转点进行单向右旋，旋转后结果如图 5-28 所示。

这个子树替代原树的 13 结点，重新构成了平衡二叉树，如图 5-29 所示。

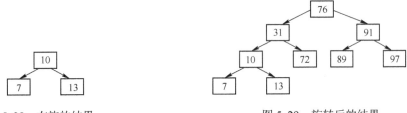

图 5-28　右旋的结果　　　　　　　　　　　　图 5-29　旋转后的结果

② 结点平衡因子为-2，右孩子平衡因子为 1，则进行 RR 旋转（单向左旋）。旋转方式与情况一正好相反，参考情况一图解。

③ 结点平衡因子为 2，左孩子平衡因子为-1，进行 LR 旋转(先左再右)。比如，插入结点 19 后的二叉树如图 5-30 所示。

先找到失衡的最小子树，如图 5-31 所示。

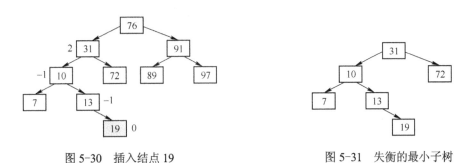

图 5-30　插入结点 19　　　　　　　　　　　图 5-31　失衡的最小子树

然后，对左子树进行左旋，左旋后的结果如图 5-32 所示。

接下来，对整棵树进行右旋，结果如图 5-33 所示。

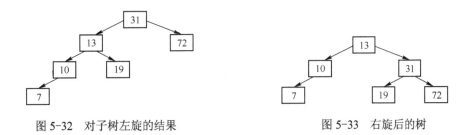

图 5-32　对子树左旋的结果　　　　　　　　　图 5-33　右旋后的树

可以观察到，该子树重新恢复了平衡。

④ 结点平衡因子为-2，左孩子平衡因子为 1，进行 RL 旋转（先右后左旋转）。与情况三正好相反，参考情况三图例。

删除操作

① 如果删除的结点的左右子结点任意一个为空，那么用另一个非空子结点直接替换当前结点，并回溯校验父结点的平衡因子。注意，如果没有子结点，那么事实上也满足该条件，也就是用空结点来替换当前结点。

例如，图中的树删除结点 31，如图 5-34 所示。

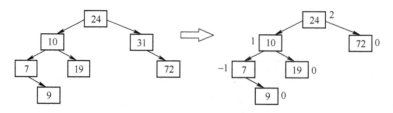

图 5-34 删除结点 31

符合 LL 单向右旋情况，结果如图 5-35 所示。

② 如果删除的结点的左右子结点都不为空，那么分两种情况：

● 当平衡因子为 0 或 1 时，在左子树里找到最大值，交换待删除结点与该最大值结点的值，然后执行删除该最大值结点的操作；这里以删除结点 76 为例，首先交换 76 与 72，然后删除原来 72 对应的结点，如图 5-36 所示。

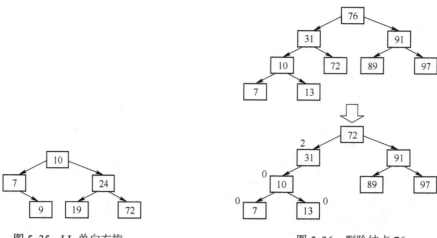

图 5-35 LL 单向右旋

图 5-36 删除结点 76

可以注意到，最小失衡树根结点为 31，平衡因子为 2，其左子树 10 平衡因子为 0，不满足之前 LL 旋转，也不满足 LR 旋转。和上一个步骤一样，平衡因子 0 当作 1 一样的处理，进行 LL 单向右旋。结果如图 5-37 所示。

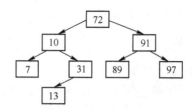

图 5-37 LL 单向右旋

● 当平衡因子为-1 时，则是在右子树里查找最小值，用这个最小值与待删除的结点进行交换，然后删除交换前最小值对应的结点，其余操作与上述操作相反。

3）红黑树 （R-B 树）。红黑树也是一种自平衡二叉树，它的实现原理和平衡二叉树类似，但在统计上，它的性能要优于平衡二叉树。它有五个特性：

① 结点是红色或者黑色。

② 根结点是黑色。

③ 每个叶子结点（NIL 结点）为黑色。

④ 每个红色结点的两个子结点都是黑色。

⑤ 从任一结点到其每个叶子的所有路径都包含相同数目的黑色结点。

根据这些性质，可以得出推论：从根到叶子的最长路径，不超过最短路径的两倍。

为什么呢？性质 5 约束了黑色结点数目一定相等，性质 4 又约束了不会有两个相邻的红色结点。所以可能的最长路径也就是以黑色结点结束的红黑相间的结点，红色结点数目最多为黑色结点数目-1，红色+黑色不可能超出黑色 x2。

对红黑树进行增删操作，一定会违背这些性质，所以，和平衡二叉树一样，需要在插入时做一些特定的操作。

在讲解红黑树复杂的操作之前，需要先介绍红黑树结点，它除了其他二叉树一样的 left\right\parent 结点引用之外，还有颜色（red\black）属性，以及是否为叶子结点（isNil）标记。

插入操作

现在来进行一次插入操作，因为性质 5 的约束，所有新插入的结点，都是红色结点。假设插入结点为 **N**，父结点为 **P**，祖父结点为 **G**，叔结点为 **U**，定义一个函数 **f(A,B)**，函数返回 **A 结点相对于 B 结点的位置（left/right）**。来看看插入的流程：

① 如果该树为空树，那么 N 为根结点，变色为黑（性质 2）。

② 如果 P 为黑色，那么由于新增的结点为红色，不会违背性质 5，满足红黑树性质，所以，不做任何操作。

③ 如果 P 为红色，那么分多种子情况处理：

● U 为红色，把 P、U 改为黑色、G 改为红色。G 改为红色后，由于 G 的父结点也可能是红色，从而违背性质 4，这时，把 G 结点视为新插入的结点，递归进行插入操作。（图 5-38 中，空心的结点表示红色，实心的结点表示黑色。）

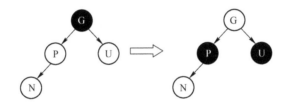

图 5-38　U 为红色的情况

● U 为黑色，且 f(P,G) = f(N,P)，则将 P、G 变色，对 G 为根结点的树作单向旋转（f(P,G) =L 则 LL 右旋转，为 R 则 RR 左旋转），旋转是为了保证子树上的黑色结点总数一致。如下例所示，P 在 G 左侧，N 在 P 左侧，变色后作 LL 单向右旋转，如图 5-39 所示。

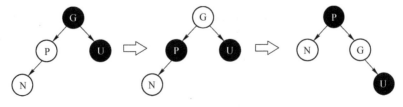

图 5-39　LL 单向向右旋转

● U 为黑色，且 f(P,G) != f(N,P)，对 P 进行一次单向旋转，转化为 f(P,G) = f(P,N)情况。如下例所示，P 在 G 左侧，N 在 P 右侧，以 P 为旋转点进行 RR 单向左旋。如图 5-40 所示。

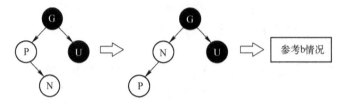

图 5-40   RR 单向左旋

总结，红黑树的插入过程主要操作有两种：

变色，用于调整两个红色结点相邻的情况，以适应性质 4。

旋转，用于调整左右子树黑色结点数目不等的情况，以适应性质 5。

（3）红黑树在 HashMap 中的体现

1）treeifyBin 方法。当 table 容量小于最小**建树**容量（64）时，则调整 table 大小（resize）。由于 resize 的过程可以分解链表，所以无需转化链表为树。

"最小建树容量"这个常量存在的意义在于：

重新规划 table 大小和树化某个哈希桶（哈希值对应下标位置的容器），这两种方式都可以提高查询效率，那么，如何在这两种方式之间就需要某个平衡点呢？

如果有大量结点堆积在某个哈希桶里，那么应该倾向于重新规划 table 大小，但是当 table 足够小时，大量结点堆积的情况较为常见，因此，这里取了一个经验数字 64 作为衡量。

如果 table 容量超出 64，那么调用 TreeNode.treeify 方法把链表转化为红黑树。

2）putTreeVal 方法用于保存树结点。该方法执行二叉树查找，每一次都比较当前结点和待插入结点的大小，如果待插入结点较小，那么在当前结点左子树查找，否则在右子树查找。

这种查找效率等同于二分法，时间复杂度为 $O(\log_2 n)$。

待找到空位可以存放结点值之后，执行两个方法：

① balanceInsertion(root,x)，平衡插入，一方面把结点插入红黑树中，另一方面对红黑树进行转换，使之平衡。

② moveRootToFront(table,root)，由于红黑树重新平衡之后，root 结点可能发生了变化，table 里记录的结点不再是红黑树的 root，需要重置。

3）balanceInsertion 平衡插入方法。

```java
//该方法参数 root 代表根结点，x 代表需要插入的结点，返回值为新的根结点
static <K,V> TreeNode<K,V> balanceInsertion(TreeNode<K,V> root,TreeNode<K,V> x) {
    x.red = true;
    for (TreeNode<K,V> xp, xpp, xppl, xppr;;)
    {
        if ((xp = x.parent) == null)
        {
            //没有父结点，则插入的是根结点，所以置为黑色（性质1）
            x.red = false;
            return x;
```

```
    }
    else if (!xp.red || (xpp = xp.parent) == null)
        //父结点为黑色，无需旋转，直接返回根结点
        //父结点为红色，则祖父结点 xpp 不可能为 null（性质 1），这里仅仅为了执行 xpp 赋值
        return root;
    //父结点在祖父结点的左侧
    if (xp == (xppl = xpp.left))
    {
        //叔结点为红色的执行情况
        if ((xppr = xpp.right) != null && xppr.red)
        {
            xppr.red = false;
            xp.red = false;
            xpp.red = true;
            x = xpp;
        }
        //没有叔结点，或者叔结点为黑色的执行情况
        else
        {
            //结点在父结点右侧的情况，进行左旋
            if (x == xp.right)
            {
                root = rotateLeft(root, x = xp);
                xpp = (xp = x.parent) == null ? null : xp.parent;
            }
            /*
             * 如果没有进行过上一步的左旋，那么 xp 必然不为 null，即是 x==xp.left,执行右旋
             * 如果进行过上一步的左旋，如果 xp 不为 null，那么需要执行一次右旋
             **/
            if (xp != null)
            {
                xp.red = false;
                if (xpp != null)
                {
                    xpp.red = true;
                    root = rotateRight(root, xpp);
                }
            }
        }
    }
    else
    {
        //父结点在祖父结点右侧，且叔结点为红的情况
        if (xppl != null && xppl.red)
        {
            xppl.red = false;
            xp.red = false;
            xpp.red = true;
            x = xpp;
        }
```

```
                    //父结点在祖父结点右侧，且没有叔结点的情况
                    else
                    {
                        if (x == xp.left)
                        {
                            root = rotateRight(root, x = xp);
                            xpp = (xp = x.parent) == null ? null : xp.parent;
                        }
                        if (xp != null)
                        {
                            xp.red = false;
                            if (xpp != null)
                            {
                                xpp.red = true;
                                root = rotateLeft(root, xpp);
                            }
                        }
                    }
                }
            }
        }
```

该方法源码看上去很复杂，其流程已经在红黑树原理里阐述，可以参考原理来自行解析。这里重点讲解下面这行代码：

```
for (TreeNode<K,V> xp, xpp, xppl, xppr;;)
```

for 循环里声明了多个局部变量，变量名的每个字母含义如下所示：x 指当前插入结点，p 指 parent，l 指 left，r 指 right。

于是，这些变量的含义就明确了，比如 xp，就代表当前插入结点 x 的父结点 p。

所以，xp、xpp、xppl、xppr 分别代表父结点、祖父结点、祖父左子结点、祖父右子结点。

祖父的左右子结点，一个是父结点，另一个自然是叔结点，因此可以使用 xp == xppl 来确认父结点是祖父结点的左结点还是右结点。

还需注意这部分代码：

```
(xppr = xpp.right) != null && xppr.red
```

在这里，xppr 代表的是叔结点。该行代码的含义是，确认叔结点是否为红色。

在红黑树的定义里有 NIL 结点，事实上，没有必要在代码里也创建该 NIL 结点，直接将 null 视为 NIL 即可。所以，xppr != null 也就表达它不是 NIL 结点，而 NIL 结点在定义里是黑色的。于是，这句判断实现了两个目的：

- 在语法上杜绝了 NullPointExpcetion。
- 确保了 xppr 必须为红色才能通过判断，如果不通过，那么 xppr（不论是否是 NIL）必然是黑色。

4）rotateLeft 和 rotateRight 方法。这两个方法用于旋转。

在之前介绍红黑树的知识点中，可以注意到，旋转似乎移动了大部分的结点，其实，这只是视图上的表达。事实上，只需要改动部分结点的引用即可达到效果。

以左旋为例，设根结点为 P，根结点的右孩子为 R。如图 5-42 所示。

首先，使 P.right = R.left，转换如图 5-42 所示。

图 5-41　红黑树示例　　　　　　　　　　图 5-42　转换结果

然后，使 R.left=P，R.parent=P.parent，转换结果如图 5-43 所示。

如果 R.parent==null，也就是说，R 为红黑树的顶点，那么把 R 的颜色设为黑色，转换如图 5-44 所示。

图 5-43　转换结果　　　　　　　　　　图 5-44　RR 单向左旋

rotateRight 右旋的实现只有方向相反，过程是一样的。

5.3.4　TreeMap

与 HashMap 组合了数组、链表、红黑树不同，TreeMap 是完全由红黑树实现的。下面将简要介绍一下 TreeMap 的实现原理。

（1）成员变量

TreeMap 的主要成员变量包括：

```
/**比较器，决定了结点在树中分布 */
private final Comparator<? super K> comparator;
/* 树的根结点 */
private transient Entry<K,V> root;
/*树中包含的实体数目 */
private transient int size = 0;
```

（2）构造方法

TreeMap 有四个构造方法：

1）public TreeMap()。无参构造，初始化 comparator = null。

2）public TreeMap(Comparator<? super K> comparator)。比较器构造，使用外部传入的比较器。

3）public TreeMap(Map<? extends K, ? extends V> m)。使用传入的 Map 初始化 TreeMap 的内容。

4）public TreeMap(SortedMap<K, ? extends V> m)。使用 SortedMap 初始化 TreeMap 内容，同时使用 SortedMap 的比较器来初始化 TreeMap 比较器。

（3）put 方法

put 的实现较为清晰：

1）如果 TreeMap 是空的，那么使用指定数据作为根结点。

2）反之，如果 comparetor 不为空，那么使用 comparetor 来决定插入位置；如果 comparetor 为空，那么认为 key 值实现了 Comparable，直接调用 compareTo 方法来决定插入位置；如果 key 没有实现 Comparable，那么抛出 ClassCastException。

3）插入完成后，修复红黑树。修复方式参考前面章节中红黑树相关知识。

5.3.5　Java 8 之前的 LinkedHashMap

（1）成员变量

除了与 HashMap 类似的部分实现外，LinkedHashMap 有以下两个需要特别注意的成员变量：

```
/* 双向链表的表头 */
private transient Entry<K,V> header;

/* 访问顺序, true 为顺序访问, false 为逆序 */
private final boolean accessOrder;
```

LinkedHashMap 的存储中包含了一个额外的双向链表结构，header 既是头又是尾，可以视作一个环状链表，但它本身只是个表头标记，不包含数据域。其结构如图 5-45 所示。

由图 5-45 可知，LinkedHashMap 可以像 HashMap 一样的使用，同时它为每个数据结点的引用多维护了一份链表，从而可以达到有序访问的目的。

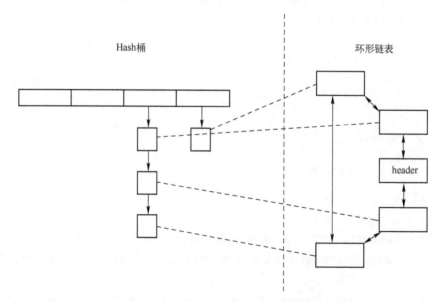

图 5-45　Java 8 之前 LinkedHashMap 底层数据结构

（2）createEntry(hash,key,value,index)方法

LinkedHashMap 和 HashMap 的第一个主要区别体现在 createEntry 方法上。

HashMap 的 createEntry 执行的是创建 Hash 桶里的链表结点，代码如下所示：

```
void createEntry(int hash, K key, V value, int bucketIndex) {
    Entry<K,V> e = table[bucketIndex];
    table[bucketIndex] = new Entry<>(hash, key, value, e);
    size++;
}
```

LinkedHashMap 的 createEntry 除了完成 HashMap 的功能外，还把该链表结点的引用插入到了 header 环形链表里，实现源码如下所示：

```
void createEntry(int hash, K key, V value, int bucketIndex) {
    HashMap.Entry<K,V> old = table[bucketIndex];
    // 这里的 Entry 是 HashMap.Entry 的子类，但是多出了双向链表相关方法
    Entry<K,V> e = new Entry<>(hash, key, value, old);
    table[bucketIndex] = e;
    // 插入到 header 结点和 header.before 结点之间
    e.addBefore(header);
    size++;
}
```

（3）如何使用 LinkedHashMap

查阅 LinkedHashMap 的 API，可以注意到 LinkedHashMap 没有提供新的公开方法。那么，它的链表特性怎么体现呢？

参考下面三个方法：

```
Iterator<K> newKeyIterator()    { return new KeyIterator();    }
Iterator<V> newValueIterator() { return new ValueIterator(); }
Iterator<Map.Entry<K,V>> newEntryIterator() { return new EntryIterator(); }
```

这三个方法分别提供给 keySet()、values()、entrySet()使用。

LinkedHashMap 通过对这三个方法进行重写使上述三个方法产生的集合可以按照插入顺序排列。

5.3.6　Java 8 里的 LinkedHashMap

（1）成员变量

关键变量有三个：

```
/* 双向链表表头，最旧的结点 */
transient LinkedHashMap.Entry<K,V> head;
/* 双向链表表尾，最新的结点 */
transient LinkedHashMap.Entry<K,V> tail;
/* 迭代顺序，true 为顺序，false 为倒序 */
final boolean accessOrder;
```

与历史版本的 LinkedHashMap 的实现方法不同，head 和 tail 分别维护在了两个引用里，

这让 LinkedHashMap 的结构发生了变化，实现原理如图 5-46 所示。

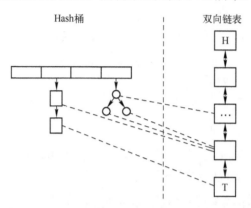

图 5-46　Java 8 中 LinkedHashMap 底层数据结构

由上图可以发现，LinkedHashMap 新版本的实现与 HashMap 新版本的实现类似，也是采用了链表与二叉树组合的方式来实现。原理上与历史版本的 LinkedHashMap 并没有区别。

（2）linkNodeLast 方法

newNode 方法与 newTreeNode 方法源自 HashMap，是用来新建结点的。在 LinkedHashMap 中，重写了这两个方法，负责在创建结点的同时插入链表，实现了保存数据结点副本到双向链表里的功能。

在这两个方法的实现中，关键实现是对 linkNodeLast 方法的调用。

linkNodeLast 方法源码如下所示，参数 p 为新创建的结点：

```
private void linkNodeLast(LinkedHashMap.Entry<K,V> p) {
    LinkedHashMap.Entry<K,V> last = tail;//tail 为链表尾结点，head 为链表头结点
    tail = p;
    if (last == null)
        head = p;//last==null 说明链表为空，则把 p 作为头结点
    else {
        //链表不为空时，p 添加到队列末位
        p.before = last;
        last.after = p;
    }
}
```

（3）transferLinks 方法

replacementNode 方法和 replacementTreeNode 方法负责替换指定结点，对这两个方法的重写保证了在结点替换时，同时维护好它们在双向链表里的原始插入顺序。

在 LinkedHashMap 里，它们会额外调用 transferLinks 方法。该方法源码如下所示：

```
private void transferLinks(LinkedHashMap.Entry<K,V> src,
                                          LinkedHashMap.Entry<K,V> dst) {
    LinkedHashMap.Entry<K,V> b = dst.before = src.before;
    LinkedHashMap.Entry<K,V> a = dst.after = src.after;
    if (b == null)
        head = dst;
```

```
        else
            b.after = dst;
    if (a == null)
            tail = dst;
        else
            a.before = dst;
}
```

（4）如何使用 LinkedHashMap

得益于 Java 8 的 Function 包的引入，从 Java 8 开始，LinkedHashMap 有了更方便的使用方式，以下是 forEach 和 replaceAll 方法源码：

```java
public void forEach(BiConsumer<? super K, ? super V> action) {
    if (action == null)
        throw new NullPointerException();
    int mc = modCount;
    /*
    * 这里使用了 BiConsumer 作为 forEach 的处理回调
    * 让 map.forEach((k,v)->{ doSomething })这种快捷写法成为可能
    **/
    for (LinkedHashMap.Entry<K,V> e = head; e != null; e = e.after)
        action.accept(e.key, e.value);
    if (modCount != mc)
        throw new ConcurrentModificationException();
}

public void replaceAll(BiFunction<? super K, ? super V, ? extends V> function) {
    if (function == null)
        throw new NullPointerException();
    int mc = modCount;
    /*
    * 这里使用了具备返回值的 BiFunction 作为 replaceAll 的处理回调
    * 让 map.replaceAll((k,v)->{ doSomething; return result})这种快捷写法成为可能
    **/
    for (LinkedHashMap.Entry<K,V> e = head; e != null; e = e.after)
        e.value = function.apply(e.key, e.value);
    if (modCount != mc)
        throw new ConcurrentModificationException();
}
```

对 LinkedHashMap 的遍历可以更简便地实现了，示例代码如下所示：

```java
LinkedHashMap<String, String> map = new LinkedHashMap<>();
map.put("1", null);
map.put("2", null);
map.put("3", null);
map.put("4", null);
// 替换全部数据
map.replaceAll((k, v) -> {return k;});
// 遍历数据
map.forEach((k, v) -> {System.out.print(v);});
```

运行结果为：

```
1234
```

5.3.7　Hashtable

Hashtable 的实现与 HashMap 很类似，Java 8 的 Hashtable 稍有不同，但整体流程是没有变化的。

Hashtable 的 put 过程大致如下所示：

1）计算 key 值的 hashCode。

2）根据 hashCode 计算下标。

3）如果存在 hashCode 和 key 值完全相等的 value，那么替换它并返回。

4）反之，如果总数据数超出了扩容阈值，那么对数组扩容，并重新计算所有的数据结点的下标。

5）为新数据创建新结点。

可以看出，Hashtable 和 HashMap 基本 put 流程是一致的，那么它们的区别在哪里？

下面以 put 方法为例来介绍 Hashtable 的实现源码如下所示：

```java
public synchronized V put(K key, V value) {
    // Make sure the value is not null
    if (value == null) {
        throw new NullPointerException();
    }
    ...
}
```

作为对比，看看 HashMap 的 put 实现：

```java
public V put(K key, V value) {
    if (key == null)
        return putForNullKey(value);
    ...
}
```

从源码可以看出 Hashtable 的实现方式被 synchronized 修饰，由此可见 **Hashtable 是线程安全的**，而 **HashMap 是线程不安全的**；此外 Hashtable 不能存放 null 作为 key 值，HashMap 会把 null key 存在下标 0 位置。

虽然 Hashtable 是"线程安全"的，但在多线程环境下并不推荐使用。因为采用 synchronized 方式实现的多线程安全的容器在大并发量的情况下效率比较低下，Java 还引入了专门与大并发量的情况下使用的并发容器，这种容器由于在实现的时候采用了更加细粒度的锁，由此在大并发量的情况下有着更好的性能。在 5.5 并发容器的章节中，将会对部分并发容器详细解析。

5.3.8　WeakHashMap

WeakHashMap 是一种种弱引用的 HashMap，弱引用指的是 WeakHashMap 中的 key 值如

果没有外部强引用，那么在垃圾回收的时候，WeakHashMap 的对应内容也会被移除掉。

（1）Java 的引用类型

在讲解 WeakHashMap 之前，需要了解 Java 中与引用的相关的类：

ReferenceQueue，引用队列，与某个引用类绑定，当引用死亡后，会进入这个队列。

HardReference，强引用，任何以类似 String str=new String()建立起来的引用，都是强引用。在 str 指向另一个对象或者 null 之前，该 String 对象都不会被 GC（Garbage Collector 垃圾回收器）回收。

WeakReference，弱引用，可以通过 java.lang.ref.WeakReference 来建立弱引用，当 GC 要求回收对象时，它不会阻止对象被回收，也就是说即使有弱引用存在，该对象也会立刻被回收。

SoftReference，软引用，可以通过 java.lang.ref.SoftReference 来建立，与弱引用类似，当 GC 要求回收时，它不会阻止对象被回收，但不同的是该回收过程会被延迟，必须要等到 JVM heap 内存不够用，接近产生 OutOfMemory 错误时，才会被回收。

PhantomReference，虚引用，可以通过 java.lang.ref.PhantomPeference 来建立，这种类型的引用很特别，在大多数时间里，无法通过它拿到其引用的对象，但是，当这个对象死亡的时候，该引用还是会进入 ReferenceQueue 队列。

下面提供一个例子来分别说明它们的作用：

```java
import java.lang.ref.*;

class Ref
{
    Object v;
    Ref(Object v) {    this.v = v;    }
    public String toString()
    {
        return this.v.toString();
    }
}

public class Test
{
    public static void main(String[] args)
    {
        ReferenceQueue<Ref> queue = new ReferenceQueue<Ref>();
        // 创建一个弱引用
        WeakReference<Ref> weak = new WeakReference<Ref>(new Ref("Weak"),queue);
        // 创建一个虚引用
        PhantomReference<Ref> phantom = new PhantomReference<Ref>(new Ref(
                "Phantom"), queue);
        // 创建一个软引用
        SoftReference<Ref> soft = new SoftReference<Ref>(new Ref("Soft"),queue);

        System.out.println("引用内容:");
        System.out.println(weak.get());
        System.out.println(phantom.get());
```

```
            System.out.println(soft.get());

            System.out.println("被回收的引用:");
            for (Reference r = null; (r = queue.poll()) != null;)
                {
                    System.out.println(r);
                }
        }
    }
```

在这个例子里，分别创建了弱引用、虚引用和软引用，get()方法用于获取它们引用的 Ref 对象，可以注意到，Ref 对象在外部并没有任何引用，所以，在某个时间点，GC 应当会回收对象。下面来看看代码执行的结果：

```
引用内容:
Weak
null
Soft
被回收的引用:
```

可以看到，弱引用和软引用的对象还是可达的，但是虚引用是不可达的。被回收的引用没有内容，说明 GC 还没有回收它们。

这证实了虚引用的性质：**虚引用非常弱，以至于它自己也找不到自己的引用内容。**

对之前的代码进行修改，在输出内容前加入代码：

```
// 通知 JVM 进行垃圾回收，注意，不能保证 100%强制回收
System.gc();
```

再执行一次，得到结果：

```
引用内容:
null
null
Soft
被回收的引用:
java.lang.ref.WeakReference@3b764bce
java.lang.ref.PhantomReference@759ebb3d
```

现在可达的引用只剩下 Soft 了，引用队列里多出了两个引用，说明 WeakReference 和 PhantomReference 的对象被回收。

再修改一次代码，让 WeakPeference 和 PhantomReference 去引用一个强引用对象：

```
Ref wr = new Ref("Hard");
WeakReference<Ref> weak = new WeakReference<Ref>(wr, queue);
PhantomReference<Ref> phantom = new PhantomReference<Ref>(wr, queue);
```

输出结果如下所示：

```
引用内容:
Hard
null
```

Soft
被回收的引用:

这证实了弱引用的性质:**弱引用的对象,如果没有被强引用,那么在垃圾回收后,引用对象会不可达。**

(2) WeakHashMap 的实现方式

WeakHashMap 利用了 ReferenceQueue 和 WeakReference 来实现它的核心功能:当 key 值没有强引用的时候,会从 WeakHashMap 里移除。

在源码实现中,WeakHashMap 维护了一个 ReferenceQueue,保存了所有存在引用的 Key 对象。WeakHashMap. Entry<K,V>中并没有保存 Key,只是将 Key 与 ReferenceQueue 做了关联。

```
private final ReferenceQueue<K> queue = new ReferenceQueue<K>();
```

下面首先介绍 WeakHashMap 的**键值对**实体类 WeakHashMap.Entry 的实现:

```
private static class Entry<K,V> extends WeakReference<Object> implements Map.Entry<K,V>
{
        Entry(Object key, V value, ReferenceQueue<Object> queue, int hash, Entry<K,V> next)
        {
                super(key, queue);
                this.value = value;
                this.hash  = hash;
                this.next  = next;
        }
        ...
}
```

对于这个类有以下两个需要注意的方面:

① Entry 继承自 WeakReference。

② Entry 本身没有保存 key 值,而是把 key 直接交给了父类 WeakReference 来构造。

参考通常的 WeakReference,Entry 的 key 值是一个弱引用,只能通过 WeakHashMap#get 来获取。获取代码如下所示:

```
public K getKey()
{
    return (K) WeakHashMap.unmaskNull(get());
    //unmaskNull 方法的实现为(key==NULL_KEY)?null:key
}
```

WeakHashMap 实现清除无强引用实体的方法是 expungStaleEntries(),它会将 Reference Queue 中所有失效的引用从 Map 中去除。其源码实现如下所示:

```
private void expungeStaleEntries()
{
    //遍历引用队列,找到每一个被 GC 收集的对象
    for (Object x; (x = queue.poll()) != null; )
    {
        synchronized (queue)
```

```
    {
        //e 为失去强引用的结点
        Entry<K,V> e = (Entry<K,V>) x;
        //计算该结点在 table 中的下标
        int i = indexFor(e.hash, table.length);
        //从散列表 table 中，找到对应的头结点
        Entry<K,V> prev = table[i];
        Entry<K,V> p = prev;
        //由于散列表的结点对应一个红黑树/链表，从头结点开始搜索失引用结点
        while (p != null)
        {
            Entry<K,V> next = p.next;
             //prev 指向已查找结点，p 指向下一个结点
            if (p == e)
            {
                if (prev == e)
                    table[i] = next;
                else
                    prev.next = next;
                //帮助 GC 执行
                e.value = null;
                size--;
                break;
            }
            prev = p;
            p = next;
        }
    }
}
```

这个去除操作的主要原理为：当 WeakHashMap 中的某个弱引用被 GC 回收时，被回收的这个弱引用会被添加到 WeakHashMap 维护了的 ReferenceQueue（queue）中。因此，当 expungeStaleEntries 方法被调用的时候，就可以遍历 queue 中所有的 key，然后在 WeakReference 的 table 中找到与 key 对应的键值对并从 table 中删除。

expungStaleEntries()方法会在 resize、put、get、forEach 方法中被调用。

5.4 Set

Set 是一个接口，这个接口约定了在其中的数据是不能重复的，它有许多不同的实现类，图 5-47 给出了常用的 Set 的实现类。

这一节重点介绍其中的三个：HashSet、LinkedHashSet 和 TreeSet。

5.4.1 HashSet

在介绍 HashSet 之前，首先需要理解 HashSet 的两个重要的特性：

① HashSet 中不会有重复的元素。

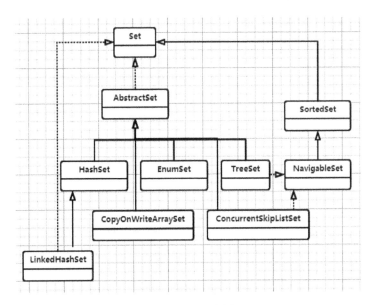

图 5-47　Set 类图

② HashSet 中最多只允许有一个 null。

显然 HashMap 也有着相同的特性：HashMap 的 key 不能有重复的元素，key 最多也只能有一个 null。正因为如此，HashSet 内部是通过 HashMap 来实现的。下面给出 HashSet 的部分实现源码：

```
public class HashSet<E>
    extends AbstractSet<E>
    implements Set<E>, Cloneable, java.io.Serializable
{

    static final long serialVersionUID = -5024744406713321676L;

    // 底层使用 HashMap 来实现
    private transient HashMap<E,Object> map;

    // 定义一个虚拟的 Object 对象作为 HashMap 的 value
    private static final Object PRESENT = new Object();

    /**
    *这个构造函数会初始化一个空的 HashMap，并使用默认初始容量为 16 和加载因子 0.75
     */
    public HashSet() {    map = new HashMap<E,Object>();    }

    /**
     * 以指定的 initialCapacity 和 loadFactor 构造一个新的空链接哈希集合
     * 这个构造函数为包访问权限，不对外公开，只是为了支持 LinkedHashSet
     *
     * 底层会创建一个 LinkedHashMap 实例来存储数据
     * @param initialCapacity 初始容量
     * @param loadFactor 加载因子
     * @param dummy 标记
     */
```

```
HashSet(int initialCapacity, float loadFactor, boolean dummy) {
    map = new LinkedHashMap<E,Object>(initialCapacity, loadFactor);
}

/**
 * 实际底层以相应的参数构造一个空的 HashMap
 * @param initialCapacity  初始容量
 * @param loadFactor  加载因子
 */
public HashSet(int initialCapacity, float loadFactor) {
    map = new HashMap<E,Object>(initialCapacity, loadFactor);
}

//其他构造方法
  ……

public Iterator<E> iterator() {    return map.keySet().iterator();    }
public int size() {    return map.size();    }
public boolean isEmpty() {    return map.isEmpty();    }
public boolean contains(Object o) { return map.containsKey(o);    }
public boolean add(E e) {    return map.put(e, PRESENT) ==null;    }
public boolean remove(Object o){    return map.remove(o) ==PRESENT; }
```

从上面的源码可以看出 HashSet 在底层是通过 HashMap 来实现的,只不过对于 HashMap 来说,每个 key 可以有自己的 value;而在 HashSet 中,由于只关心 key 的值,因此所有的 key 都会使用相同的 value(PRESENT)。由于 PRESENT 被定义为 static,因此会被所有的对象共享,这样的实现显然会节约空间。

由于这些实现源码都是非常直观的,这里就不详细介绍了,下面重点给出几点注意事项:

① HashSet 不是线程安全的,如果想使用线程安全的 Set,那么可以使用 CopyOnWrite ArraySet、Collections.synchronizedSet(Set set)、ConcurrentSkipListSet 和 Collections.newSet FromMap(NewConcurrentHashMap)。

② HashSet 不会维护数据插入的顺序,如果想维护插入顺序,那么可以使用 Linked HashSet。

③ HashSet 也不会对数据进行排序,如果想对数据进行排序,那么可以使用 TreeSet。

5.4.2　LinkedHashSet

LinkedHashSet 是 HashSet 的扩展,HashSet 并不维护数据的顺序,而 LinkedHashSet 维护了数据插入的顺序。HashSet 在内部是使用 HashMap 来实现的,而 LinkedHashSet 内部通过 LinkedHashMap 来实现。这一节将重点介绍 LinkedHashSet 内部的实现机制以及它是怎么维护数据的插入顺序的。

下面首先给出 LinkedHashSet 的构造方法。

```
public class LinkedHashSet<E>
    extends HashSet<E>
    implements Set<E>, Cloneable, java.io.Serializable {
```

```
private static final long serialVersionUID = -2851667679971038690L;

/**
 * 构造一个带有使用者指定的初始容量和加载因子的 LinkedHashMap
 *
 * @param initialCapacity  初始容量
 * @param loadFactor  加载因子
 */
public LinkedHashSet(int initialCapacity, float loadFactor) {
    super(initialCapacity, loadFactor, true);
}

/**
 * 构造一个带指定初始容量和默认加载因子 0.75 的 LinkedHashMap
 * @param initialCapacity  初始容量
 */
public LinkedHashSet(int initialCapacity) {
    super(initialCapacity, .75f, true);
}

/**
 * 构造一个带默认初始容量 16 和加载因子 0.75 的新空链接 LinkedHashMap
 */
public LinkedHashSet() {
    super(16, .75f, true);
}

/**
 * 构造一个与指定 collection 中的元素相同的 LinkedHashMap
 *
 * @param c  其中的元素将存放在此 set 中的 collection
 */
public LinkedHashSet(Collection<? extends E> c) {
    super(Math.max(2*c.size(), 11), .75f, true);
    addAll(c);
}
}
```

从上面的代码可以发现，这四个构造方法都调用了相同的父类的构造方法，从上一节的讲解中可以发现，这个构造方法底层通过创建一个 LinkedHashMap 来存储数据。对于 add、remove、size 等方法都是继承了父类 HashSet 中的方法，其底层还是通过调用 LinkedHashMap 实例对应的方法来实现的。

5.4.3　TreeSet

TreeSet 有 HashSet 所有的特性，而且它还增加了一个排序的特性。也就是说 TreeSet 中的数据是有序的，它默认使用的是数据的自然顺序，当然在创建 TreeSet 的时候也可以指定 Comparator 来对数据进行排序。那么 TreeSet 底层是如何实现数据的排序呢，下面给出 TreeSet 内部实现的部分源码：

```
        public class TreeSet<E>   extends AbstractSet<E>   implements NavigableSet<E>, Cloneable, java.io.
Serializable
    {
        private transient NavigableMap<E,Object> map;

        //定义一个虚拟的 Object 对象作为 Map 的 value
        private static final Object PRESENT = new Object();

        public TreeSet() {
            this(new TreeMap<E,Object>());
        }
        public boolean add(E e) {
            return map.put(e, PRESENT) ==null;
        }
        //其他的方法
    }
```

通过源码可以发现，它的实现与 HashMap 类似，底层使用 TreeMap 来存储数据，因此把数据有序功能的实现交给了 TreeMap。这里重点介绍一下 add 方法。对于 TreeMap 而言，它的返回值有两种情况：

① 如果新增加的 key 是唯一的，那么它会返回 null。

② 如果新增加的 key 在 TreeMap 中已经存在了，那么它会返回 key 对应的 value 值。

因此 TreeSet 的 add 方法正是通过这个返回值来判断新的数据是否被加入进去：如果 put 方法返回 null，那么说明数据被插入到 TreeSet 中了，此时 map.put(e, PRESENT) ==null 的值为 true，因此 add 方法返回 true。否则返回 false 表示数据已经在 TreeSet 中了，不需要再次插入了。

对于其他的方法而言，它们的实现与 HashSet 类似，交给底层 TreeMap 来实现了，具体实现可参见 TreeMap 章节。

第6章   JUC 框架

自 J2SE 1.5 发布 java.util.concurrent 包以来，Java 并发编程变得更加轻松和简单了。在之前的版本中，程序员们往往要通过 synchronized 关键，或者 Object 提供的 wait()\notify()的 monitor 机制来实现笨重的并发。使用这种方法，一方面，性能受到了限制；另一方面，也难以实现复杂的业务需求。而 concurrent 包的出现则很好地解决了这个问题。

java.util.concurrent 包的核心类是 AbstractQueueSynchronizer（之后简称 AQS）。这章将重点介绍 AQS 的实现原理。

6.1   AQS 队列同步器

AQS 是一个同步器+阻塞锁的基本架构，用于控制加锁和释放锁，并在内部维护一个 FIFO（First In First Out，先进先出）的线程等待队列。java.util.concurrent 包中的锁、屏障等同步器多数都是基于它实现的。图 6-1 为部分与 AQS 相关类的关系图。

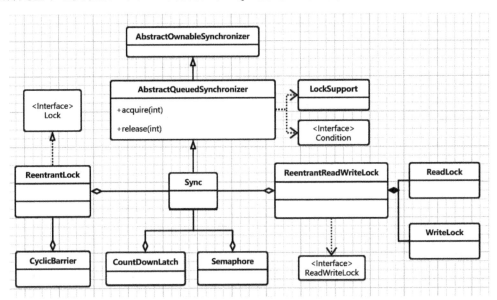

图 6-1   AQS 类图

AbstractOwnableSynchronizer 是一个可以由线程以独占方式拥有的同步器，这个类为创建锁和相关同步器提供了基础。虽然它本身不管理或使用此信息。但是，子类或其他工具可以维护相应的值来提供诊断信息。

AbstractQueuedSynchronizer 用虚拟队列的方式来管理线程中锁的获取与释放，同时也提供了各种情况下的线程中断。这个类虽然提供了默认的同步实现，但是获取锁和释放锁的实现被定义为抽象方法，由子类实现。这样做的目的是使开发人员可以自由定义锁的获取与释放方式。

Sync 是 ReentrantLock 的内部抽象类，实现了简单的锁的获取与释放。

Sync 有两个子类 NonfairSync 和 FairSync，分别表示"非公平锁"和"公平锁"（图中并未给出），且都是 ReentrantLock 的内部类。ReentrantLock 实现了 Lock 接口的 lock-unlock 方法，这个方法会根据 fair 参数决定使用 NonfairSync 还是 FairSync。

ReentrantReadWriteLock 是 Lock 的另一种实现方式，ReentrantLock 是一个排他锁，同一时间只允许一个线程访问，而 ReentrantReadWriteLock 允许多个读线程同时访问，但不允许写线程和读线程、写线程和写线程同时访问。与排他锁相比，能提供更高的并发性。

AQS 是 Java concurrency 容器的重要基础。图 6-2 是 AQS 内部实现使用的链表的结构。

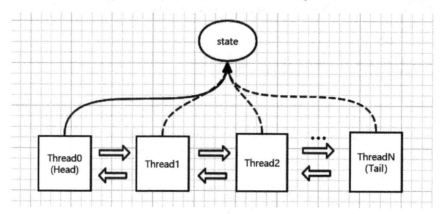

图 6-2　AQS 底层使用的链表

从图 6-2 可以看出，AQS 维护了一个 volatile int state 和一个 FIFO 线程等待队列（使用双向链表实现的，当多线程争用资源被阻塞时会进入此队列）。只有当 Head 结点持有的线程释放了资源后，下一个线程才能获得资源。在这个工作模型中，state 即是 AQS 的同步状态标量，也被称为资源。

6.1.1　AQS 的同步状态关键字

state 是 AQS 非常重要的描述线程同步状态的成员变量，其定义如下所示：

```
private volatile int state;
```

state 用来表示"线程争抢的资源"。如果是 0，那么说明没有线程正在等待资源，如果为 n（n>0），那么说明有 n 个线程正在等待资源释放。在 AQS 中，state 有三种访问方式：getState、setState、compareAndSetState。

通过观察 state 的定义，可以注意到一个关键字：**volatile**。

volatile 关键字让 state 变量保持线程间的可见性和有序性，是保证 state 线程安全的必要条件之一。

AQS 定义两种资源共享方式：Exclusive（独占，在特定的时间内，只有一个线程能执行，如 ReentrantLock）和 Share（共享，多个线程可同时执行，如 Semaphore/CountDownLatch）。

可见不同的实现方式争用共享资源的方式也不同。由此，在自定义同步器在实现时只需要根据需求来实现共享资源 state 的获取与释放方式即可，至于具体线程等待队列的维护（如获取资源失败入队/唤醒出队等），AQS 已经实现好了。自定义同步器时主要需要实现以下几种方法：

isHeldExclusively()：该线程是否正在独占资源。只有用到 condition 时才需要去实现它。

tryAcquire(int)：独占方式。尝试获取资源，成功则返回 true，失败则返回 false。

tryRelease(int)：独占方式。尝试释放资源，成功则返回 true，失败则返回 false。

tryAcquireShared(int)：共享方式。尝试获取资源。成功返回 0，失败返回负数。

tryReleaseShared(int)：共享方式。尝试释放资源，如果释放后允许唤醒后续等待结点，那么返回 true，否则返回 false。

6.1.2　volatile 关键字

volatile 在线程安全场景下被广泛使用，以 AQS 中队列的 head 和 tail 为例：

```
//队列头
private transient volatile Node head;
//队列尾
private transient volatile Node tail;
```

在 AQS 的等待队列里，最新添加的结点 node，会成为新的 tail，添加过程如下所示：

```
1、pred=tail
2、node.prev=pred
3、tail=node
4、pred.next=node
```

这个过程让 node 成为了新的 tail，同时对 tail 和 node 的 next/prev 的指向进行相应的修改，在单线程环境下，这样的代码是没有问题的。

但是，tail 是一个成员变量，在多线程环境下，步骤 1 和步骤 3 里的 tail 可能指向的不是同一个对象，因为 tail 可能在被线程 A 使用的过程中，被线程 B 所修改。

在使用 synchronized 进行线程同步的时候，只能让 A 或者 B 中的一个先执行完成，然后再让等待的线程继续执行，使用这种方式，虽然安全性有了保障，但性能不佳。那么，要如何保证 tail 和 node 交换这个操作是线程安全且效率更高的呢？

首先是 volatile 关键字的使用，需要注意的是：

volatile 的使用是为了线程安全，但 volatile 不保证线程安全。

线程安全有三个要素：可见性，有序性，原子性。

线程安全是指在多线程情况下，对共享内存的使用，不会因为不同线程的访问和修改而发生不期望的情况。

volatile 有三个作用：

（1）volatile 用于解决多核 CPU 高速缓存导致的变量不同步

这本质上是个硬件问题，其根源在于：**CPU 的高速缓存的读取速度远远快于主存**（物理内存）。

所以，CPU 在读取一个变量的时候，会把数据先读取到缓存，这样下次再访问同一个数据的时候就可以直接从缓存读取了，显然提高了读取的性能。而多核 CPU 有多个这样的缓存。

这就带来了问题，当某个 CPU（例如 CPU1）修改了这个变量（比如把 a 的值从 1 修改为 2），但是其他的 CPU（例如 CPU2）在修改前已经把 a=1 读取到自己的缓存了，当 CPU2 再次读取数据的时候，它仍然会去自己的缓存区中去读取，此时读取到的值仍然是 1，但是实际上这个值已经变成 2 了。这里，就涉及了线程安全的要素：可见性。

可见性是指当多个线程在访问同一个变量时，一个线程修改了变量的值，其他线程应该能立即看到修改后的值。

volatile 的实现原理是**内存屏障**（Memory Barrier），其原理为：当 CPU 写数据时，如果发现一个变量在其他 CPU 中存有副本，那么会发出信号量通知其他 CPU 将该副本对应的缓存行置为无效状态，当其他 CPU 读取到变量副本的时候，会发现该缓存行是无效的，然后，它会从主存重新读取。

（2）volatile 还可以解决指令重排序的问题

一般情况下，程序是按照顺序执行的，例如下面的代码：

```
1、int i = 0;
2、i++;
3、boolean f = false;
4、f = true;
```

如果 i++ 发生在 int i=0 之前，那么会不可避免的出错，CPU 在执行代码对应指令的时候，会认为 1、2 两行是具备依赖性的，因此，CPU 一定会安排行 1 早于行 2 执行。

那么，int i=0 一定会早于 boolean f=false 吗？

并不一定，CPU 在运行期间会对指令进行优化，没有依赖关系的指令，它们的顺序可能会被重排。在单线程执行下，发生重排是没有问题的，CPU 保证了顺序不一定一致，但结果一定一致。

但在多线程环境下，重排序则会引起很大的问题，这又涉及了线程安全的要素：**有序性**。

有序性：程序执行的顺序应当按照代码的先后顺序执行。

为了更好地理解有序性，下面通过一个例子来分析：

```
//成员变量 i
int i = 0;

//线程一的执行代码
Thread.sleep(10);
i++;
f = true;
//线程二的执行代码
while(!f)
{
    System.out.println(i);
}
```

理想的结果应该是，线程二不停地打印 0，最后打印一个 1，终止。

在线程一里，f 和 i 没有依赖性，如果发生了指令重排，那么 f = true 发生在 i++ 之前，就有可能导致线程二在终止循环前输出的全部是 0。

需要注意的是，这种情况并不常见，**再次运行并不一定能重现**，正因为如此，很可能会导致一些莫名的问题，需要特别注意。

如果修改上方代码中 i 的定义为使用 volatile 关键字来修饰，那么就可以保证最后的输出结果符合预期。

这是因为，被 volatile 修饰的变量，CPU 不会对它做重排序优化，所以也就保证了有序性。

（3）volatile 不保证操作的原子性

原子性：一个或多个操作，要么全部连续执行且不会被任何因素中断，要么就都不执行。

一眼看上去，这个概念和数据库概念里的事务（Transaction）很类似，没错，事务就是一种原子性操作。

原子性、可见性和有序性，这就组成了线程安全的三要素。

需要特别注意，**volatile 保证可见性和有序性，但是不保证操作的原子性**，下面的代码将会证明这一点：

```
static volatile int intVal = 0;
public static void main(String[] args)
{
    //创建十个线程，执行简单的自加操作
    for (int i = 0; i < 10; i++)
    {
        new Thread(() ->
        {
            for (int j = 0; j < 1000; j++)
                intVal++;
        }).start();
    }
    // 保证之前启动的全部线程执行完毕
    while (Thread.activeCount() > 1)
        Thread.yield();
    System.out.println(intVal);
}
```

在之前的内容有提及，volatile 能保证修改后的数据对所有线程可见，那么，这一段对 intVal 自增的代码，最终执行完毕的时候，intVal 应该为 10000。

但事实上，结果是不确定的，大部分情况下会小于 10000。这是因为，无论是 volatile 还是自增操作，都不具备原子性。

假设 intVal 初始值为 100，自增操作的指令执行顺序如下所示：

1）获取 intVal 值，此时主存内 intVal 值为 100。

2）intVal 执行+1，得到 101，此时主存内 intVal 值仍然为 100。

3）将 101 写回给 intVal，此时主存内 intVal 值从 100 变化为 101。

具体执行流程如图 6-3 所示。

这个过程很容易理解，如果这段指令发生在多线程环境下呢？以下面这段会发生错误的指令顺序为例：

1）线程一获得了 intVal 值为 100。

2）线程一执行+1，得到 101，此时值没有写回给主存。

3）线程二在主存内获得了 intVal 值为 100。

4）线程二执行+1，得到 101。

5）线程一写回 101。

6）线程二写回 101。

于是，最终主存内的 intVal 值，还是 101。具体执行流程如图 6-4 所示。

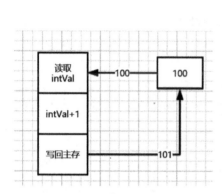

图 6-3　自增操作的实现原理

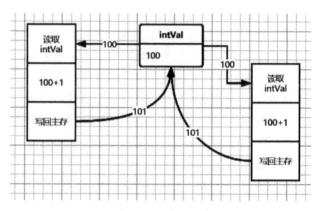

图 6-4　多线程执行自增操作肯的结果

为什么 volatile 的可见性保证在这里没有生效？

根据 volatile 保证可见性的原理（内存屏障），当一个线程执行写的时候，才会改变"数据修改"的标量，在上述过程中，线程 A 在执行加法操作发生后，写回操作发生前，CPU 开始处理线程 B 的时间片，执行了另外一次读取 intVal，此时 intVal 值为 100，且由于写回操作尚未发生，这一次读取是成功的。

因此，出现了最后计算结果不符合预期的情况。

synchoronized 关键字确实可以解决多线程的原子操作问题，可以修改上面的代码为：

```
for (int i = 0; i < 10; i++)
{
    new Thread(() -> {
        synchronized (lock) {
            for (int j = 0; j < 1000; j++)
                intVal++;
        }
    }).start();
}
```

但是，这个方式明显效率不高，10 个线程都在争抢同一个代码块的使用权。

由此可见，synchronizaed 可以实现线程安全，但是由于它性能上的缺陷，AQS 并不会使用它来完成自己的功能。

volatile 可以提供线程安全的两个必要条件：可见性和有序性。

可想而知，只要再提供一种能保证多线程环境下的原子性的方式，就能实现线程安全。

AQS 采用的是一种效率更高的原子操作的方式，Compare And Swap，比较并交换。

6.1.3　AQS 和 CAS

Compare And Swap（之后简称 CAS）从字面上理解是"比较并交换"的意思，它的作用是，对指定**内存地址**的数据，校验它的值是否为**期望值**，如果是，那么修改为**新值**，返回值表示是否修改成功。

在通常的开发流程中，Java 代码会被编译为 class 字节码，字节码在 JVM 中解释执行，最终会作为一个一个的指令集交由 CPU 处理，同一句 Java 语句可能产生多条指令集，由于 CPU 的优化策略和多线程同时执行，指令集可能不会顺序执行，这就产生了操作原子性问题。

CAS 和代码级的比较交换相比，其特殊之处在于，CAS 保证它的操作是原子性的。也就是说一个序列的指令必定会连续执行，不会被其他的指令所妨碍。

既然原子操作问题发生在 CPU 指令顺序问题中，Java 代码能直接控制到这个级别吗？

答案是部分可以。通常而言，Java 是不建议直接操作底层的，但事实上，Java 有提供一个非公开的类 **sun.misc.Unsafe**，来专门做较为底层的操作，它提供的方法都是 native 本地方法，它封装了一系列的原子化操作。

需要注意的是，该类原则上是禁止被使用的。

native 方法没有方法体，不需要 **Java** 代码实现，它的真正方法体来自于底层的动态链接库(**dll,so**)，是由 c\c++ 来实现的。

sun.misc.Unsafe 有一个方法 getAndAddInt，可以利用这个方法对前一段代码进行修改，使其执行结果始终为 10000。

代码如下所示：

```
for (int i = 0; i < 10; i++)
{
    new Thread(() ->
    {
        for (int j = 0; j < 1000; j++)
        {
            unsafe.getAndAddInt(ReentrantLockVolatileSample.class,intValOffset, 1);
        }
    }).start();
}
```

unsafe.getAndAddInt(Object,offset,i)，该方法的意义是获取 Object 对象在内存偏移量 offset 位置的数值，增加 i 并返回。

通过下面的源码，可以发现 getAndAddInt 方法是由 compareAddSwapInt（操作整型的 CAS 方法）实现的：

```
public final int getAndAddInt(Object o, long offset, int delta)
{
    int v;
    do
    {
        v = getIntVolatile(o, offset); //根据 o 的内存地址和地址偏移量获取对应的 int 值
    }
```

```
while (!compareAndSwapInt(o, offset, v, v + delta));//执行 v=v+delta
    return v;
}
```

unsafe.compareAndSwapInt(Object,offset,expect,newValue)，用于比较 Object 对象在内存偏移量 offset 位置的数值是否为期望值 expect，如果是，那么修改为 newValue。修改成功则返回 true，失败则返回 false。

通过这种方式就达到了原子化的 intVal++的效果，最终计算出来的结果恒为 10000。

在 AQS 里，Unsafe 作用主要体现在以下方法：

```
protected final boolean compareAndSetState(int expect, int update)
{
    return unsafe.compareAndSwapInt(this, stateOffset, expect, update);
}
private final boolean compareAndSetHead(Node update)
{
    return unsafe.compareAndSwapObject(this, headOffset, null, update);
}
private final boolean compareAndSetTail(Node expect, Node update)
{
    return unsafe.compareAndSwapObject(this, tailOffset, expect, update);
}
```

至此，"如何在多线程环境下保证结点交换时的线程安全"这个问题，就得到了解答。

AQS 使用了 volatile 以保证 head 和 tail 结点执行中的有序性和可见性，又使用了 unsafe/CAS 来保障了操作过程中的原子性。AQS 的结点操作满足线程安全的三要素。所以，可以认为相关操作是线程安全的。而且，CAS 的执行方式是自旋锁，与 synchronized 相比，更加充分利用了资源，效率更高。

6.1.4 AQS 的等待队列

AQS 的原理在于，每当有新的线程请求资源的时候，该线程都会进入一个等待队列（Waiter Queue），只有当持有锁的线程释放资源之后，该线程才能持有资源。

该等待队列的实现方式是双向链表，线程会被包裹在链表结点 Node 中。

（1）结点对象 Node

Node 即是队列的结点对象，它封装了各种等待状态，前驱与后继结点信息，以及它对应的线程。其成员变量如下所示：

```
/* 标记结点为共享模式 */
static final Node SHARED = new Node();
/* 标记结点为独占模式 */
static final Node EXCLUSIVE = null;
/* 等待状态 */
volatile int waitStatus;
/* 前驱结点 */
volatile Node prev;
/* 后继结点 */
```

```
volatile Node next;
/* 线程 */
volatile Thread thread;
```

同时 Node 具备的等待状态有以下几种：

```
/* 表示线程已取消 */
static final int CANCELLED =    1;
/* 表示竞争锁的胜者线程需要唤醒（使用 LockSupport.unpark） */
static final int SIGNAL      = -1;
/* 表示线程正在 condition 队列中等待 */
static final int CONDITION = -2;
/* 表示后继结点会传播唤醒操作，只会在共享模式下起作用 */
static final int PROPAGATE = -3;
```

Node 的 waitStatus 成员变量通常处于以上状态之一，这是个典型的状态机模式。

（2）独占模式和共享模式

独占模式表示该锁会被一个线程占用着，其他线程必须等到持有线程释放锁后才能获取到锁继续执行，也就是说，在同一时间内，只能有一个线程获取到这个锁。在 Concurrency 包里，ReentrantLock 就是采用的独占模式。

共享模式表示多个线程获取同一个锁的时候，有可能（并非一定）会成功，在 Concurrency 包里，ReadLock 采用的这种模式。

在 AQS 中，独占模式和共享模式的方法实现是不一样的，它们的方法成对出现，如表 6-1 所示。

表 6-1　独占模式与共享模式的方法对比

作　　用	独 占 模 式	共 享 模 式
请求锁	acquire()	acquireShared()
释放锁	release()	releaseShared()
获取线程队列	getQueuedThreads()	getSharedQueuedThreads()

（3）等待队列的状态处理

结点对象 Node 有四种不同的状态，这些状态究竟起了怎样的作用？这就需要阅读源码来理解，这部分代码解析很复杂，必须慢慢梳理，首先给出 AQS 的 acquire()方法的实现代码：

```
public final void acquire(int arg)
{
    if (!tryAcquire(arg) && acquireQueued(addWaiter(Node.EXCLUSIVE), arg))
        selfInterrupt();
}
```

acquire 方法用于获得锁，该方法执行流程如下：

1）尝试获取锁（tryAcquire），tryAcquire 的返回值表示当前线程是否成功获取锁。

2）如果获取成功，那么说明当前对象已经持有锁，执行中断操作，中断操作会解除线程阻塞。

3）如果获取失败，那么把当前线程封装为 Waiter 结点，封装的过程已经把该结点添加进

Waiter 队列。

4）acquiredQueue 自旋获取资源，并且返回该 Waiter 结点持有的线程的应当具备的中断状态。

5）根据返回结果来确定是否需要执行线程的中断操作。

执行流程如图 6-5 所示。

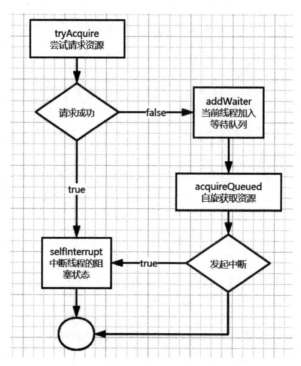

图 6-5　acquire 方法的执行流程

这里涉及两个关键的方法：

addWaiter()方法：封装当前线程为等待队列结点并插入到队列中。其源码如下所示：

```
private Node addWaiter(Node mode)
{
    //封装当前线程为 node 结点
    Node node = new Node(Thread.currentThread(), mode);
    Node pred = tail;
    if (pred != null)
    {
        //将 node 结点的前驱结点设置为 tail
        node.prev = pred;

        /* 多线程环境下，tail 可能已经被其他线程修改了，这里校验 pred 是否依然是尾结点
         * 如果是，那么将 node 设置为尾结点，原尾结点的后继结点设置为 node，返回 node
         */
        if (compareAndSetTail(pred, node))
        {
            pred.next = node;
```

```
                return node;
            }
        }
        //会执行到这里，说明 tail 为 null，或者 tail 已经发生了变动
        enq(node);
        return node;
    }

    private Node enq(final Node node)
    {
        /* 下面这个死循环用于把 node 结点插入到队列尾端。由于多线程环境下，tail 结点可能
         * 随时发生变动，必须要不停地尝试，让下面两个操作不会被其他线程干涉：
         * 1、node.prev 必须为当前尾结点
         * 2、node 设置为新的尾结点
         */
        for (;;)
        {
            Node t = tail;
            // tail 为空，也说明 head 为空，此时初始化队列。
            if (t == null)
            {   // CAS 方式初始化队头
                if (compareAndSetHead(new Node()))
                    tail = head;
            }
            else
            {
                // 设置 node.prev 为当前尾结点
                node.prev = t;
                /* 多线程环境下，此时尾结点可能已经被其他访问修改了，需要 CAS 来进行比较
                 *  如果 t 依然是尾结点，那么把 node 设置为尾结点
                 */
                if (compareAndSetTail(t, node))
                {
                    t.next = node;
                    return t;
                }
            }
        }
    }
```

从代码中可以看出，addWaiter 会在：

① 等待队列没有结点的时候进行队列的初始化。

② 等待队列具备结点的时候，把当前线程封装为队列结点，确保它插入到队列尾端。

这段代码的实现方式兼顾了效率和安全性，虽然看上去重复调用了 compareAndSetTail() 方法，但在多线程环境下这是必要的。

第一次对 compareAndSetTail() 调用，保证了如果 tail 没有发生变动，然后直接把新结点加入到队列尾端，这部分代码最多执行一次，从而保证了执行的效率。但是，在多线程情况下，tail 作为共享变量，有很小的概率会发生变更，只有在这种情况下会循环调用 compareSetTail()

来保证多线程安全，直到执行成功。

acquireQueued(Node)方法：会接收 **addWaiter()**封装好的 **Node** 对象。该方法的本质在于以自旋的方式获取资源，即自旋锁。它做了两件事，如果指定结点的前驱结点是头结点，那么再次尝试获取锁，反之，则尝试阻塞当前线程。

以下是 acquireQueued()方法的实现：

```
final boolean acquireQueued(final Node node, int arg)
{
    boolean failed = true;
    try
    {
        boolean interrupted = false;
        for (;;)
        {
            /* 找到 node 的前驱结点，如果 node 已经为 head，那么会抛出空指针异常
             * 空指针异常说明整个等待队列都没有能够获取锁的线程
            */
            final Node p = node.predecessor();
            /* 前驱结点为头结点时，当前线程尝试获取锁
             * 如果获取成功，那么 node 会成为新的头结点，这个过程会清空 node 的线程信息
            */
            if (p == head && tryAcquire(arg))
            {
                setHead(node);
                p.next = null;
                failed = false;
                return interrupted;
            }
            /* 当前线程不能获取锁，则说明该结点需要阻塞
             * shouldParkAfterFailedAcquire()用于检查和设置结点阻塞状态
             * 如果未通过检查，那么说明没有阻塞，parkAndCheckInterrupt()用于阻塞当前线程
            */
            if (shouldParkAfterFailedAcquire(p, node) && parkAndCheckInterrupt())
                interrupted = true;
        }
    }
    finally
    {
        if (failed)
            cancelAcquire(node);
    }
}
```

可以注意到，该方法采用了自旋模式，自旋不能构成死循环，否则会浪费大量的 CPU 资源。在 AQS 中，如果 p == head && tryAcquire(arg) 条件不满足，那么它会一直循环下去吗？

事实上是不会的，原因如下：

① 通常，在 p == head 之前，必然会有一个线程能获取到锁，此时 tryAcquire()通过，循环结束。

② 如果发生了极端情况，那么 node.predecessor()也会在 node == head 的情况下抛出空指针异常，循环结束。

③ 如果 shouldParkAfterFailedAcquire()方法检查通过，那么 parkAndCheckInterrupt()方法会阻塞当前线程，该循环也不会无限制的消耗资源。其源码如下所示：

```
private final boolean parkAndCheckInterrupt() {
    //LockSupport.park()用于阻塞当前线程
    LockSupport.park(this);
    return Thread.interrupted();
}
```

shouldParkAfterFailedAcquire(p,node)方法会根据前驱结点的等待状态（waitStatus），来确定当前结点（node）是否需要阻塞，源码如下所示：

```
private static boolean shouldParkAfterFailedAcquire(Node pred, Node node) {
    //前驱结点的等待状态
    int ws = pred.waitStatus;
    if (ws == Node.SIGNAL)
        // SIGNAL 表示前驱结点需要被唤醒，此时 node 是一定可以安全阻塞的，所以返回 true
        return true;
    if (ws > 0)
      {
        // 大于 0 的等待状态只有 CANCELLED，从队列里移除所有前置的 CANCELLED 结点。
        do
          {
            node.prev = pred = pred.prev;
        } while (pred.waitStatus > 0);
        pred.next = node;
      }
    else
      {
        /* 运行到这里，说明前驱结点处于 0、CONDITION 或者 PROPAGATE 状态下
         * 此时该结点需要被置为 SIGNAL 状态，等待被唤醒
         */
        compareAndSetWaitStatus(pred, ws, Node.SIGNAL);
      }
    return false;
}
```

由此可以得出结论，当一个新的线程结点入队之后，会检查它的前驱结点，只要有一个结点的状态是 SIGNAL，就表示当前结点之前的结点正在等待被唤醒，那么当前线程就需要被阻塞。以等待 ReentrantLock.unlock()唤醒之前的线程。

图 6-6 描述了入队过程。

在过程 2 中，node1 刚刚入队，没有争抢到锁，此时 head 状态为初始化的 0 状态，于是调用了 compareAndSetWaitStatus(pred, ws, Node.SIGNAL)，这个方法会把 head 的状态改为了 SIGNAL。

在过程 3 中，acquired()方法里的 for 循环会再执行一次，此时，node1 的前驱结点依然是 head，如果它依然没有竞争到锁，那么由于 head 的 waitStauts 属性的值为 SIGNAL，这会导

致 shouldParkAfterFailedAcquire()方法返回 true，当前线程（即是 node1 持有的线程）被阻塞，代码不再继续往下运行。

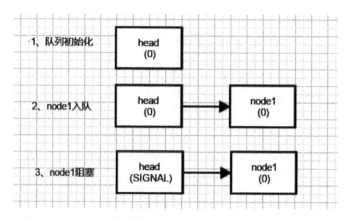

图 6-6　入队过程

这样，就达到了让等待队列里的线程阻塞的目的。由此可以类推更多线程入队的过程，如图 6-7 所示。

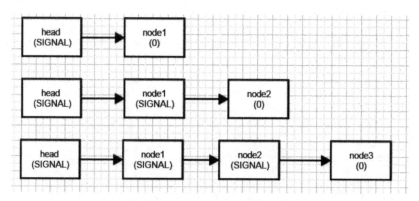

图 6-7　多个线程入队过程

SIGNAL 状态由 release()方法进行修改，release()方法的源码如下所示：

```java
public final boolean release(int arg)
{
    if (tryRelease(arg))
    {
        Node h = head;
        if (h != null && h.waitStatus != 0)
            unparkSuccessor(h);
        return true;
    }
    return false;
}
```

这个方法会首先调用 tryRelease()方法尝试释放锁，它返回的是锁是否处于可用状态，如果锁可用，那么该方法也不负责中断等待线程的阻塞，它仅仅把锁的线程持有者设为 null；然后，如果成功的释放锁，那么判断队头状态：队头为空则说明队列没有等待线程，不再做其他操作；反之再判断队头的等待状态 waitStatus，只要它不为 0，就说明等待队列中有被阻塞的结点。

unparkSuccessor()负责确保中断正确的线程阻塞。它的源码如下所示：

```java
private void unparkSuccessor(Node node)
{
    int ws = node.waitStatus;
    //小于 0 的状态 waitStatus 只有 SIGNAL 和 CONDITION
    if (ws < 0)
        compareAndSetWaitStatus(node, ws, 0);
    Node s = node.next;
    //前驱查找需要唤醒的结点
    if (s == null || s.waitStatus > 0)
    {
        s = null;
        for (Node t = tail; t != null && t != node; t = t.prev)
            if (t.waitStatus <= 0)
                s = t;
    }
    if (s != null)
        LockSupport.unpark(s.thread);
}
```

在 ReentrantLock.unlock()的调用过程中，unparkSuccessor(Node node)的形参 node 始终为 head 结点。这个方法执行的主要操作为：

① 首先把 head 结点的 waitStauts 设置为 0，表示队列里没有需要中断阻塞的线程。

② 然后确定需要被唤醒的结点，该结点是队列中第一个 waitStatus 小于等于 0 的结点。

③ 最后，调用 LockSupport.unpark()方法中断指定线程的阻塞状态。

图 6-8 展示了一次 ReentrantLock.unlock()执行后，等待队列中结点的状态变化：

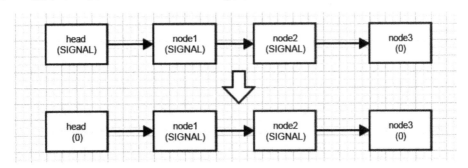

图 6-8　调用 unlock()后结点状态的变化

需要注意的是，node1 对应的线程此时已经中断了阻塞，它会开始继续执行 AQS 的 acquireQueued()方法中 for 循环的代码，for 循环的源码如下所示：

```java
final Node p = node.predecessor();
```

```
if (p == head && tryAcquire(arg))
{
    setHead(node);
    p.next = null;
    failed = false;
    return interrupted;
}
```

显然 node1 的前驱结点为 head，且由于锁已经被释放，tryAcquire()不出意外能够执行通过，经过变化后，队列的状态如图 6-9 所示。

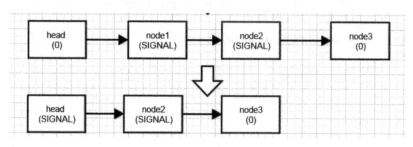

图 6-9 变化后的结点状态

这里部分代码比较巧妙，可以注意到，在释放的过程中，代码里并没有改变 head 的 waitStatus 为 SIGNAL，而是直接使用 node1 替代了原先的 head。

换言之，原本需要修改 head/node2 的前驱和后置，并且把 head 的 waitStatus 修改为 SIGNAL，使用当前的代码，则只需要释放 node1 的持有线程，然后移除 head 结点，这样可以更快地达到队列规整的目的。

6.1.5 AQS 如何阻塞线程和中断阻塞

在之前的内容里，有提及 acquired()方法的作用。该方法用于为当前线程获得锁，如果没有获得，那么会把该线程加入到等待队列中，加入到等待队列的线程都会被阻塞。

在多数情况下，线程阻塞有三种常见的实现方式：Object.wait()、Thread.join()或者 Thread.sleep()。中断阻塞则通过 Thread.interrupt()方法来实现。如果线程被 Object.wait()，那么 Thread.join()或者 Thread.sleep()方法阻塞，可以通过调用线程的 interrupt()方法来中断阻塞，这个方法会发出一个中断信号量从而导致线程抛出中断异常 InterruptedException，以达到结束阻塞的目的。

需要注意的是，Interrupt 不会中断用户用循环体造成阻塞，它仅仅只是抛出信号量，具体的处理方式还是得由用户处理。Thread.isInterrupted 方法可以得到中断状态。

对于 wait、sleep、join 等会造成线程阻塞的方法，由于它们都会抛出 Interrupted Exception，处理方式如下所示：

```
try {
    Thread.currentThread().sleep(500);
} catch (InterruptedException e) {
    //中断后会抛出异常，在异常捕获里可以对中断定制处理
}
```

对循环体处理方式如下所示：

```
//使用 Thread.isInterrupted 方法获取中断信号量
while (!Thread.currentThread().isInterrupted() && 用户自定义条件){
}
```

6.1.6　sun.misc.Unsafe

sun.misc.Unsafe 是一个较为少见的特殊类，严格来说它并不属于 J2SE 标准。在使用 Java 的时候，往往会强调 Java 的安全性，而 sun.misc.Unsafe 恰恰破坏了 Java 的安全性，它提供的方法可以直接操作内存和线程，一旦不慎，可能会导致严重的后果。

既然这么危险，为什么它依然存在呢？这说明，它具备足够强大的功能，让人无法割舍。下面将会展示，Unsafe 可以做些什么。

① 获取底层内存信息，比如 addressSize()、pageSize()。

② 获取类相关的信息，比如分配实例内存 allocateInstance(Class)，获取静态域偏移量 staticFieldOffset(Field)。

③ 数组相关，比如获取索引范围 arrayIndexScale(Class)。

④ 同步相关，比如挂起线程 park，CAS 操作 compareAndSwapInt。

⑤ 直接访问内存，比如申请内存 allocateMemory(long)。

6.2　ReentrantLock 重入锁

重入锁，又称递归锁，是指在同一线程中，外部方法获得锁之后，内层递归方法依然可以获取该锁。如果锁不具备重入性，那么当同一个线程两次获取锁的时候就会发生死锁。Java 提供了 java.util.concurrent.ReentrantLock 来解决重入锁问题。

ReentrantLock 重入锁并不是容器集合类的一部分，但是它在 Concurrency 包中占据了非常重要的地位。在并发容器的实现中大量地被使用到。因此，在讲解并发容器前，应当先了解重入锁的原理。

ReentranLock 是一种显式锁，与 synchronized 隐式锁对应。synchronized 不能显式的对 Lock 对象进行操作，因此有很多不便利性。而显式锁提供了多种方法来操作 Lock，包括：

lock()：获取锁，如果锁不可用，那么当前线程会休眠直到获取到锁为止。

lockInterruptibly()：可中断地获取锁，如果当前线程发生 interrupt，则释放锁。

tryLock()：尝试获取锁，如果获取到了，那么那么返回 true，反之返回 false。它与 lock() 的区别在于，它不会休眠当前线程。

unlock()：释放锁。

newCondition()：创建一个当前锁的条件监视器 Condition，Condition 实例用于控制当前 Lock 的线程队列的 notify 和 wait。

ReentrantLock 的实现是基于 AQS 的，通过对 tryAcquire 和 tryRelease 的重写，实现了锁机制和重入机制。

6.2.1　ReentrantLock 的公平锁与非公平锁实现

从前文的分析可知，ReentrantLock 在底层有两种实现方式，分别是 FairSync（公平锁）和 NonfairSync（非公平锁），下面分别从实现流程与源代码出发来介绍这两种锁的实现原理。

它们各自的 lock()方法的简化流程如图 6-10 所示。

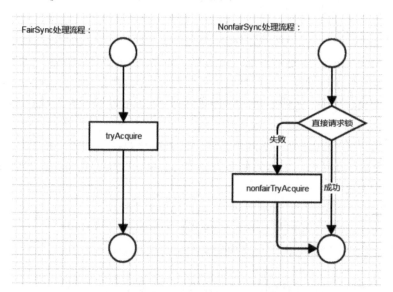

图 6-10　公平锁与非公平锁的 lock 方法处理流程

（1）FairSync 的实现

从图 6-10 可以看出，FairSync 的处理流程较为简单，它的实现源码如下所示：

```
static final class FairSync extends Sync
{
    private static final long serialVersionUID = -3000897897090466540L;

    final void lock()
    {
        //FairSync 直接调用 acquire 方法来获取锁
        acquire(1);
    }
    protected final boolean tryAcquire(int acquires) {...}
}
```

FairSync 与 NonfairSync 都会调用同样的 acquire 方法，因此有必要了解一下 acquire 方法的实现：

```
public final void acquire(int arg)
{
    //只需要注意 tryAcquire()方法，它用于请求锁，返回 true 时后续的操作不再被处理
    if (!tryAcquire(arg) && acquireQueued(addWaiter(Node.EXCLUSIVE), arg))
        selfInterrupt();
}
```

tryAcquire()用于请求锁，当请求失败的时候，会把当前线程加入等待队列，addWaiter()和 acquredQueued()方法分别对应封装等待线程结点和请求入队的操作。

从上一段源码的 if 逻辑可以看出，tryAcquire()方法是用于尝试获取锁的关键方法，它的返回值决定了之后流程的走向。在 FairSync 类中，tryAcquire()方法会严格按照入队顺序来处理等待线程。

（2）NonfairSync 的实现

反观 NonfairSync 类，其源码如下所示：

```
static final class NonfairSync extends Sync
{
    private static final long serialVersionUID = 7316153563782823691L;
    final void lock()
    {
        /*
         * 验证当前锁状态，如果是 0，那么设置为 1
         * 状态为 0 说明没有其他线程持有锁，当前线程可以直接获得锁
         * setExclusiveOwnerThread 即是为当前排他锁执行所有者线程的方法
         */
        if (compareAndSetState(0, 1))
            setExclusiveOwnerThread(Thread.currentThread());
        else
        /*
         * 状态不为 0，则说明有其他线程持有锁，执行获得锁的方法 acquire
         * 该方法最终用于获得锁的方法是 tryAcquire
         */
            acquire(1);
    }

    protected final boolean tryAcquire(int acquires)
    {
        return nonfairTryAcquire(acquires);
    }
}
```

从代码的实现可以看出，与 FairSync 类的实现相比，主要有以下两个区别：

① NonFairSync 类在 lock()方法调用的第一时间，直接验证当前锁状态，如果没有其他线程持有锁（锁状态 state 为 0），那么当前线程会持有锁。

② NonfairSync 类的 tryAcquire()方法执行不同，它直接调用了 nonfairTryAcquire()方法，nonfairTryAcquire()方法不要求严格按照等待队列的入队顺序获取锁。

由此可见，这两种获取锁的机制最终会分别调用到 FairSync.tryAcquire()和 NonFairSync.nonfairTryAcquire()方法。下面重点介绍这两个方法的实现原理。

FairSync.tryAcquire 方法实现如下所示：

```
protected final boolean tryAcquire(int acquires)
{
    final Thread current = Thread.currentThread();
    int c = getState();
```

```
        if (c == 0)
        {
            //注意这个 hasQueuedPredecessors()方法，只有 FairSync 才会调用它
            //它是 FairSync 和 NonFairSync 仅有的区别
            if (!hasQueuedPredecessors() &&        compareAndSetState(0, acquires))
            {
                setExclusiveOwnerThread(current);
                return true;
            }
        }
        else if (current == getExclusiveOwnerThread()) {...}
        return false;
    }
```

NonFairSync.nonfairTryAcquire 方法实现如下所示：

```
final boolean nonfairTryAcquire(int acquires)
{
    final Thread current = Thread.currentThread();
    int c = getState();
    if (c == 0)
    {
        //这里没有调用 hasQueuedPredecessors 方法
        if (compareAndSetState(0, acquires)) {
            setExclusiveOwnerThread(current);
            return true;
        }
    }
    else if (current == getExclusiveOwnerThread()) {...}
    return false;
}
```

从二者的实现源码中可以发现，两个方法只有一个区别：FairSync.tryAcquire()方法在调用 setExclusiveOwnerThread() 以设置持有锁的线程之前，多调用了一个返回布尔值的 hasQueuedPredecessors()方法，只有返回 false，当前线程才能持有锁。

hasQueuedPredecessors()方法的意义在于确定**当前线程是否具备前驱结点，只有不具备前驱结点的线程才可能持有锁**。

不具备前驱结点有两种可能：

① 等待队列里没有结点。

② 当前线程正式等待队列中首个待处理结点。

这个方法的实现源码如下：

```
public final boolean hasQueuedPredecessors()
{
    Node t = tail; // 尾结点
    Node h = head; // 头结点
    Node s; // 次位结点
    return h != t && ((s = h.next) == null || s.thread != Thread.currentThread());
}
```

h != t 和 h.next==null 用于确定队列中是否有等待结点。

s.thread != Thread.currentThread()用于确定当前线程是否为队列中的首个待处理结点。

由此可见，如果这个方法返回 true，那么说明等待队列中有其他线程需要处理，如果 false，那么说明当前线程可以直接持有锁，无需等待。

因此，FairSync.tryAcquire 就保证了线程执行的顺序会严格按照入队顺序来进行。而 NonfairSync.nonfairTryAcquire 没有通过 hasQueuedPredecessors()方法来验证有序性，直接调用了 compareAndSetState 来让当前线程去竞争锁。由此可见，它们有以下的两个最主要的区别：

① FairSync 保证了 FIFO，先入队的等待线程会最先获得锁，而 NonfairSync 任由各个等待线程竞争。

② 由于 FairSync 要保证有序性，所以 NonfairSync 的性能更高，ReentrantLock 默认使用 NonfairSync。

6.2.2　ReentrantLock 的重入性

为什么会存在重入性问题呢？这要从加锁的实现方式讲起。加锁有两种基本形式：互斥锁与自旋锁。

互斥锁（**Mutex lock**），通过阻塞线程来进行加锁，中断阻塞来进行解锁。下面的代码示例展示了一个简单的互斥锁：

```java
public class MatexLock
{
    private AtomicReference<Thread> owner = new AtomicReference<>();
    private LinkedList<Thread> list = new LinkedList<>();

    public void lock()
    {
        Thread currentThread = Thread.currentThread();
        // 没有任何线程持有锁时，让当前线程持有锁，反之则加入等待队列并阻塞
        if (!owner.compareAndSet(null, currentThread))
        {
            waiterQueue.add(currentThread);
            // LockSuport 阻塞当前线程
            LockSupport.park();
        }
    }

    public void unlock()
    {
        // 如果解锁的线程不是持有锁的线程，那么抛出异常
        if (Thread.currentThread() != owner.get())
            throw new RuntimeException();
        // 等待队列里有内容时，恢复队头线程，更改持有锁的线程，反之则直接释放锁
        if (waiterQueue.size() > 0)
        {
            Thread t = waiterQueue.poll();
            owner.set(t);
            // LockSuport 释放指定线程
```

```
                    LockSupport.unpark(t);
            } else
                    owner.set(null);
        }
    }
```

自旋锁（Spin lock），线程保持运行态，用一个循环体不停地判断某个标识量的状态来确定加锁还是解锁，本质上用一段无意义的死循环来阻塞线程的运行。下面的代码实例展示一个简单的自旋锁：

```
public class SpinLock
{
    private AtomicReference<Thread> owner = new AtomicReference<>();

    public void lock()
    {
        Thread current = Thread.currentThread();
        // 没有任何线程持有锁时，让当前线程持有锁，反之则用循环来阻塞
        while (!owner.compareAndSet(null, current)) {
        }
    }

    public void unlock()
    {
        Thread current = Thread.currentThread();
        // 释放锁
        owner.compareAndSet(current, null);
    }
}
```

无论是哪种实现方式，都回避不开一个问题，那就是在同一个线程中，如果递归地获取相同的锁，都会出现死锁。

设想，线程 A 持有了锁，在释放锁之前，A 再次请求加锁，此时，由于锁拥有了持有者（虽然是 A 自己），于是，A 被阻塞了，再也调不到释放锁的方法中去了。

那么，一个线程多次使用同一把锁的时候，它的需求应当是怎样的呢？

① 在线程持有锁的时候，其他线程不能访问上锁的共享资源。

② 在线程持有锁的时候，线程本身可以继续访问上锁的共享资源。

③ 在多次递归访问中，只有当全部访问都结束了，线程才会释放锁。

由此可以想到一个很直观的解决方式——计数器，对持有锁的线程的每一次访问进行计数，只有当访问次数清空之后，其他线程才能继续访问。

按照这个思路，修改后的互斥重入锁实现如下所示：

```
public class MatexLock
{
    private AtomicReference<Thread> owner = new AtomicReference<>();
    private LinkedList<Thread> waiterQueue = new LinkedList<>();
    private volatile AtomicInteger state = new AtomicInteger(0);
```

```
public void lock()
{
    Thread currentThread = Thread.currentThread();
    // 如果请求锁的线程是当前线程
    if (owner.get()== currentThread)
    {
        state.incrementAndGet();
        return;
    }
    // 没有任何线程持有锁时，让当前线程持有锁，反之则加入等待队列并阻塞
    if (!owner.compareAndSet(null, currentThread))
    {
        waiterQueue.add(currentThread);
        // LockSuport 阻塞当前线程
        LockSupport.park();
    }
}

public void unlock()
{
    // 如果解锁的线程不是持有锁的线程，那么抛出异常
    if (Thread.currentThread() != owner.get())
        throw new RuntimeException();

    // 计数器清空之后才能继续之后的操作
    if (state.get() > 0) {
        state.decrementAndGet();
        return;
    }
    // 等待队列里有内容时，释放指定队列，更改持有锁的线程，反之则清空持有锁的线程
    if (waiterQueue.size() > 0)
    {
        Thread t = waiterQueue.poll();
        owner.set(t);
        // LockSupport 释放指定线程
        LockSupport.unpark(t);
    } else
        owner.set(null);
}
```

以上就实现了一个简单的重入锁，那么 ReentrantLock 也是一样的实现方式吗？来看看下面这段代码：

```
final boolean nonfairTryAcquire(int acquires)
{
    final Thread current = Thread.currentThread();
    int c = getState();
    if (c == 0) {...}
    else if (current == getExclusiveOwnerThread())
    {
```

```
            int nextc = c + acquires;
            if (nextc < 0) // overflow
                throw new Error("Maximum lock count exceeded");
            setState(nextc);
            return true;
        }
        return false;
    }
```

这段代码就是之前讲解过的 FairSync.tryAcquire()和 NonfairSync.nonfairTryAcquire()的重入处理部分。无论是公平锁还是非公平锁，在处理重入性上，代码都是一致的：

① 判断 state 标量是否为 0，如果为 0，那么说明没有线程持有该锁，当前线程可以持有锁，返回 true。

② 如果 state 不为 0，那么判断当前线程是否为锁持有者。

③ 如果不是，那么当前线程不能持有锁，返回 false。

④ 如果是，那么当前线程已经持有锁，此时认为同线程请求次数增加，state 需要增加 acquires 次，acquires 表示新增的请求锁次数。

与 tryAcquire 方法对应的，自然应该有个 tryRelease 方法，用于释放锁，该方法的源码如下所示：

```
    protected final boolean tryRelease(int releases)
    {
        int c = getState() - releases;
        if (Thread.currentThread() != getExclusiveOwnerThread())
            throw new IllegalMonitorStateException();
        boolean free = false;
        if (c == 0)
        {
            free = true;
            setExclusiveOwnerThread(null);
        }
        setState(c);
        return free;
    }
```

tryRelease()方法有一个整型参数 releases 形参，用来表示本次释放锁的次数。如果当前线程不是锁持有者，那么说明这是一次非法调用，这个道理很简单：任何线程不能释放自己没有持有的锁。

当 state 计数归零的时候，调用 setExclusiveOwnerThread(null)，用来表示没有线程持有锁了。此后该锁可以被任意调用。

6.2.3 ReentrantLock 和 synchronized

ReentrantLock 和 synchronized 同样都是用于多线程同步，它们在功能上有相近之处，但通常而言，ReentrantLock 可以用于替代 synchronized。下面将会介绍二者的使用方法与区别。

（1）ReentrantLock 具备 synchronized 的功能

先来看下面的代码，分别使用了 synchronized 和 ReentrantLock。

```java
static Object monitor= new Object();        // 使用一个对象作为监视器
synchronized (monitor) {
// 执行代码
}

// 创建一个重入锁，并且产生一个条件监视器对象
static ReentrantLock lock = new ReentrantLock();
static Condition monitor= lock.newCondition();

lock.lock();
// 执行代码
lock.unlock();
```

可以注意到，ReentrankLock 有显式的锁对象，锁对象可以由用户决定请求锁和释放锁的时机，它们甚至可以不在同一个代码块内，而 synchronized 并没有这么灵活。

synchronized 使用的是 Object 对象内置的监视器,通过 Object.wait()/Object.notify()等方法,对当前线程做等待和唤醒操作。sychronized 只能有一个监视器,如果调用监视器的 notifyAll,那么会唤醒所有线程,较为不灵活。

ReentrantLock 则使用的是条件监视器 Condition，通过 ReentrantLock.newCondition()方法来获取。同一个 ReentranLock 可以创建多个 Condition 实例，每个 Condition 维护有自己的等待线程（waiter）队列，调用 signalAll 只会唤醒自己队列内的线程。与 Object.wait()/Object.notify()的使用方式一样，Condition 通过调用 await()/signal()系列的方法来达到同样的目的。

监视器的使用必须要注意两点：

1）监视器的 wait 和 notify 操作会改变线程在等待队列里的状态，这个状态是所有线程可见的，必须保证线程安全，所以一定要有锁支撑。也就是说，调用 wait/notify 类型的方法时，必须在该监视器观察的锁内部执行。

synchronized 相关代码如下所示：

```java
synchronized (lock)
{
    try
    {
        //等待，当前线程进入等待队列，并释放持有的锁
        lock.wait();
    }
    catch (InterruptedException e1) {
        e1.printStackTrace();
    }
}

synchronized (lock)
{
    /*
    ** 唤醒等待队列的第一个线程，重新持有锁，如果不在 synchronized 内部执行，
```

```
**  那么抛出 IllegalMonitorStateException，即是非法监视器状态异常
*/
lock.notify();
}
```

与 synchronized 类似，ReentrantLock 相关代码如下所示：

```
lock.lock();
try
{
    //等待，当前线程进入等待队列，并释放持有的锁
    conditionMonitor.await();
} catch (InterruptedException e1) {
    e1.printStackTrace();
}
lock.unlock();

lock.lock();
/*
 * 唤醒等待队列的第一个线程，重新持有锁，如果不在锁内部执行，那么抛出
 * IllegalMonitorStateException，即是非法监视器状态异常
 */
conditionMonitor.signal();
lock.unlock();
```

2）监视器的 notify 方法并不会直接唤醒线程，它只会改变线程在等待队列里的状态。真正的唤醒操作是抽象队列同步器（AbstractQueueSynchronizer，AQS）完成的，这里还需要注意一点，lock.unlock()方法被调用后，线程才真正被唤醒。ReentrantLock 测试代码如下所示：

```
lock.lock();
System.out.println("唤醒下一个线程");
conditionMonitor.signal();
lock.unlock();

//由于唤醒不是即时的，所以当前线程沉睡 2s 再执行后面的操作。
Thread.sleep(2000);

lock.lock();
System.out.println("唤醒下一个线程");
conditionMonitor.signal();
//当前线程沉睡 2s，以证明锁释放前，真正的唤醒操作不会执行。
Thread.sleep(2000);
System.out.println("唤醒下一个线程");
conditionMonitor.signal();
lock.unlock();
```

执行结果如下所示：

```
唤醒下一个线程
线程 1 唤醒
唤醒下一个线程
唤醒下一个线程
线程 3 唤醒
线程 2 唤醒
```

从运行结果可以看出 signal()/notify() 和真实的唤醒的差异，signal()/notify() 执行后，线程并没有马上被唤醒，而是等到当前线程所在的 lock.unlock() 之后，才被唤醒。synchronized 和 ReentrantLock 在这方面是完全一致的。由此，可以得出结论，ReentrantLock 可以替代 synchronized 的功能。

（2）ReentrantLock 更灵活

ReentrantLock 的灵活性体现在以下几个方面：

1）ReentrantLock 可以指定公平锁或非公平锁，而 synchronized 限制为非公平锁。

参见 ReentrantLock 的构造函数：

```
public ReentrantLock()
{
    sync = new NonfairSync();
}
public ReentrantLock(boolean fair)
{
    sync = fair ? new FairSync() : new NonfairSync();
}
```

可以看出，ReentranLock 默认使用非公平锁 NonFairSync，也可以通过指定 boolean 参数来选择 FairSync。

2）ReentrantLock 的条件监视器较之 synchronized 更加方便灵活。

这体现在条件监视器 java.util.concurrent.Condition 的 API 上，它提供了可以指定多种时间单位 await 方式。

同时，ReentrantLock 要求必须使用 Condition 作为监视器，而 synchronized 可以使用任意 Object 作为监视器。从语义上来看，ReentrantLock 更加严谨和安全。

在具体的功能上，Condition 和 Object Monitor 相比还有其他几个优势，如表 6-2 所示。

表 6-2　Object Monitor 与 Condition 的比较

功　　能	Object Monitor	Condition
等待队列个数	仅有一个	支持多个队列
释放锁进入 wait 状态	必须响应中断	可以不响应中断
释放锁进入 wait timeout 状态	必须响应中断	可以不响应中断

引申：请比较 synchronized 和 ReentrantLock 的优劣

答案：ReentrantLock 获得锁和释放锁的操作更加灵活，且具备独立的条件监视器，等待和唤醒线程的操作也更方便和多样化，在多线程环境下，ReentrantLock 的执行效率比

synchronized 高。

但是，synchronized 的存在还是有意义的，程序不仅仅是执行更快和操作更灵活就会更优秀，还要考虑到维护成本，synchronized 具有完备的语义，一个获得锁的操作就一定会对应一个释放锁的操作，否则会有编译期异常出现。对于多线程学习的新人来说，这种方式更加友好，且不易出错。

6.2.4　ReentrantLock 的条件监视器

Condition，即条件，这个类在 AQS 里起到的是监视器（monitor）的作用，监视器是用于监控一段同步的代码块，可以用于线程的阻塞和解除阻塞。

每当条件监视器（Condition）增加一个等待线程的时候，该线程也会进入一个条件等待队列，下次 signal 方法调用的时候，会从队列里获取结点，挨个唤醒。

Condition 主要的几个核心的方法如表 6-3 所示。

表 6-3　Condition 的核心方法

await()	当前线程进入等待状态，直到响应通知（SIGNAL）或者中断（Interrupt）
awaitUninterruptibly()	当前线程进入等待状态，直到响应通知（SIGNAL）
awaitNanos(long)	指定一个纳秒为单位的超时时长，当前线程进入等待状态，直到响应通知、中断或者超时，其返回值为剩余时间，小于 0 则超时
awaitUnitl(Date)	指定一个超时时刻，当前线程进入等待状态，直到响应通知、中断或者超时
signal/signalAll	对 condition 队列中的线程进行唤醒/唤醒全部

从这些方法可以看出，Condition 的方法主要分为两类：

① await：等效于 Object.wait。

② signal：等效于 Object.notify。

wait 和 notify 是 Object 提供的 navtie 方法，Condition 为了与 Object 的方法区分而另行命名的。

以 AQS 的 Condition 实现类 ConditionObject 为例，ConditionObject 维护了一个双向 waiter 队列，下面两个属性记录了它的首尾结点：

```
/** 条件队列头结点 */
private transient Node firstWaiter;
/** 条件队列尾结点 */
private transient Node lastWaiter;
```

Node 结点对象为一个双向链表结点，其数据域为线程的引用。

下面将重点介绍 await 和 signal 方法的实现原理。

（1）await 方法的实现

await 方法实现源码如下所示：

```
public final void await() throws InterruptedException
{
```

```
// 如果当前线程是中断态，那么抛出中断异常
if (Thread.interrupted())
    throw new InterruptedException();
// 把当前线程添加到 watier 队列尾
Node node = addConditionWaiter();
// 释放当前结点拥有的锁，因为后面还要添加锁，不释放会造成死锁
long savedState = fullyRelease(node);
int interruptMode = 0;
while (!isOnSyncQueue(node))
{
    LockSupport.park(this);
    if ((interruptMode = checkInterruptWhileWaiting(node)) != 0)
        break;
}
if (acquireQueued(node, savedState) && interruptMode != THROW_IE)
    interruptMode = REINTERRUPT;
if (node.nextWaiter != null) // clean up if cancelled
    unlinkCancelledWaiters();
if (interruptMode != 0)
    reportInterruptAfterWait(interruptMode);
}
```

为了更容易地理解这个方法的实现原理，图 6-11 给出了这个方法的执行流程图。

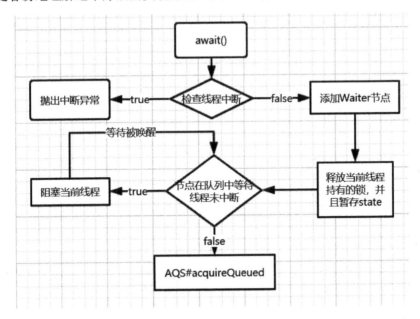

图 6-11　await 方法执行流程图

需要注意的是，阻塞当前线程使用的方法为 LockSupport.park()，如果需要唤醒，那么需要由 signal()方法来调用 LockSupport.unpark(Thread)。

（2）signal 方法的实现

signal 方法用于唤醒 Condition 等待队列中的下一个等待结点，其源码如下所示：

```java
public final void signal()
{
    //只有独占模式才能使用 signal，否则抛出异常
    if (!isHeldExclusively())
        throw new IllegalMonitorStateException();
    Node first = firstWaiter;
    if (first != null)
        doSignal(first);
}

private void doSignal(Node first)
{
    //从等待队列中移除结点，并尝试唤醒结点
    do {
        if ( (firstWaiter = first.nextWaiter) == null)
            lastWaiter = null;
        first.nextWaiter = null;
    }
    while (!transferForSignal(first) && (first = firstWaiter) != null);
}

final boolean transferForSignal(Node node)
{
    /*
     * 如果设置 waitStatus 失败，那么说明结点在 signal 之前被取消了，此时返回 false
     */
    if (!compareAndSetWaitStatus(node, Node.CONDITION, 0))
        return false;

    /*
     * 这个队列放到 sync 队列的尾部
     */
    Node p = enq(node);
    // 获取入队结点的前驱结点的状态
    int ws = p.waitStatus;
    /*
     *如果前驱结点取消了，那么可以直接唤醒当前结点的线程
     *如果前驱结点没有取消，那么设置当前结点为 SIGNAL，而不唤醒这个线程
     */
    if (ws > 0 || !compareAndSetWaitStatus(p, ws, Node.SIGNAL))
        LockSupport.unpark(node.thread);
    return true;
}
```

signal 方法的实现较为简单，其执行流程如图 6-12 所示。

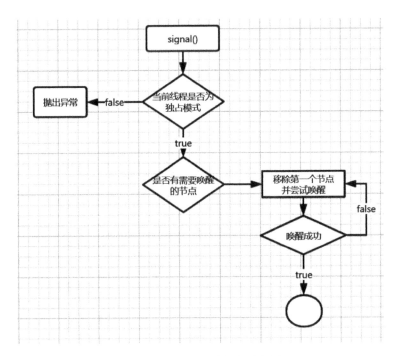

图 6-12　signal 方法执行流程图

6.3　BlockingQueue

在多线程环境中，经常会用到"生产者-消费者"模式，负责生产的线程要把数据交给负责消费的线程，那么，自然需要一个数据共享容器，由生产者存入，消费者取出。这个容器就像是一个仓库，生产出来的货物堆积在里面，需要消费的时候再搬运出来，这个时候，就需要队列（Queue）来实现该仓库，一般而言，该队列有两种存取方式：

① 先进先出（First In First Out，FIFO）：先插入的元素先取出，也就是按顺序排队。

② 后进先出（Last In First Out，LIFO）：后插入的元素先取出，这是个栈结构（Stack），强调的是优先处理最新的物件。

设想这样一个问题，如果生产的线程太积极，消费线程来不及处理，仓库满了，又或者消费线程太迅速，生产线程产能跟不上消费，那么要如何处理？

这就是**生产者-消费者模型**（Producer-Consumer）所解决的问题了。这个模型又称为有界缓存模型，它主要包括了三个基本部分：

① 产品仓库，用于存放产品。

② 生产者，生产出来的产品存入仓库。

③ 消费者，消费仓库里的产品。

其特性在于：仓库里没有产品的时候，消费者没法继续消费产品，只能等待新的产品产生；当仓库装满之后，生产者没有办法存放产品，只能等待消费者消耗掉产品之后，才能继续存放。

该特性应用在多线程环境中，可以表达为：**生产者线程在仓库装满之后会被阻塞，消费**

者线程则是在仓库清空后阻塞。

在 Java Concurrent 包发布之前，该模型需要程序员自己维护阻塞队列，自己实现的队列但往往会在性能和安全性上有所缺陷，Java Concurrent 包提供了 BlockingQueue 接口及其实现类来实现生产者-消费者模型。

java.util.concurrent.BlockingQueue，是一个阻塞队列接口。当 BlockingQueue 操作无法立即响应时，有四种处理方式：

① 抛出异常。

② 返回特定的值，根据操作不同，可能是 null 或者 false 中的一个。

③ 无限期的阻塞当前线程，直到操作可以成功为止。

④ 根据阻塞超时设置来进行阻塞。

BlockingQueue 的核心方法和未响应处理方式的对应形式如表 6-4 所示。

表 6-4　BlockingQueue 的核心方法

	抛出异常	返回特定值	无限阻塞	超　　时
插入	add(e)	offer(e)	put(e)	offer(e, time, unit)
移除	remove()	poll()	take()	poll(time, unit)
查询	element()	peek()		

BlockingQueue 有很多实现类，图 6-13 给出了部分常用的实现类。

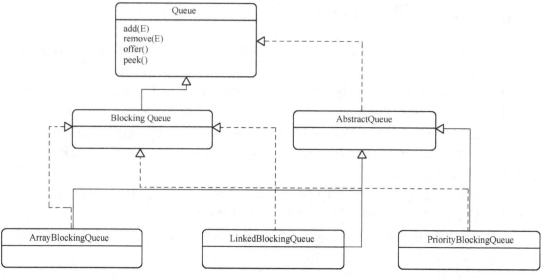

图 6-13　Queue 类图

多数实现类直接沿用了抽象类 AbstractQueue 的实现，以满足其集合类 Queue 的特性，下面重点介绍抽象类常用的几个方法。

① add(E)方法用于入队，入队失败则抛出队列已满异常，反之返回 true：

```
public boolean add(E e)
{
```

```
//调用 offer 实现 add，如果插入失败，那么直接抛出队列已满异常
if (offer(e))
        return true;
    else
        throw new IllegalStateException("Queue full");
}
```

② remove()方法用于移除队头元素：

```
public E remove()
{
    E x = poll();
    if (x != null)
        return x;
    else
        throw new NoSuchElementException();
}
```

③ element()方法用于查看队头元素：

```
public E element()
{
    E x = peek();
    if (x != null)
        return x;
    else
        throw new NoSuchElementException();
}
```

可以注意到，这三个方法的具体实现，是交由 offer\poll\peek 三个方法来负责，在 BlockingQueue 的各个实现类中，通过重写这几个方法来达到多线程安全的目的。

6.3.1 ArrayBlockingQueue

ArrayBlockingQueue 是基于数组实现的有界 BlockingQueue，该队列满足先入先出（FIFO）的特性。它是一个典型的"有界缓存"，由一个固定大小的数组保存元素，一旦创建好以后，容量就不能改变了。

队满时，存数据的操作会被阻塞；队空时，取数据的操作会被阻塞。

除了数组以外，它还维护了两个 int 变量，分别对应队头和队尾的下标，队头存放的是入队最早的元素，而队尾则是入队最晚的元素。

下面将通过源码分析来介绍 ArrayBlockingQueue 的实现原理。

（1）成员变量

ArrayBlockingQueue 的主要成员变量如下所示：

```
/** 队列元素存储数组 */
final Object[] items;
/** 队头下标，下一次 take\poll\peek\remove 方法执行位置的下标 */
int takeIndex;
/** 队尾下标，下一次 put\offer\add 方法执行位置的下标 */
```

```
    int putIndex;
    /** 队列元素数量 */
    int count;
    /** 访问锁 */
    final ReentrantLock lock;
    /** 阻塞取值类型方法(take\poll\peek\remove)的控制条件 */
    private final Condition notEmpty;
    /** 阻塞存值类型方法(put\offer\add)的控制条件 */
    private final Condition notFull;
```

（2）add\offer\put 三种方法对比

ArrayBlockingQueue 提供的这三种方法，都用于插入数据。

1）add（E）的实现体在 AbstractQueue 中，通过调用 offer（E）作为实现，如果 offer（E）返回 false，那么抛出异常。

2）offer（E）方法用于入队，入队失败则返回 false，反之返回 true，实现源码如下所示：

```
public boolean offer(E e)
{
    checkNotNull(e);
    final ReentrantLock lock = this.lock;
    lock.lock();
    try
    {
        //该等式用于判断队列是否已满，满队时返回 false
        if (count == items.length)
            return false;
        else
        {
            enqueue(e);
            return true;
        }
    }
    finally
    {
        lock.unlock();
    }
}
```

3）offer（E，long，TimeUnit）方法会通过反复入队来保证 offer 成功，除非线程中断。实现源码如下所示：

```
public boolean offer(E e, long timeout, TimeUnit unit) throws InterruptedException
{
    checkNotNull(e);
    long nanos = unit.toNanos(timeout);
    final ReentrantLock lock = this.lock;
    lock.lockInterruptibly();
    try
    {
        //尝试入队，如果入队失败，那么阻塞当前线程指定的时长之后，再次尝试
```

```
            while (count == items.length)
            {
                if (nanos <= 0)
                    return false;
                nanos = notFull.awaitNanos(nanos);
            }
            enqueue(e);
            return true;
        }
    finally {
        lock.unlock();
        }
    }
```

offer(E e, long timeout , TimeUnit unit)方法和 offer(E e)方法并没有太多相似，反而更类似于 put(E e)，唯一不同的是，该方法多出了一个阻塞时长，notFull 只会阻塞这个时长，然后再次尝试入队。

4）put(E)方法用于入队，队满则等待 notFull 被唤醒，或者发起了中断。实现源码如下所示：

```
public void put(E e) throws InterruptedException
{
    checkNotNull(e);
    final ReentrantLock lock = this.lock;
    //在当前线程未中断的情况下获取锁
    lock.lockInterruptibly();
    try
    {
        //队列已满时，阻塞当前线程，直到可以插入值
        while (count == items.length)
            notFull.await();
        enqueue(e);
    }
    finally
    {
        lock.unlock();
    }
}
```

通过对源码的分析可以得出以下结论：

- 这三个方法使用了重入锁，都是线程安全的。
- offer 方法只会尝试入队一次，入队失败则返回 false。
- add 方法入队失败则抛出异常。
- put 方法在未中断的情况下，会一直尝试入队，如果被中断则抛出中断异常，那么需要由使用者自行处理。notFull 对象监视器会在出队时唤醒。

（3）enqueue(E x)方法

该方法执行了真正的入队，前面介绍的方法最终都是通过调用这个方法实现，如队列的

操作。其实现源码如下所示：

```
private void enqueue(E x)
{
    final Object[] items = this.items;
    items[putIndex] = x;
    //putIndex 达到数组上限的时候，归零，这说明这是个循环队列
    if (++putIndex == items.length)
        putIndex = 0;
    count++;
    notEmpty.signal();
}
```

源码实现很简单，主要思路为把 x 添加到队尾，然后唤醒 notEmpty 对象监视器。

add\offer\put 方法都会调用 enqueue 方法。而唤醒 notEmtpy 对象监视器的作用在于，通知可被 notEmtpy 阻塞的取值方法（poll 或者 take），以中断阻塞。

（4）remove/poll/take 三种方法对比

remove(Object o)方法用于移除指定元素，其他两个方法则用来从队列中取数据，下面将分别介绍它们的实现原理。

1）remove 方法的实现源码如下所示：

```
public boolean remove(Object o)
{
    if (o == null) return false;
    final Object[] items = this.items;
    final ReentrantLock lock = this.lock;
    lock.lock();
    try
    {
        if (count > 0)
        {
            final int putIndex = this.putIndex;
            int i = takeIndex;
            do
            {
                //循环比较对象是否一致，取得对应下标
                if (o.equals(items[i])) {
                    //移除指定下标位置的对象
                    removeAt(i);
                    return true;
                }
                if (++i == items.length)
                    i = 0;
            } while (i != putIndex);
        }
        return false;
    }
    finally
    {
```

```
                lock.unlock();
            }
        }
```

removeAt(int)方法的逻辑并不复杂，实现思路如下所示：

① 如果需要被移除的 index 处于队尾，那么直接移除队尾元素，不移动其他元素。

② 反之，则移除指定 index 后，把所有元素前移一位。

③ 唤醒 notFull 对象监视器。

2）take 方法用于取出队头元素，如果队列为空，那么它会等待 notEmpty 被唤醒，或者发起中断。其实现源码如下所示：

```
public E take() throws InterruptedException
{
    final ReentrantLock lock = this.lock;
    lock.lockInterruptibly();
    try
    {
        //容器没有数据时，使用 notEmpty 对象监视器阻塞当前线程
        while (count == 0)
            notEmpty.await();
        return dequeue();
    }
    finally
    {
        lock.unlock();
    }
}
```

3）poll()方法用于取出队头元素，如果队列为空，那么返回 null：

```
public E poll()
{
    final ReentrantLock lock = this.lock;
    lock.lock();
    try
    {
        //容器没有数据时，返回 null
        return (count == 0) ? null : dequeue();
    }
    finally
    {
        lock.unlock();
    }
}
```

通过上面的讲解可以发现这些方法有下面的一些特点：

● remove、poll、take 方法都是线程安全的。

● remove 方法可以移除任意对象，需要遍历比对对象来确定下标位置，并且可能需要移动大量数据的位置，效率较低。

- removeAt 方法可以移除指定下标的元素，比之 remove 少了比对过程，但它也可能需要移动大量数据位置，效率稍微好一点。
- poll 和 take 只能移除队头元素，效率极高。

（5）dequeue 方法

从前面的讲解可以发现 poll 和 take 方法都是通过调用 dequeue 来实现出队列的功能。这里重点介绍 dequeue 方法的实现，如下所示：

```
private E dequeue()
{
    final Object[] items = this.items;
    @SuppressWarnings("unchecked")
    E x = (E) items[takeIndex];
    items[takeIndex] = null;
    if (++takeIndex == items.length)
        takeIndex = 0;
    count--;
    if (itrs != null)
        itrs.elementDequeued();
    notFull.signal();
    return x;
}
```

它的逻辑很简单：

1）移除容器里的指定对象。

2）迭代器执行 elementDequeued（用来保证一致性）。

3）唤醒 notFull 对象监视器。

notFull 对象监视器用于阻塞 offer 和 put 方法，这个唤醒步骤用于通知"有元素被移除，可以执行入队操作"。

（6）peek

peek()方法用于查看队头元素，其实现源码如下所示：

```
public E peek()
{
    final ReentrantLock lock = this.lock;
    lock.lock();
    try
    {
        return itemAt(takeIndex); // null when queue is empty
    }
    finally
    {
        lock.unlock();
    }
}
```

通过对 ArrayBlockingQueue 源码的解析，可以得出以下结论：

- ArrayBlockingQueue 是使用数组进行存储的。

- enqueue() 和 dequeue() 方法是入队和出队的核心方法，它们分别通知"队列非空"和"队列非满"，从而使阻塞中的入队和出队方法能继续执行，以实现生产者消费者模式。
- 插入只能从队尾开始，移除可以是任意位置，但是移除队头以外的元素效率很低。
- ArrayBlockingQueue 是个循环队列。

6.3.2　LinkedBlockingQueue

链表阻塞队列，从命名可以看出它是基于链表实现的。同样这也是个先入先出队列（FIFO），队头是队列里入队时间最长的元素，队尾则是入队时间最短的。理论上它的吞吐量要超出数组阻塞队列 ArrayBlockingQueue。LinkedBlockQueue 可以指定容量限制，在没有指定的情况下，默认为 Integer.MAX_VALUE。下面介绍它的具体实现。

（1）成员变量

```
/* 最大容量 */
private final int capacity;
/* 当前队列长度 */
private final AtomicInteger count = new AtomicInteger();
/* 头结点，用于标识队列头，其 item 永远为 null，head.next 为第一个入队结点 */
transient Node<E> head;
/* 尾结点 */
private transient Node<E> last;
/* 取值锁 ，用于 take、poll 等方法*/
private final ReentrantLock takeLock = new ReentrantLock();
/* 表示"队列非空"的对象监视器 */
private final Condition notEmpty = takeLock.newCondition();
/* 存值锁，用于 put、offer 等方法 */
private final ReentrantLock putLock = new ReentrantLock();
/* 表示"队列非满"的对象监视器 */
private final Condition notFull = putLock.newCondition();
```

与 ArrayBlockingQueue 相比，LinkedBlockingQueue 的重入锁被分成了两份，分别对应存值和取值。这种实现方法被称为双锁队列算法，这样做的好处在于，读写操作的 lock 操作是由两个锁来控制的，互不干涉，因此可以同时进行读操作和写操作，这也是 LinkedBlockingQueue 吞吐量超过 ArrayBlockingQueue 的原因。但是，使用两个锁要比一个锁复杂很多，需要考虑各种死锁的状况。

在后面章节对方法的源码解析中，将会具体讲解 LinkedBlockingQueue 是如何处理两个锁的。

（2）signalNotEmpty()和 signalNotFull()方法

notEmpty/notFull 分别对应非空和非满锁的条件监视器。

signalNotEmpty()/signalNotFull()方法分别负责唤醒对应的入队/出队线程。它们的实现很简单：

```
private void signalNotEmpty()
{
    final ReentrantLock takeLock = this.takeLock;
    takeLock.lock();
```

```
        try
        {
            notEmpty.signal();
        }
        finally
        {
            takeLock.unlock();
        }
    }
    private void signalNotFull()
    {
        final ReentrantLock putLock = this.putLock;
        putLock.lock();
        try
        {
            notFull.signal();
        }
        finally
        {
            putLock.unlock();
        }
    }
```

LinkedBlockingQueue 使用双锁算法来实现的，在需要唤醒重入锁的时候，重入锁与监视器可能不是对应的。以 put(E)方法为例，存值方法在执行完成后，如果队列内有值存在，那么需要对 notEmpty 进行唤醒，但是 put(E)方法明显是使用 putLock 进行加锁的，而 notEmtpy 则是用来监视 takeLock，所以需要封装 signal 方法，以方便调用。

（3）add/put/offer 方法

LinkedBlockingQueue 提供这三种方法用于存值。下面将分别介绍它们的实现原理。

1）LinkedBlockingQueue 并未实现 add(E)方法，该方法由父类 AbstractQueue 实现。父类的 add(E)方法直接调用了 offer(E)方法（该方法由子类实现），并在 offer(E)方法插值失败返回 false 时，抛出"Queue full"异常，表示队列已满。

2）put 方法为入队方法，如果队列已满，那么阻塞当前线程，直到 notFull 被唤醒，实现源码如下所示：

```
public void put(E e) throws InterruptedException
{
    if (e == null) throw new NullPointerException();

    int c = -1;
    Node<E> node = new Node<E>(e);
    final ReentrantLock putLock = this.putLock;
    final AtomicInteger count = this.count;
    putLock.lockInterruptibly();
    try
    {
        /*
         * 队列已满的情况下，阻塞当前线程
```

```
                    */
            while (count.get()== capacity)
            {
                notFull.await();
            }
            enqueue(node);

            // getAndIncrement 相当于 count++
            c = count.getAndIncrement();
            //c+1 小于容量，说明可以通知等待队列非满状态的对象监视器
            if (c + 1 < capacity)
                notFull.signal();
        }
        finally
        {
            putLock.unlock();
        }
        //c == 0 意味着最新的 count 是由 0 变化为 1，需要通知等待队列非空状态的线程
        if (c == 0)
            signalNotEmpty();
    }
```

3）offer 方法，尝试入队一次，如果失败，那么返回 false，实现源码如下所示：

```
    public boolean offer(E e)
    {
        if (e == null) throw new NullPointerException();
        final AtomicInteger count = this.count;
        if (count.get()== capacity)
            return false;
        int c = -1;
        Node<E> node = new Node<E>(e);
        final ReentrantLock putLock = this.putLock;
        putLock.lock();
        try
        {
            if (count.get() < capacity)
            {
                enqueue(node);
                c = count.getAndIncrement();
                if (c + 1 < capacity)
                    notFull.signal();
            }
        }
        finally
        {
            putLock.unlock();
        }
        if (c == 0)
            signalNotEmpty();
        return c >= 0;
    }
```

155

offer(E)和 put(E)唯一的区别在于 offer 会判断 count 是否达到容量，也就是说判断队列是否已满，队满之后将不执行入队操作，返回 false。

4）offer(E,long,TimeUnit)加了超时限制的入队方法

```
public boolean offer(E e, long timeout, TimeUnit unit) throws InterruptedException
{

    if (e == null) throw new NullPointerException();
    long nanos = unit.toNanos(timeout);
    int c = -1;
    final ReentrantLock putLock = this.putLock;
    final AtomicInteger count = this.count;
    putLock.lockInterruptibly();
    try
    {
        while (count.get()== capacity)
        {
            if (nanos <= 0)
                return false;
            nanos = notFull.awaitNanos(nanos);
        }
        enqueue(new Node<E>(e));
        c = count.getAndIncrement();
        if (c + 1 < capacity)
            notFull.signal();
    }
    finally
    {
        putLock.unlock();
    }
    if (c == 0)
        signalNotEmpty();
    return true;
}
```

从源码可以看出，offer(E,long,TimeUnit)与 put(E)更加类似，会不停地尝试入队，区别在于使用了 awaitNanos(long)方法，提供一个带超时的阻塞。

（4）remove\take\poll 方法

1）remove(Object)用于移除指定对象，实现源码如下所示：

```
public boolean remove(Object o)
{
    if (o == null) return false;
    fullyLock();
    try
    {
        for (Node<E> trail = head, p = trail.next; p != null; trail = p, p = p.next)
        {
            if (o.equals(p.item))
```

```
                {
                    unlink(p, trail);
                    return true;
                }
            }
            return false;
        }
        finally
        {
            fullyUnlock();
        }
    }
    void fullyLock()
    {
        putLock.lock();
        takeLock.lock();
    }
    void fullyUnlock()
    {
        takeLock.unlock();
        putLock.unlock();
    }
```

　　fullyLock 和 fullyUnlock 方法会对 putLock 和 takeLock 统一上锁或者解锁，这是因为 LinkedBlockingQueue 是一个双向链表，remove 可能会同时影响到入队和出队操作。

　　移除指定结点的原理是队头开始遍历，通过 equals 来确定是否一致。

　　2）take()方法会不停地尝试从队头出队，实现源码如下所示：

```
public E take() throws InterruptedException
{
    E x;
    int c = -1;
    final AtomicInteger count = this.count;
    final ReentrantLock takeLock = this.takeLock;
    takeLock.lockInterruptibly();
    try
    {
        /* 队列已空的情况下，阻塞当前线程 */
        while (count.get()==0)
        {
            notEmpty.await();
        }
        x = dequeue();
        /* getAndDecrement 等价于 c-- */
        c = count.getAndDecrement();
        //c > 1 说明队列非空，需要唤醒等待 notEmpty 的线程
        if (c > 1)
            notEmpty.signal();
    }
    finally
```

```
    {
        takeLock.unlock();
    }
    /* c == capacity 意味着刚刚从队满状态脱离，需要唤醒等待着 notFull 状态的线程 */
    if (c == capacity)
        signalNotFull();
    return x;
}
```

3）poll()方法用于从队尾出队，与 take()的区别在于它只会尝试一次，失败返回 null：

```
public E poll()
{
    final AtomicInteger count = this.count;
    if (count.get()== 0)
        return null;
    E x = null;
    int c = -1;
    final ReentrantLock takeLock = this.takeLock;
    takeLock.lock();
    try
    {
        /* 队列不为空的情况下才会取值 */
        if (count.get() > 0)
        {
            x = dequeue();
            c = count.getAndDecrement();
            /* 队列部位空的情况下，唤醒 notEmtpy */
            if (c > 1)
                notEmpty.signal();
        }
    }
    finally
    {
        takeLock.unlock();
    }
    if (c == capacity)
        signalNotFull();
    return x;
}
```

4）poll（long，TimeUnit），有超时的 poll 方法，会不停地请求出队：

```
public E poll(long timeout, TimeUnit unit) throws InterruptedException
{
    E x = null;
    int c = -1;
    long nanos = unit.toNanos(timeout);
    final AtomicInteger count = this.count;
    final ReentrantLock takeLock = this.takeLock;
    takeLock.lockInterruptibly();
```

```
            try
            {
                while (count.get()== 0)
                {
                    if (nanos <= 0)
                        return null;
                    nanos = notEmpty.awaitNanos(nanos);
                }
                x = dequeue();
                c = count.getAndDecrement();
                if (c > 1)
                    notEmpty.signal();
            }
            finally
            {
                takeLock.unlock();
            }
            if (c == capacity)
                signalNotFull();
            return x;
        }
```

Poll（long,TimeUnit）的实现和 take()基本一致，不同之处在于 notEmtpy 对象监视器的 await 方法换成了带超时的 awaitNanos 方法，这将使 poll(long,TimeUnit)阻塞给定的时间，直到出队成功或者抛出中断异常。

与 ArrayBlockingQueue 相比，LinkedBlockingQueue 的实现更加复杂。但深究其实现，主要遵循了下面两个原则：

① 入队后，如果队列未满，那么唤醒下一个入队线程，如果队列原本是空队列，那么唤醒出队线程。

② 出队后，如果队列未空，那么唤醒下一个出队线程，如果队列原本是满队列，那么唤醒入队线程。

6.3.3　PriorityBlockingQueue

优先级阻塞队列 PriorityBlockQueue 不是 FIFO（先入先出）队列，它要求使用者提供一个 Comparetor 比较器，或者队列内部元素实现 Comparable 接口，队头元素会是整个队列里的最小元素。

PriorityBlockQueue 的优先级特性的实现方式和 PriorityQueue 的实现一致，这部分内容在前面的章节中已经有了详细的讲解，这里不再完整表述，只在必要时加以说明。

PriorityBlockQueue 是用数组实现的最小堆结构，利用的原理是：**在数组实现的完全二叉树中，根结点的下标为子结点下标除以 2**。

PriorityBlockQueue 是不定长的，会随着数据的增长会逐步扩容，其最大容量为 Integer. MAX_VALUE - 8。如果容量超出这个值，那么会产生 OutOfMemoryError。

下面将会从源码出发来解析它的底层实现原理。

（1）成员变量

```
/* 数据容器 */
private transient Object[] queue;
/*队列里的元素数量（因为队列尾端还有空结点，所以 queue 数组长度不代表数量） */
private transient int size;
/* 比较器，如果没有才会使用元素的作为 Comparable，那么在构造函数里初始化 */
private transient Comparator<? super E> comparator;
/* 所有公开操作的重入锁 */
private final ReentrantLock lock;
/*非空条件监视器，在队列为空时，阻塞当前队列（队列具备扩容功能，所以没有 notFull 锁）*/
private final Condition notEmpty;
/*用于重新分配 queue 大小的自旋锁，在后文里会详细解释它的作用。*/
private transient volatile int allocationSpinLock;
/* 一个辅助队列，仅用于序列化 */
private PriorityQueue<E> q;
```

（2）add/put/offer 方法

add 和 put 方法的实现最终都委托给了 offer，所以这里会重点讲解 offer 方法的实现。实现源码如下所示：

```
public boolean add(E e) {      return offer(e);    }
public void put(E e)       {       offer(e);    }

public boolean offer(E e)
{
    if (e == null)
        throw new NullPointerException();
    /* 对入队操作上锁 */
    final ReentrantLock lock = this.lock;
    lock.lock();
    int n, cap;
    Object[] array;
    /* 队列元素超长时，增加容量，该循环和 tryGrow 方法共同构成一个自旋锁 /
    while ((n = size) >= (cap = (array = queue).length))
        tryGrow(array, cap);
    try
    {
        /* 根据是否设置了 comparator 来确定比较方式 */
        Comparator<? super E> cmp = comparator;
        /* siftUp 是最小堆的上浮方法，对于插入队尾 n 的元素 e，确定它在最小堆里的位置 */
        if (cmp == null)
            siftUpComparable(n, e, array);
        else
            siftUpUsingComparator(n, e, array, cmp);
        size = n + 1;
        /* 在插入成功后，唤醒非空对象监视器阻塞的线程，以执行出队方法 */
        notEmpty.signal();
    }
    finally
```

```
    {
        lock.unlock();
    }
    return true;
}
```

通过 offer 的源码可以看出，它是线程安全的。在多线程环境中，lock 的使用可以保证重新分配容量的操作和入队上浮操作在同一个时间点，只有一个线程在执行。

siftUpComparable/shiftUpUsingComparator 这两个方法用于实现最小堆增加元素后的上浮操作，它们的实现和 **PriorityQueue** 完全一致，可以参考 **5.2** 节内容。

（3）**tryGrow** 方法

tryGrow 方法用于在 size 超出 queue 的长度时，尝试对数组进行扩容。实现源码如下所示：

```
private void tryGrow(Object[] array, int oldCap)
{
    lock.unlock(); /* 释放锁以方便更多的线程进入 */
    Object[] newArray = null;
    /* allocationSpinLock 为 1 时，会跳过该步骤，UNSAFE 的 CAS 操作保证了这个变更的原
子性 */
    if (allocationSpinLock==0 && UNSAFE.compareAndSwapInt(this, allocationSpinLockOffset, 0, 1))
    {
        try
        {
            /* 体积增长策略，如果旧容量小于 64，则容量翻倍再+2，反之则扩容 1/2 */
            int newCap = oldCap + ((oldCap < 64) ?3
                                    (oldCap + 2) : // grow faster if small
                                    (oldCap >> 1));
            /* 如果新容量超出最大容量，那么设置新容量为最大容量 */
            if (newCap - MAX_ARRAY_SIZE > 0)
            {
                //旧容量已经到极限时，无法增长，则抛出 OOM 错误
                int minCap = oldCap + 1;
                if (minCap < 0 || minCap > MAX_ARRAY_SIZE)
                    throw new OutOfMemoryError();
                newCap = MAX_ARRAY_SIZE;
            }
            //构建新的队列数组
            if (newCap > oldCap && queue == array)
                newArray = new Object[newCap];
        }
        finally
        {
            //重置自旋锁状态为 0
            allocationSpinLock = 0;
        }
    }
    // newArray==null 基本是因为 allacationSpinLock 为 1，说明其他线程正在扩容，让出时间片
    if (newArray == null)
        Thread.yield();
```

```
        // 重新上锁，保证 queue 的真正扩容阶段的线程安全
        lock.lock();
        if (newArray != null && queue == array)
        {
            queue = newArray;
            System.arraycopy(array, 0, newArray, 0, oldCap);
        }
    }
```

tryGrow 方法的实现较为复杂，为什么要使用如此复杂的方式呢？

原因是为了同时兼顾效率和安全性，在理解的时候需要注意如下几点：

1）最耗时的操作是 System.arraycopy 操作，而计算出新容量和分配一个新的空数组，耗时不多，所以，**扩容操作只应该在有必要的时候进行**。在扩容的时候，需要释放锁从而使 poll 之类的出队操作可以继续执行，假设有出队操作执行了，而导致 newCap <= oldCap，则 newArray 会始终为 null，不会执行扩容。

2）由于 PriorityBlockingQueue 的出队与入队方法公用一把锁，unlock 也可能会导致其他的入队线程继续执行，为了保证扩容操作的线程安全，所以，引入了 CAS+自旋锁来保证扩容计算只有单个线程来执行。

3）Thread.yield()方法，只会在自旋检测失败或者扩容失败情况下调用，既然扩容失败，如果不让出时间片，那么该线程会继续执行 tryGrow 外部的 while 循环，再进行一次检测，这明显是效率的损失，所以调用 yiled，**尽量让检测成功的线程去持有锁，当然，它不保证百分之百让出成功**。

4）queue != array 是个特殊情况，发生在 System.arraycopy 之前，是为了保证在扩容过程中，其他的线程持有的旧 queue 不会造成线程不安全。

（4）poll/take/peek 方法

这三个方法用于出队，也都是使用重入锁来保证线程安全的。其实现源码如下所示：

```
public E take() throws InterruptedException
{
    final ReentrantLock lock = this.lock;
    lock.lockInterruptibly();
    E result;
    try
    {
        // 多次请求出队，请求失败说明队列为 Empty，notEmpty 阻塞当前线程
        while ( (result = dequeue())== null)
            notEmpty.await();
    } finally {
        lock.unlock();
    }
    return result;
}

public E poll()
{
    final ReentrantLock lock = this.lock;
```

```
        lock.lock();
        try
        {
            // 执行一次出队，并返回出队结果
            return dequeue();
        } finally {
            lock.unlock();
        }
    }
public E poll(long timeout, TimeUnit unit) throws InterruptedException
{
        long nanos = unit.toNanos(timeout);
        final ReentrantLock lock = this.lock;
        lock.lockInterruptibly();
        E result;
        try {
            // 多次请求出队，timeout 和 timeUnit 参数决定了出队失败后的重试时长
            while ( (result = dequeue())== null && nanos > 0)
                nanos = notEmpty.awaitNanos(nanos);
        } finally {
            lock.unlock();
        }
        return result;
    }

public E peek()
{
        final ReentrantLock lock = this.lock;
        lock.lock();
        try
        {
            // 查看队头，最小堆构成的队列，队头始终为 0
            return (size == 0) ? null : (E) queue[0];
        } finally {
            lock.unlock();
        }
    }
```

（5）dequeue 方法

通过对出队的多个方法的解析，可以注意到，真正执行出队的方法是 dequeue。dequeue 在移除队头元素的同时，还需要维护最小堆的特性。其实现源码如下所示：

```
    private E dequeue()
    {
        int n = size - 1;
        if (n < 0)
            return null;
        else
        {
            Object[] array = queue;
```

```
// 获取队头元素 result
E result = (E) array[0];
// 获取队尾元素 x
E x = (E) array[n];
// 移除队尾元素
array[n] = null;
Comparator<? super E> cmp = comparator;
// siftDown 操作会把队尾元素默认为队头位置，并且使用沉降操作来维护最小堆
if (cmp == null)
    siftDownComparable(0, x, array, n);
else
    siftDownUsingComparator(0, x, array, n, cmp);
size = n;
return result;
    }
}
```

siftDownComparable/siftDownUsingComparator 这两个方法用于实现最小堆移除元素后的沉降操作，它们的实现和 **PriorityQueue** 完全一致，可以参考 **5.2** 节内容。

6.3.4 ConcurrentLinkedQueue

ConcurrentLinkedQueue 是一种非阻塞的线程安全队列，与阻塞队列 LinkedBlockingQueue 相对应。在之前的章节里有过介绍，LinkedBlockingQueue 使用两个 ReentrantLock 分别控制入队和出队以达到线程安全。

ConcurrentLinkedQueue 同样也是使用链表实现的 FIFO 队列，但不同的是，它没有使用任何锁的机制，而是用 CAS 来实现的线程安全。下面将重点介绍它的实现源码。

（1）成员变量

```
/**
 * 头结点，trainsient 表示该成员变量不会被序列化，volatile 表示该变量具备可见性和有序性
 *   head 永远不会为 null，它也不包含数据域
 *   head.next 是它本身，其他任何活动的结点通过 succ()方法，都能找到 head 结点
 */
private transient volatile Node<E> head;

/**
 * 可能的尾结点，该结点仅仅只是一个优化，在 O(1)的时间复杂度内查找尾结点
 * 最好还是使用 head.next 在 O(n)的时间复杂度内找到结点
 */
private transient volatile Node<E> tail;
```

head 和 tail 作为链表的首尾结点存在，说明 ConcurrentLinkedQueue 使用双向链表实现的。该双向链表存储着全部的数据，但是 head 和 tail 都被 trainsient 修饰，不会被序列化，由此可以推断，ConcurrentLinkedQueue 应当实现了 wirteObject 和 readObject 序列化方法来完成序列化的工作。

```
private void writeObject(java.io.ObjectOutputStream s) throws java.io.IOException
{
```

```
            s.defaultWriteObject();
            // 从头遍历结点，写入流
            for (Node<E> p = first(); p != null; p = succ(p))
            {
                Object item = p.item;
                if (item != null)
                    s.writeObject(item);
            }
            // 写入 null 作为结束符
            s.writeObject(null);
        }

        private void readObject(java.io.ObjectInputStream s) throws java.io.IOException, ClassNotFound
Exception
        {
            s.defaultReadObject();

            // 读取元素直到读取到结束符 null
            Node<E> h = null, t = null;
            Object item;
            while ((item = s.readObject()) != null)
            {
                @SuppressWarnings("unchecked")
                Node<E> newNode = new Node<E>((E) item);
                if (h == null)
                    h = t = newNode;
                else
                {
                    t.lazySetNext(newNode);
                    t = newNode;
                }
            }
            if (h == null)
                h = t = new Node<E>(null);
            head = h;
            tail = t;
        }
```

（2）UNSAFE 和 CAS 在 ConcurrentLinkedQueue 里的应用

UNSAFE 是 Java 提供的一个不安全操作类，它可以通过直接操作内存来灵活地操作 Java 对象。下面的代码块里展示了 ConcurrentLinkedQueue 使用 UNSAFE 的准备工作。

```
        static
        {
            try
            {
                //获取 UNSAFE 对象，只有 jre 的类才能使用此种方式获取
                UNSAFE = sun.misc.Unsafe.getUnsafe();
                Class<?> k = ConcurrentLinkedQueue.class;
                //获取 head 字段在 ConcurrentLinkedQueue 类中的内存地址偏移量
```

```
            headOffset = UNSAFE.objectFieldOffset(k.getDeclaredField("head"));
            //获取 tail 字段在 ConcurrentLinkedQueue 类中的内存地址偏移量
            tailOffset = UNSAFE.objectFieldOffset(k.getDeclaredField("tail"));
        } catch (Exception e)
        {
            throw new Error(e);
        }
    }
```

下面的代码展示了内部类 ConcurrentLinkedQueue$Node 使用 UNSAFE 的准备工作。

```
    static
    {
        try
        {
            //获取 UNSAFE 对象，只有 jre 的类才能使用此种方式获取
            UNSAFE = sun.misc.Unsafe.getUnsafe();
            Class<?> k = Node.class;
            //获取 item 字段在 Node 类中的内存地址偏移量
            itemOffset = UNSAFE.objectFieldOffset(k.getDeclaredField("item"));
            //获取 next 字段在 Node 类中的内存地址偏移量
            nextOffset = UNSAFE.objectFieldOffset(k.getDeclaredField("next"));
        } catch (Exception e) {
            throw new Error(e);
        }
    }
```

通过对静态代码块的分析，可以看出，ConcurrentLinkedQueue 的 CAS 操作针对的是 head（头结点）和 tail（尾结点），其结点实现类的 CAS 操作则针对的是 next（下一个结点）和 item（数据域）。

CAS（Compare And Swap），原子化的比较并交换操作。下面给出几个封装好的 CAS 方法：

1）ConcurrentLinkedQueue 中的方法：

```
    /**
    * 比较并交换尾结点，判断 tail 和 cmp 是否一致，如果一致，那么设置 tail 为 val，返回 true
    * 如果不一致，那么返回 false
    */
    private boolean casTail(Node<E> cmp, Node<E> val)
    {
        return UNSAFE.compareAndSwapObject(this, tailOffset, cmp, val);
    }
    /**
    * 比较并交换头结点，判断 head 和 cmp 是否一致，如果一致，那么设置 head 为 val，返回 true
    * 如果不一致，那么返回 false
    */
    private boolean casHead(Node<E> cmp, Node<E> val)
    {
        return UNSAFE.compareAndSwapObject(this, headOffset, cmp, val);
    }
```

2）ConcurrentLinkedQueue$Node 中的方法：

```
/**
 * 比较并交换数据域，判断 item 和 cmp 是否一致，如果一致，那么设置 item 为 val，返回 true
 * 如果不一致，那么返回 false
 */
boolean casItem(E cmp, E val)
{
     return UNSAFE.compareAndSwapObject(this, itemOffset, cmp, val);
}
/**
 * 设置 next 为 val，UNSAFE.putOrderedObject 只对 volatile 修饰的字段有效
 */
void lazySetNext(Node<E> val)
 {
     UNSAFE.putOrderedObject(this, nextOffset, val);
}
/**
 * 比较并交换后继结点，判断 next 和 cmp 是否一致，如果一致，那么设置 next 为 val，返回 true
 * 如果不一致，那么返回 false
 */
boolean casNext(Node<E> cmp, Node<E> val)
{
     return UNSAFE.compareAndSwapObject(this, nextOffset, cmp, val);
}
```

（3）succ 方法

succ 用于保证取出 next 结点时的安全性，避免出现循环闭合。实现源码如下所示：

```
final Node<E> succ(Node<E> p)
{
    Node<E> next = p.next;
    return (p == next) ? head : next;
}
```

当 p == next 时，说明链表发生了闭合，需要从 head 重新开始。

（4）add/offer 方法

add 和 offer 是 ConcurrentLinkedQueue 提供的入队方法，add 方法调用的是 offer，所以本小节只讲解 offer 方法的实现：

```
public boolean offer(E e)
{
    checkNotNull(e);
    final Node<E> newNode = new Node<E>(e);

    for (Node<E> t = tail, p = t;;)
    {
        Node<E> q = p.next;
        if (q == null)
        {
```

```
                    /*
                     * p.next 为 null 说明 p 为最后一个结点,调用 casNext,如果 p 依然是最后一个结点,
                     *那么设置 newNode 为 p 的 next 结点，newNode 也就是新的尾结点
                     */
                    if (p.casNext(null, newNode))
                    {
                        // p 不为 tail 时，设置 tail 结点为 newNode
                        if (p != t)
                            casTail(t, newNode);
                        return true;
                    }
                }
                else if (p == q)
                    // p 等于 q 是个特殊情况，说明该链表发生了闭合，如果 t 依然还是 tail，那么需要
重新从 head 寻找尾结点
                    p = (t != (t = tail)) ? t : head;
                else
                    // 根据 p 结点的状态是否被其他线程改变，来决定 p 重新指向 tail 结点或 next 结点
                    p = (p != t && t != (t = tail)) ? t : q;
            }
        }
```

ConncurrentLinkedQueue 的同步非阻塞算法使用循环+CAS 来实现，这一类的源码阅读不能按照线性代码执行的思维去考虑，而是应该用类似于状态机的思路去理解。

只有把握以下原则，才能理解这种类型的编程思路：

1）在确认达到执行目的前，循环不会终止。

2）非线程安全的全局变量要用局部变量引用以保证初始状态。

3）由于全局变量可能被其他线程修改，在使用对应局部变量时，要验证是否合法。

4）最终赋值要用 CAS 方法以保证原子性，避免线程发生不期望的修改。

理解了上面的思路后，来具体分析 offer 方法的循环体的实现原理。

变量含义：

① p 结点的期望值为最后一个结点。

② newNode 是新结点，期望添加到 p 结点之后。

③ q 结点为 p 结点的后继结点，可能为 null，也可能因为多线程修改而不为空（指向新的结点）。

④ t 结点为代码执行开始时的 tail 结点（成员变量），也可能因为多线程修改了 tail 结点，从而和 tail 结点不一致。

执行目的：

① newNode 作为新结点，需要插入到最后一个结点的 next 位置，如果它成为了最后一个结点，那么把它设置为尾结点。

② 需要注意的是，多线程环境下，在多个插入同时进行时，不保证结点顺序与执行顺序的一致性，当然，这不影响执行成功。

状态解析：

① 该插入算法，是以 p 结点的状态判断为核心的。

② 当 p 结点的下一个结点为 null 时，说明没有后继结点，此时执行 p.casNext（null, newNode），如果失败，那么说明其他线程在之前的瞬间修改了 p.next，此时就需要从头开始再找一次尾结点；如果成功，则执行目的达到，循环体可以结束了。

③ 当 p 结点和 q 结点相等，这时链表因为发生了闭合(off)，这是一个特殊情况，产生的原因有多种，但本质上是因为保证效率导致的意外情况，tail 作为尾结点的引用可以在 O(1) 的时间复杂度内可以找到。但是，tail 是可变的，所以其 next 可能指向它自身（比如重新设置 casTail 代码可能还没执行）。所以，如果 t 不是 tail，那么使用 tail 重新计算，如果依然是 tail，那么需要重置 p 为 head，从头开始遍历链表，虽然复杂度为 O(n)，但是能保证以正确的方式找到队尾。

④ 如果以上情况都不满足，那么判断 p 是否还是队尾，不满足则设置为队尾，满足则 p 重新指向 p.next，这里可能会产生疑惑，队尾 tail 结点的 next 不应该是 null 吗？

其实 tail 只是一个优化算法，不代表真正的队尾，它有三种状态：

- 初始化时，它是 **head**。
- 奇数次插入时，它是队尾。
- 偶数次插入时，它是队尾的前一个结点。

由此可知，p == q 一定发生在 q!=null 的时候。

⑤ 这里需要特别注意下面代码：

```
if (p != t)
    casTail(t, newNode);
```

在 q==null 的时候，说明 p 应当为最后一个结点，如果 p!=t，那么说明 tail 并不是尾结点，而是尾结点的前驱结点，此时需要重新设置 tail 为 newNode，之后，tail 会指向真正的尾结点。正是这句代码导致了奇数次插入时 tail 是队尾，偶数次是，是队尾的前一个结点。

（5）poll/peek 方法

poll 用于取出队头结点，peek 用于查看队头结点。其实现源码如下所示：

```
public E poll()
{
    restartFromHead:
    for (;;)
    {
        for (Node<E> h = head, p = h, q;;)
        {
            E item = p.item;
            //p.item 不为 null，则说明 p 为头结点，此时尝试清空 p.item
            if (item != null && p.casItem(item, null))
            {
                /*
                 *p 应当被移除，但是 p 也可能是队尾结点，如果是队尾，那么设置 p 为队头，
                 *反之 p.next 为队头，不论哪种，都会有一个元素被移除
                 */
                if (p != h)
                    updateHead(h, ((q = p.next) != null) ? q : p);
                return item;
```

```
                    }
                    else if ((q = p.next) == null)
                    {
                        /*
                         * 如果 p.next 为 null，且 p.item==null，那么说明队列是空的，
                         * 此时更新 head 为 p（当然，head==p 时这句没有意义），然后返回 null，表
示队列为空
                         */
                        updateHead(h, p);
                        return null;
                    }
                    else if (p == q)
                        // p == q 则说明队列闭合， 这是 goto 语法，表示跳转到 restartFromHead 标记
处执行
                        continue restartFromHead;
                    else
                        // 移动 p 指向 next
                        p = q;
                }
            }
        }

        public E peek()
        {
            restartFromHead:
            for (;;)
            {
                for (Node<E> h = head, p = h, q;;)
                {
                    E item = p.item;
                    if (item != null || (q = p.next) == null)
                    {
                        // 如果 p.item 为 null 或者 p.next 为 null，那么说明 p 是头结点，或者队列为空
（此时 item 为 null）
                        updateHead(h, p);
                        return item;
                    }
                    else if (p == q)
                        //p == q 说明链表闭合，跳转回外部循环，重新执行
                        continue restartFromHead;
                    else
                        //p 指向自己的 next 位置
                        p = q;
                }
            }
        }
```

在理解 add/offer 方法后，poll 和 peek 方法就很容易理解了。

变量含义：

① p 结点为期望中的第一个结点。

② head 结点在代码执行完成后，为确定的头结点，但是由于它是个成员变量，可能由于多次 poll 操作，导致在某个瞬间不是第一个结点。

③ q 结点为 p 的下一个结点。

④ restartFromHead 是 goto 语法标记，用于跳转回外部循环。

执行目的：

通过多次循环，保证取出的是第一个结点，如果队列为空，那么返回 null。

状态解析：

① p.item !=null 说明 p 是第一个可用结点，可以取出，但是如果此时其他线程也调用了 offer 或者 add 方法，那么上述结论就不一定正确了，所以需要反复验证。

② p.next ==null 则说明 p 为最后一个结点，如果同时 p.item == null 也满足，那么说明队列为空，此时直接返回 null 即可，peek 和 poll 都取不到值。

③ p == q 说明队列发生了闭合，此时把 p 重置为 head，重新执行一遍。

（6）size 方法和 isEmpty

size 方法用于获取队列的长度，为什么要特别解析这个方法呢，因为该方法效率很低，实现源码如下所示：

```
public int size()
{
    int count = 0;
    for (Node<E> p = first(); p != null; p = succ(p))
        if (p.item != null)
            //通过遍历来统计 count
            if (++count == Integer.MAX_VALUE)
                break;
    return count;
}

public boolean isEmpty()
{
    return first()== null;
}
Node<E> first()
{
    restartFromHead:
    for (;;)
    {
        for (Node<E> h = head, p = h, q;;)
        {
            boolean hasItem = (p.item != null);
            //如果 p.item 不为 null，那么说明 p 为第一个有效结点，返回 p；如果 p.next 为 null，
那么说明队列为空，返回 null
            if (hasItem || (q = p.next) == null)
            {
                updateHead(h, p);
                return hasItem ? p : null;
            }
```

```
                    else if (p == q)
                        //发生闭合，重置 p 为 head
                            continue restartFromHead;
                    else
                        //p 指向 next 位置
                            p = q;
                }
            }
        }
```

通过上述代码可知 size 方法的最优时间复杂度是 O(n)，这是因为 offer 和 poll 方法没有维护队列的长度。

而 isEmtpy 的最差时间复杂度是 O(n)，最优是 O(1)。

所以如果需要迭代遍历 ConcurrentLinkedQueue，尽量不要使用 size()，而应该使用 isEmpty() 方法。比如：

```
//错误用法
for (queue.size()== 0)
{
    // 执行代码
}
//优化用法
while (queue.isEmpty())
{
    // 执行代码
}
```

6.3.5　DelayQueue

DelayQueue 是一种延迟队列，它所管理的对象必须实现 java.util.concurrent.Delayed 接口，该接口提供了一个 getDelay 方法，用于获取剩余的延迟时间，同时该接口继承自 Comparable，其 compareTo 的实现体一般用于比较延迟时间的大小。

DelayQueue 是阻塞的优先级队列。其线程安全由重入锁 ReentrantLock 实现，而优先级特性则完全由内部组合的 PriorityQueue 来提供。

PriorityQueue 内部的实现也使用的是"最小堆"，具体内容请参考 5.2 节。

（1）成员变量

```
//重入锁
private final transient ReentrantLock lock = new ReentrantLock();
//优先级队列，DelayQueue 的数据容器
private final PriorityQueue<E> q = new PriorityQueue<E>();
//正在执行 take 的线程，领头线程
private Thread leader = null;
//条件监视器，用于阻塞当前线程
private final Condition available = lock.newCondition();
```

（2）add/offer 方法

add(E)和 offer(E)都是入队方法，因为 add(E)把实现直接委托给了 offer(E)，所以这里重点

解析 offer(E)的实现，源码如下所示：

```
public boolean offer(E e)
{
    final ReentrantLock lock = this.lock;
    //上锁，保证代码块的线程安全
    lock.lock();
    try
    {
        //把数据放入队列中
        q.offer(e);
        // q.peek()== e 说明新入队的这个元素被排到的堆顶
        if (q.peek()== e)
        {
            // 如果有 poll/take 函数正在等待，那么唤醒之，并清空领头线程
            leader = null;
            available.signal();
        }
        return true;
    }
    finally
    {
        //释放锁
        lock.unlock();
    }
}
```

offer 方法的整体流程很清晰，通过利用 PriorityQueue 的 offer 方法，来达到等待时间越短的元素越靠近堆顶的目的。

但是，唤醒其他线程的操作让人疑惑了，q.peek()== e 有什么意义呢？

① 当堆为空的时候，如果之前有线程执行过 take()，那么线程会一直阻塞。新入队的元素 e 一定满足 q.peek()== e，此时需要唤醒正在等待的 leader 线程。

② 当堆不为空的时候，q.peek()== e 则说明堆内没有等待时间比 e 更短的元素，如果之前有其他线程执行过 take()，那么线程同样也会阻塞，并且期望取出元素 e，所以也许需要唤醒 leader 线程，使之重新获取堆顶元素。

③ 为什么唤醒的一定是 leader 线程呢？因为 leader 线程一定是最先调用到 await 的，所以也会被第一个唤醒。而 leader == null 这个判断在 take 方法里构成了一个自旋锁，只有满足该条件，才能重置 leader 为当前线程。

（3）poll/peek 方法

poll()和 peek()方法用于无阻塞地取出堆顶元素，其实现源码如下所示：

```
public E poll()
{
    final ReentrantLock lock = this.lock;
    lock.lock();
    try
    {
```

```
            E first = q.peek();
                //如果堆顶元素没有超时，那么返回 null
            if (first == null || first.getDelay(NANOSECONDS) > 0)
                    return null;
            else
                    return q.poll();
        } finally {
            lock.unlock();
        }
    }

    public E peek()
    {
        final ReentrantLock lock = this.lock;
        lock.lock();
        try
        {
            return q.peek();
        } finally {
            lock.unlock();
        }
    }
```

通过源码可以看出，peek 和 poll 的实现都是包装了 PriorityQueue，poll 稍稍有一些不同在于，如果首个元素没有超时，那么返回 null。

也就是说就算队列里有内容，poll 也不保证一定能获取到元素。

（4）take 方法

take 方法是有阻塞地获取堆顶元素，如果获取失败，那么它会不停地尝试，其实现源码如下所示：

```
    public E take() throws InterruptedException
    {
        final ReentrantLock lock = this.lock;
        lock.lockInterruptibly();
        try
        {
            //死循环以保证获取的尝试一定成功
            for (;;)
            {
                E first = q.peek();
                // 队列为空时阻塞当前线程
                if (first == null)
                    available.await();
                else
                {
                    // 验证是否超时，如果已经超时，那么直接返回堆顶元素
                    long delay = first.getDelay(NANOSECONDS);
                    if (delay <= 0)
                        return q.poll();
```

```
                    first = null;
                    // 如果已经存在了领头线程，那么需要等待领头线程完成操作
                if (leader != null)
                        available.await();
                else
                {
                    // 没有领头线程存在的时候，当前线程即为领头线程，等待剩余的超时时长
                        Thread thisThread = Thread.currentThread();
                        leader = thisThread;
                        try
                        {
                                available.awaitNanos(delay);
                        }
                        finally
                        {
                                // 如果当前线程是领头线程，那么认为任务完成，清空领头线程
                                if (leader == thisThread)
                                        leader = null;
                        }
                    }
                }
            }
        }
    finally
    {
        /*
        * leader==null 说明有下一个线程在等待，q.peek()!=null 说明队列内有数据
        * 通知下一个出队的线程执行
        */
        if (leader == null && q.peek() != null)
                available.signal();
        lock.unlock();
    }
}
```

通过对 take 方法的解析，可以发现，leader == null 这个判断，保证了该线程的出队方法一定会被第一个执行。

6.4　Executor 框架集

Executor 框架集对线程的调度进行了封装，它把任务的提交与执行进行了解耦，同时还提供了线程生命周期调度的所有方法，大大简化了线程调度和同步的门槛。这一节将重点介绍 Executor 的实现原理以及使用方法。

6.4.1　Executor 接口

java.util.concurrent.Executor 是一个接口，这个接口只定义了一个方法（execute）用于执行已经提交的 Runnable 任务。其源码如下所示：

```
public interface Executor {
    void execute(Runnable command);
}
```

java.lang.Runnable 通常用于封装一段可执行代码，从 Java 8 开始，它甚至可以被一段 lambda 表达式代替。

为什么要提供 Executor#execute 来调用 Runnable 呢？直接使用 Runnable#run 不能满足需求吗？

这是因为，Runnable 可以被认为是业务规定好的一段执行逻辑，但是它究竟要如何执行，在什么情况下执行，还未确定。Executor#execute 提供了很好的灵活性，比如：

```
class Before implements Executor
{
    @Override
    public void execute(Runnable command)
    {
        // 执行 runnable 前，做一些通用的事情
        doSamething();
        command.run();
    }
}

class After implements Executor {
    @Override
    public void execute(Runnable command)
    {
        // 执行 runnable 后，做一些通用的事情
        command.run();
        doSamething();
    }
}

class Async implements Executor
{
    @Override
    public void execute(Runnable command) {
        // 异步执行 runnable
        new Thread(command).start();
    }
}
```

利用这个接口的各种实现，可以实现类似于 JS 编程中的回调、链式调用等编码风格。

6.4.2　ExecutorService

java.util.concurrent.ExecutorService 接口继承自 Executor，作为一个 Service（服务），它提供了一系列对 Executor 的生命周期管理。

它提供了一系列的方法来生成和管理 Future，Future 则用于跟踪异步任务的处理流程。

ExecutorService 包含的方法如表 6-5 所示。

表 6-5　**ExecutorService 的方法**

方法	功　能
shutdown()	有序完成所有提交的任务，不再接受新的任务； 如果 ExecutorService 已经关闭，那么调用该方法不会起任何效果； 这个方法只是将线程池的状态设置为 SHUTDOWN 状态，同时会尝试执行完等待队列中剩下的任务
shutdownNow()	立刻尝试关闭所有正在执行的任务,停止等待中的任务的处理,返回等待任务任务列表； 这个方法将线程池的状态设置为 STOP，正在执行的任务则被停止，没被执行任务的则返回
isShutDown()	返回 true 说明已经关闭
isTerminated()	返回 true 说明执行关闭后，所有任务都已完成
awaitTermination(long,TimeUnit);	阻塞指定的时长，以在关闭后，等待所有任务完成
submit(Callable):Future	提交一个带返回值的任务（Callable)用于执行； 返回一个代表该任务未来结果的 Future 对象； Future 的 get 方法，在任务成功完成后会返回结果； 注意：submit 不会阻塞当前线程，但是 Future#get 会阻塞
submit(Runnable,T): Future	提交一个不需要返回值的任务(Runnable)并且返回 Future； 如果执行成功，那么 Future#get 会返回参数 T
submit(Runnable):Future	提交一个不需要返回值的任务(Runnable)并且返回 Future； 如果执行成功，那么 Future#get 会返回 null
invokeAll(Collection<Callable>):List<Future>	执行提供的任务集合，全部任务完成后返回 Future 列表； Future#isDone 为 true 时表示对应的任务完成
invokeAll(Collection<Callable>,long,TimeUnit):List<Future>	执行提供的任务集合，全部任务完成或超时后返回 Future 列表； Future#isDone 为 true 时表示对应的任务完成或超时
invokeAny(Collection<Callable>)	执行给定的任务集合，返回第一个执行完成的结果； 注意：该方法的处理过程中，集合不建议修改，否则返回结果会是 null
invokeAny(Collection<Callable>,long,TimeUnit)	执行给定的任务集合，直到有任意任务完成，或者超时。 注意：该方法的处理过程中，集合不建议修改，否则返回结果会是 null

ExecutorService 最常见的实现类是 ThreadPoolExecutor，也就是常说的线程池。下面将重点介绍这个类的实现方法。

6.4.3　ThreadPoolExecutor

java.util.concurrent.ThreadPoolExecutor 是 ExecutorService 的一个实现,也是最常见的线程池之一。线程池的意义在于它可以最大化地利用线程空闲时间以及节约系统资源。例如有一万个任务需要异步执行，一般的 CPU 并没有这么大的吞吐量，而线程创建的本身又要占用额外的内存。所以，利用线程池，如果有空闲的线程，那么执行任务，如果没有，那么等待执行中的线程空闲；同时，用户对线程最大数量的合理控制，能够取得执行时间和内存消耗的平衡。下面重点介绍 ExecutorService 类的内部实现。

（1）常量

//运行状态

177

```
private static final int RUNNING    = -1 << COUNT_BITS;
private static final int SHUTDOWN   =  0 << COUNT_BITS;
private static final int STOP       =  1 << COUNT_BITS;
private static final int TIDYING    =  2 << COUNT_BITS;
private static final int TERMINATED =  3 << COUNT_BITS;
```

这五个常量对应线程池的声明周期，它们的含义如下：

● RUNNING：运行中，可以接受新的任务，并且处理排队任务。

● SHUTDOWN：关闭，不再接受新任务，不过仍然会处理排队任务。

● STOP：停止，不再接受新任务，也不处理排队中的任务，同时中断处理中的任务。

● TIDYING：整理，当所有任务终止，workerCount 计数归零，线程会转换到 TIDYING 状态，并且将会执行 terminal() 的钩子方法（也就是 terminal 会在 TIDYING 状态后自动调用）。

● TERMINATED：终止，说明 terminal() 方法执行完成。

（2）成员变量

1）首先介绍一个很特殊的成员变量 ctl：

```
private final AtomicInteger ctl = new AtomicInteger(ctlOf(RUNNING, 0));
```

ctl 是 control 的缩写，代表控制器。AtomicInteger 是原子化的 Integer，它的原子化性质由 CAS 来保证的。ctl 的特殊性在于，它同时表达了多种含义：

① workerCount：Worker 计数，Worker 的存在表示有正在处理中的任务。

② runState：运行状态，对应 RUNING、SHUTDOWN、STOP、TIDYING、TERMINATED 五个状态。

workerCount 和 runState 可以通过下面的 static 方法来提供：

```
//通过 ctl 获取运行状态
private static int runStateOf(int c)     { return c & ~CAPACITY; }
//通过 ctl 获取 Worker 计数
private static int workerCountOf(int c)   { return c & CAPACITY; }
//通过 workerCount 和运行状态获取 control
private static int ctlOf(int rs, int wc) { return rs | wc; }
```

CAPACITY 的值为 (1 << COUNT_BITS) -1。

COUNT_BITS 的值为 Integer.SIZE-3。

runState 值的对应关系如表 6-6 所示。

表 6-6　runState 值的对照表

属　　性	十进制表达	二进制表达
RUNNING	-1 << 29	111000...00000
SHUTDOWN	0 << 29	000000...00000
STOP	1 << 29	001000...00000
TIDYING	2 << 29	010000...00000
TERMINATED	3 << 29	110000...00000

从上表可以看出，这五个状态值的特征都集中在前三位，而 CAPACITY 的值为 0001111... 1111，取反计算～CAPACITY 的值为 111000...00000。

所以 runStateOf 是用于取前 3 位的值，workerCountOf 是用于取后 29 位的值。

runState | workerCount 则是合并两者，这样就可以还原 ctl 值。

2）构造方法初始化时可以配置的成员变量：

```
/* 线程工厂，用于生成线程池中的工作线程   */
private volatile ThreadFactory threadFactory;
/* 工作线程超出 maximumPoolSize 时，被拒绝的任务的处理策略   */
private volatile RejectedExecutionHandler handler;
/* 决定线程多长时间没有接到任务后可以结束 */
private volatile long keepAliveTime;
/**
 * 线程池的基本大小，就算没有任务执行，线程池至少也要保持这个 size。
 * 不过如果 allowCoreThreadTimeOut 为 true，那么 corePoolSize 可能会为 0.
 */
private volatile int corePoolSize;
/* 线程池最大容量，线程数不能超过这个数量。   */
private volatile int maximumPoolSize;
/* 曾经同时运行过线程的最大数量 */
private int largestPoolSize;
```

3）其他重要的成员变量：

```
/* 队列中等待处理的工作线程 */
private final BlockingQueue<Runnable> workQueue;
/* 所有的工作线程，只有在持有 lock 时才会处理 */
private final HashSet<Worker> workers = new HashSet<Worker>();
```

（3）execute 方法

ExecutorService 的 submit 方法在 AbstractExecutorService 重写之后，最终都会委托给 execute 方法来处理。因此这里重点介绍 execute 方法的实现原理，execute 的实现主要有三个步骤：

1）如果当前执行的线程数小于 coolPoolSize(核心池容量)，那么会尝试启动一个新的线程来执行任务，这个过程会调用 addWorker 来检查运行状态和 Worker 数量，如果添加新的工作线程成功，那么直接返回。

2）如果添加工作线程失败，那么会尝试把任务放入到队列中。

3）如果任务不能加入队列，那么可能是线程池已经关闭或者装满了，此时拒绝任务。

其实现源码如下：

```
public void execute(Runnable command)
{
    //必须要有一个可执行的 command 参数
    if (command == null)
        throw new NullPointerException();

    int c = ctl.get();
```

```
//如果工作线程数低于核心池容量，那么尝试在核心池里添加工作线程
if (workerCountOf(c) < corePoolSize)
{
    if (addWorker(command, true))
        return;
    //添加工作线程失败，有多种可能性，更新线程池状态
    c = ctl.get();
}
//线程池还处于 RUNNING 状态，说明线程池中线程超出了 corePoolSize，需要让任务排队
if (isRunning(c) && workQueue.offer(command))
{
    int recheck = ctl.get();
    //二次检查线程池，线程池状态如果不是运行态，那么移除并拒绝任务
    if (! isRunning(recheck) && remove(command))
        reject(command);
    else if (workerCountOf(recheck) == 0)
        /*
         * 该分支用于工作线程数为 0 的时候，从队列里取出任务执行，有以下触发场景：
         * 1、线程池是运行态；
         * 2、线程不是运行态，任务不在队列里（说明添加时队列已满）
         */
        addWorker(null, false);
}
else if (!addWorker(command, false))
    //该分支会在线程池处于非运行态时尝试创建工作线程
    reject(command);
}
```

为了更容易理解上面代码的实现原理，图 6-14 给出了这段代码的执行流程图。

（4）addWorker 方法

在 execute()方法中，频繁地调用了 addWorker 方法，这个方法用来添加工作线程(Worker)，它有两个参数：

① firstTask:Runnable，是一个可执行代码块，是业务代码的包装。

② core:boolean，true 表示使用线程池核心容量作为上限，false 表示使用最大容量作为上限。

addWorker 的每一次调用，都会从等待队列中获取正在等待的任务来执行。当然 **firstTask 也可以为 null**，在这种情况下这个方法不会添加新的任务，而是从等待队列中取出排队的任务来执行。实现源码如下所示：

```
private boolean addWorker(Runnable firstTask, boolean core)
{
    //外层循环，确保 Worker 正常添加
    retry:
    for (;;)
    {
        int c = ctl.get();
        //获取线程池运行状态
        int rs = runStateOf(c);
```

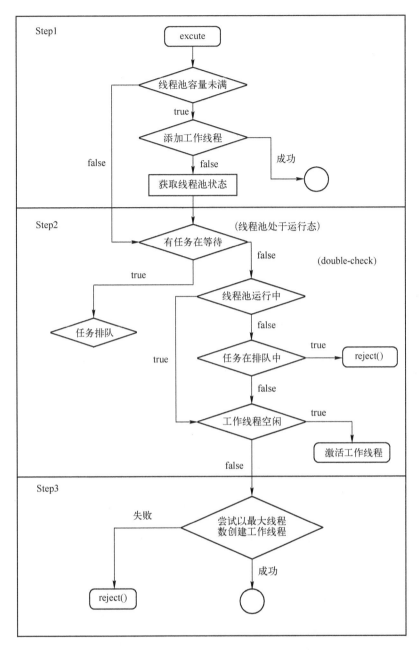

图 6-14　execute 方法的实现流程

```
/**
 * rs>=SHUTDOWN 表示非 RUNNING 的状态,
 * RUNNING 以外的情况是不能被添加到 worker 的
 * firstTask==null 是因为 workerCount==0，如果此时线程池关闭了，
 * 工作队列里有内容，那么应当视为合法，可以继续执行
 */
 if (rs >= SHUTDOWN &&
     ! (rs == SHUTDOWN && firstTask == null &&   ! workQueue.isEmpty()))
```

```
                    return false;

        for (;;)
        {
            /*
             * workCount 不能超过容量，也不能超出指定池的容量
             * 布尔值 core 用于确定需要校验的池容量
             */
            int wc = workerCountOf(c);
            if (wc >= CAPACITY ||  wc >= (core ? corePoolSize : maximumPoolSize))
                return false;
            // 增加 worker count 的数量，成功则跳出循环
            if (compareAndIncrementWorkerCount(c))
                break retry;
            // worker count 数量没有被增加，需要反复重试
            c = ctl.get();   // Re-read ctl
            if (runStateOf(c) != rs)
                continue retry;
        }
    }

    Worker w = new Worker(firstTask);
    Thread t = w.thread;

    final ReentrantLock mainLock = this.mainLock;
    mainLock.lock();
    try
    {
        // 持有锁之后，重新检查一遍运行状态(run state)，如果关闭，那么终止
        int c = ctl.get();
        int rs = runStateOf(c);

        if (t == null || (rs >= SHUTDOWN && ! (rs == SHUTDOWN && firstTask == null)))
        {
            decrementWorkerCount();
            tryTerminate();
            return false;
        }
        // 在工作队列里添加当前 worker
        workers.add(w);
        // 调整处理过的最大工作线程数
        int s = workers.size();
        if (s > largestPoolSize)
            largestPoolSize = s;
    }
    finally
    {
        mainLock.unlock();
    }
    // 执行 worker 的线程
```

```
        t.start();
        // 再检查一次运行状态，如果停止且线程未中断阻塞，那么中断线程阻塞
        if (runStateOf(ctl.get())== STOP && ! t.isInterrupted())
            t.interrupt();
        return true;
    }
```

为了更容易理解上面代码的实现原理，图 6-15 给出了其执行的流程图：

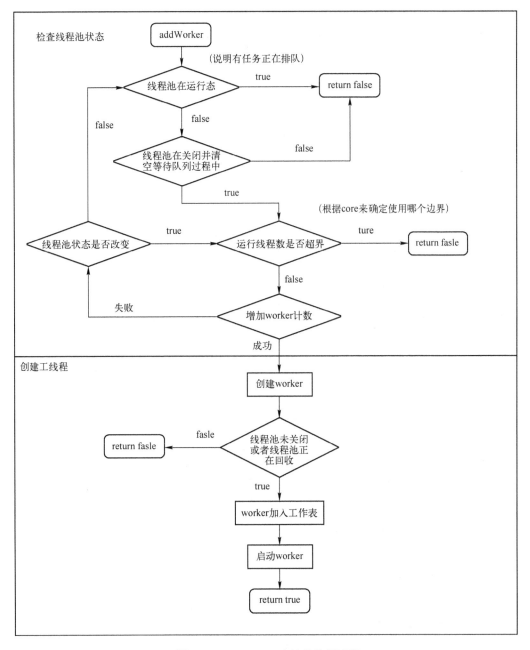

图 6-15　addWorker 方法的执行流程

在 addWorker 方法执行成功后，Worker 会即刻执行，其执行方式为 worker.thread.start()，这是线程的启动方式。那么，Worker 作为线程和任务的包装，它在这个过程起了什么作用呢？

（5）Worker 的执行

Worker 是 AQS 的一个子类，同时它又实现了 Runnable 接口，它的主要作用在于：

① 实现一个非重入锁，避免工作线程在调用线程池控制方法（比如 setCorePoolSize）时，再次申请锁。

② 保护中断状态，让工作线程对 interrupt 不敏感。

在 addWorker 里可以看到以下代码：

```
Worker w = new Worker(firstTask);
Thread t = w.thread;
...
t.start();
```

addWorker 也是通过调用 thread 的 start()方法来启动一个线程执行的，看上去和 Worker 并没有关系。而事实上，新启动的线程会调用 worker 的 run 方法来执行具体的逻辑，参见 Worker 的构造函数：

```
Worker(Runnable firstTask)
{
    this.firstTask = firstTask;
    this.thread = getThreadFactory().newThread(this);
}
```

需要注意的是，getThreadFactory().newThread(this)会使用一个 Runnable 对象来创建线程，在这里，**Worker 本身就是这个 Runnable，而非传入的 firstTask**。

因此，可以想见，Worker 的 run()方法的实现必然是对 firstTask 的调用做了必要的处理。源码如下所示，这里重点关注 **ThreadPoolExecutor#runWorker** 方法：

```
public void run()
{
    //该方法由 ThreadPoolExecutor 提供
    runWorker(this);
}
//真正的执行内容，由 ThreadPoolExecutor 类实现，而非 Worker
final void runWorker(Worker w)
{
    // 获取当前线程
    Thread wt = Thread.currentThread();
    // 获取 worker 的首任务
    Runnable task = w.firstTask;
    // 设置 w 的 firstTask 为 null
    w.firstTask = null;
    // 释放锁（设置 state 为 0，允许中断）
    w.unlock();
    boolean completedAbruptly = true;
    try
    {
```

```
/**
 * (1)如果 task 不为 null，则直接进入循环执行 task
 * (2)如果 task 为 null，那么会调用 getTask()方法
 *    getTask()方法是个无限循环，它会从阻塞队列 workQueue 中不断取出任务来执行
 *    当阻塞队列 workQueue 中所有的任务都被取完之后,循环也就结束了
 */
while (task != null || (task = getTask()) != null)
{
    //worker 同时是个 AQS，lock()保证不会有同一个 worker 同时执行下面的代码
    w.lock();

    /**
     * 这个条件作了下面 3 件事情
     * (1)当线程池是处于 STOP 状态或者 TIDYING、TERMINATED 状态时，设置当前
线程处于中断状态
     * (2)否则当前线程就处于 RUNNING 或者 SHUTDOWN 状态，确保当前线程不处
于中断状态
     * (3)重新检查当前线程池的状态是否大于等于 STOP 状态
     */
    if ((runStateAtLeast(ctl.get(), STOP) ||          // 线程池的运行状态至少应该高于 STOP
         (Thread.interrupted() &&                      // 线程被中断
          runStateAtLeast(ctl.get(), STOP))) &&
                                                       // 再次检查，线程池的运行状态至少应该高于 STOP
        !wt.isInterrupted())                           // wt 线程（当前线程）没有被中断
        wt.interrupt();                                // 中断 wt 线程（当前线程）
    try
    {
        // 在执行 task 之前调用钩子方法
        beforeExecute(wt, task);
        Throwable thrown = null;
        try {
            // 运行给定的任务
            task.run();
        }
        catch (RuntimeException x)
        {
            thrown = x; throw x;
        }
        catch (Error x)
        {
            thrown = x; throw x;
        }
        catch (Throwable x)
        {
            thrown = x; throw new Error(x);
        }
        finally
        {
            // 执行完后调用钩子方法
            afterExecute(task, thrown);
```

```
                        }
                    }
                    finally
                    {
                        //清空执行完的任务，增加计数，并且解锁 worker
                        task = null;
                        w.completedTasks++;
                        w.unlock();
                    }
                }
                completedAbruptly = false;
            }
            finally
            {
                //执行完成后，从 workers 容器内移除 worker
                processWorkerExit(w, completedAbruptly);
            }
        }
```

runWorker 是一个带有阻塞\定时阻塞的方法，它的用途在于：

① 执行工作线程（Worker）自身的任务。

② 如果任务执行完成，那么 Worker 会从等待队列（workQueue）里申请新的任务。

③ 如果等待队列里没有任务（getTask），那么阻塞当前线程。

④ 同一个 Worker 的任务执行相互之间是同步的。

这里有两个亟待解决的问题：

① 这里如何实现的同一个 Worker 不会两次调用同一段代码？

② 为什么同一个 Worker 还需要保持排他性呢？

在上面的代码中 w.lock()最终会调用到 Worker 的 tryAcquire 方法，这个方法的实现如下所示：

```
    protected boolean tryAcquire(int unused)
    {
        if (compareAndSetState(0, 1))
        {
            setExclusiveOwnerThread(Thread.currentThread());
            return true;
        }
        return false;
    }
```

compareAndSetState(0,1)是标准的 CAS 写法，只有当 state 为 0 时，才能被设置为 1 并且返回 true，其他情况都会返回 false。

换言之，该 AQS 的资源 state 只能申请一次，直到该非重入锁的持有者释放了 state。

这样可以避免同一个任务反复被执行。这样做的意义在于：beforeExecute 方法是可以被用户重写的，如果用户不慎调用了 setCorePoolSize 等方法时触发无限递归的调用，主要原因为 setCorePoolSize 方法中有如下的调用路径 setCorePoolSize -> interruptIdleWorkers -> lock，在这种情况下，Worker 的 tryAcquire 方法会调用 setCorePoolSize，而 setCorePoolSize 又反过来会调用 Worker 的 tryAcquire 方法，由此就会导致无限的递归调用。

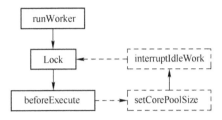

getTask()也是一个关键方法，用于从等待队列里获取正在排队的任务，其实现如下所示：

```
private Runnable getTask()
{
    boolean timedOut = false;
    retry:
    for (;;)
    {
        int c = ctl.get();
        int rs = runStateOf(c);

        //满足"1、线程池关闭同时队列空;2、线程池停用;"两者中任意条件，不再提供任务
        if (rs >= SHUTDOWN && (rs >= STOP || workQueue.isEmpty()))
        {
            decrementWorkerCount();
            return null;
        }

        boolean timed;

        for (;;)
        {
            //自旋 CAS 操作来保证 workerCount 减少一位
            int wc = workerCountOf(c);
            //是否使用计时的标量
            timed = allowCoreThreadTimeOut || wc > corePoolSize;

            if (wc <= maximumPoolSize && ! (timedOut && timed))
                break;
            if (compareAndDecrementWorkerCount(c))
                return null;
            c = ctl.get();
            if (runStateOf(c) != rs)
                continue retry;
        }
        try
        {
            //workQueue 是一个阻塞队列
            //poll(time,timeUnit)用于带超时的阻塞出队
            //take()用于阻塞出队
            Runnable r = timed ?
```

```
                            workQueue.poll(keepAliveTime, TimeUnit.NANOSECONDS) :
                            workQueue.take();
                    if (r != null)
                            return r;
                    timedOut = true;
                }
                catch (InterruptedException retry)
                {
                        timedOut = false;
                }
            }
        }
```

（6）shutdown 和 shutdownNow

在 ExecutorService 解析中有提及，在 shutdown 被调用之后，ExecutorService 就不再接收新的任务，同时会尝试执行完等待队列中剩下的任务，下面给出 shutdown 的实现。

```
public void shutdown()
{
    final ReentrantLock mainLock = this.mainLock;
    mainLock.lock();
    try
    {
        checkShutdownAccess();
        advanceRunState(SHUTDOWN);// shutdownNow()在这里状态设置为 STOP
        interruptIdleWorkers();
        onShutdown();
    }
    finally
    {
        mainLock.unlock();
    }
    tryTerminate();
}
```

通过源码可以发现 shutdown 并没有尝试阻止新的任务进入，也没有执行剩下的任务，仅仅只是把运行状态（run state）设置为了 SHUTDOWN。那么它是如何实现这些功能的呢？这是因为 ThreadPoolExecutor 是状态驱动的，这是一个状态机模式。

在运行状态被设置为 SHUTDOWN 之后，回顾之前的方法，可以注意到，addWorker 不再执行的任务而是尝试终止：

```
if (t == null || (rs >= SHUTDOWN &&     ! (rs == SHUTDOWN && firstTask == null)))
{
    decrementWorkerCount();
    tryTerminate();
    return false;
}
```

同时，execute 方法也不再往等待队列里添加任务：

```
    if (isRunning(c) && workQueue.offer(command))
    {
        int recheck = ctl.get();
        if (! isRunning(recheck) && remove(command))
            reject(command);
        else if (workerCountOf(recheck) == 0)
            addWorker(null, false);
    }
```

getTask 在等待队列清空后，不再阻塞：

```
    if (rs >= SHUTDOWN && (rs >= STOP || workQueue.isEmpty()))
    {
        decrementWorkerCount();
        return null;
    }
```

同时可以注意到，如果 run state 为 STOP，那么 workQueue 无论有没有任务，都不会再执行。

shutdownNow 的立即关闭且不再执行等待队列中的任务就是利用的这一点来实现的：

```
    public List<Runnable> shutdownNow()
    {
        List<Runnable> tasks;
        final ReentrantLock mainLock = this.mainLock;
        mainLock.lock();
        try
        {
            checkShutdownAccess();
            advanceRunState(STOP);
            interruptWorkers();
            tasks = drainQueue();
        }
        finally
        {
            mainLock.unlock();
        }
        tryTerminate();
        return tasks;
    }
```

总结：

① ThreadPoolExecutor 有五个状态：RUNNING、SHUTDOWN、STOP、TIDYING、TERMINATED。ThreadPoolExecutor 的功能由这些状态驱动；状态图如图 6-16 所示。

② ThreadPoolExecutor 的执行功能由 execute 方法提供，它负责在线程池不同的状态下，对任务进行对应的处理。

③ ThreadPoolExecutor 的关闭实现由 SHUTDOWN 和 STOP 状态来维护。

④ ThreadPoolExecutor.workerQueue 是一个阻塞队列，由用户来决定其具体的实现。

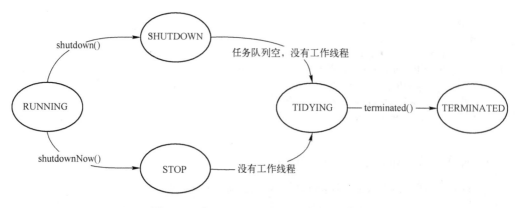

图 6-16   ThreadPoolExecutor 的转台转换图

6.4.4　FixedThreadPool、CachedThreadPool 和 SingleThreadExecutor

在 Java 语言中，可以通过 new Thread 的方法来创建一个新的线程执行任务，但是线程的创建是非常耗时的，而且创建出来的新的线程都是各自运行、缺乏统一的管理，这样做的后果是可能导致创建过多的线程从而过度消耗系统的资源，最终导致性能急剧下降，线程池的引入就是为了解决这些问题。

当使用线程池控制线程数量时，其他线程排队等候，当一个任务执行完毕后，再从队列中取最前面的任务开始执行。如果队列中没有等待进程，那么线程池中的这一资源会处于等待状态。当一个新任务需要运行时，如果线程池中有等待的工作线程，那么就可以开始运行了，否则，进入等待队列。

一方面，线程池中的线程可以被所有工作线程重复利用，一个线程可以用来执行多个任务，这样就减少了线程创建的次数；另一方面，它也可以限制线程的个数，从而不会导致创建过多的线程进而导致性能下降。当需要执行任务的个数大于线程池中线程的个数时，线程池会把这些任务放到队列中，一旦有任务运行结束，就会有空闲的线程，此时线程池就会从队列里取出任务继续执行。

目前 Java 语言主要提供了如下 4 个线程池的实现类：

1）newSingleThreadExecutor：创建一个单线程的线程池，它只会用唯一的工作线程来执行任务，也就是相当于单线程串行执行所有任务，如果这个唯一的线程因为异常结束，那么会有一个新的线程来替代它。使用方法如下所示：

```
import java.util.concurrent.ExecutorService;
import java.util.concurrent.Executors;
class MyThread extends Thread
{
    public void run()
    {
        System.out.println(Thread.currentThread().getId()+" run");
    }
}

public class TestSingleThreadExecutor
```

```
{
    public static void main(String[] args)
    {
        ExecutorService pool = Executors.newSingleThreadExecutor();
        // 将线程放入池中进行执行
        pool.execute(new MyThread());
        pool.execute(new MyThread());
        pool.execute(new MyThread());
        pool.execute(new MyThread());
        // 关闭线程池
        pool.shutdown();
    }
}
```

程序的运行结果为：

```
15 run
15 run
15 run
15 run
```

2）newFixedThreadPool：创建一个定长线程池，可控制线程的最大并发数，超出的线程会在队列中等待。使用这个线程池的时候，必须根据实际情况估算出线程的数量。

示例代码如下所示：

```
import java.util.concurrent.ExecutorService;
import java.util.concurrent.Executors;

class MyThread extends Thread
{
    public void run()
    {
        System.out.println(Thread.currentThread().getId()+" run");
    }
}

public class TestNewFixedThreadPool
{
    public static void main(String[] args)
    {
        ExecutorService pool = Executors.newFixedThreadPool(2);
        // 将线程放入池中进行执行
        pool.execute(new MyThread());
        pool.execute(new MyThread());
        pool.execute(new MyThread());
        pool.execute(new MyThread());
        // 关闭线程池
        pool.shutdown();
    }
}
```

程序的运行结果为：

```
15 run
15 run
15 run
17 run
```

3）newCachedThreadPool：创建一个可缓存线程池，如果线程池的长度超过处理需要，那么可灵活回收空闲线程，如果不可回收，那么新建线程。此线程池不会对线程池的大小做限制，线程池的大小完全依赖于操作系统（或者说 JVM）能够创建的最大线程大小。使用这种方式需要在代码运行的过程中通过控制并发任务的数量来控制线程的数量。

示例代码如下所示：

```
import java.util.concurrent.ExecutorService;
import java.util.concurrent.Executors;
class MyThread extends Thread
{
    public void run()
    {
        System.out.println(Thread.currentThread().getId()+" run");
    }
}

public class TestNewCachedThreadPool
{
    public static void main(String[] args)
    {
        ExecutorService pool = Executors.newCachedThreadPool();
        // 将线程放入池中进行执行
        pool.execute(new MyThread());
        pool.execute(new MyThread());
        pool.execute(new MyThread());
        pool.execute(new MyThread());
        // 关闭线程池
        pool.shutdown();
    }
}
```

程序的运行结果为：

```
15 run
17 run
19 run
21 run
```

4）newScheduledThreadPool：创建一个定长线程池。此线程池支持定时以及周期性执行任务的需求。示例代码如下所示：

```
import java.util.concurrent.ScheduledThreadPoolExecutor;
import java.util.concurrent.TimeUnit;
```

```java
class MyThread extends Thread
{
    public void run()
    {
        System.out.println(Thread.currentThread().getId()+" timestamp:"+System.currentTime
Millis());
    }
}

public class TestScheduledThreadPoolExecutor
{
    public static void main(String[] args)
    {
        ScheduledThreadPoolExecutor exec = new ScheduledThreadPoolExecutor(2);
        //每隔一段时间执行一次
        exec.scheduleAtFixedRate(new MyThread(), 0, 3000, TimeUnit.MILLISECONDS);
        exec.scheduleAtFixedRate(new MyThread(), 0, 2000, TimeUnit.MILLISECONDS);
    }
}
```

程序的运行结果为：

```
15 timestamp:1443421326105
17 timestamp:1443421326105
15 timestamp:1443421328105
17 timestamp:1443421329105
……
```

6.4.5　Future 和 FutureTask

（1）Future

java.util.concurrent.Future 接口提供了线程不会因为等待返回结果而阻塞的能力。

设想一个生活场景，用户需要申请车牌，他在提交了申请后，有长达数小时的等待过程，在这个过程里，用户可以做自己想做的其他事情，而无需一直在窗口等待车牌制作完成。

在这个过程中，用户可以放弃领取(cancel)，也可以一直在窗口等待(get)，也可以在窗口看看，能拿到拿走，不行就等一会再去干别的事情（get until timeout）。

Future 模式就提供了这样的能力，让线程可以灵活地确定自己要在何时取得结果。下面首先来看看这个接口的定义：

```java
public interface Future<V>
{
    /* 如果应该中断执行此任务的线程，那么参数为 true；否则允许正在运行的任务运行完成*/
    boolean cancel(boolean mayInterruptIfRunning);
    /* 在任务正常完成前取消，返回 true */
    boolean isCancelled();
    /* 任务如果完成了，那么返回 true */
    boolean isDone();
    /* 阻塞线程，等待结果返回 */
```

```
        V get() throws InterruptedException, ExecutionException;
        /* 阻塞线程，等待结果返回，如果超时，那么抛出超时异常 */
        V get(long timeout, TimeUnit unit) throws InterruptedException, ExecutionException, Timeout
Exception;
    }
```

（2）FutureTask

java.util.concurrent.FutureTask 是 Future 接口在 concurrency 包中的默认实现。它的主要用途之一是为 AbstractExecutorService 提供任务支持，交由 AbstractExecutorService 执行的任务会被包装成一个 FutureTask，以提供延迟获取返回值的能力。

FutureTask 间接继承自 Future 接口和 Runnable 接口，所以，它同时具备执行任务和获取结果两种能力。FutureTask 把实现委托给了其内部的 AQS（AbstractQueuedSynchronizer）来实现。其实现源码如下所示：

```
        public void run()
        {
            sync.innerRun();
        }

        public boolean cancel(boolean mayInterruptIfRunning)
        {
            return sync.innerCancel(mayInterruptIfRunning);
        }

        public V get() throws InterruptedException, ExecutionException
        {
            return sync.innerGet();
        }

        public V get(long timeout, TimeUnit unit)    throws InterruptedException, ExecutionException, Timeout
Exception
        {
            return sync.innerGet(unit.toNanos(timeout));
        }

        public boolean isCancelled()
        {
            return sync.innerIsCancelled();
        }

        public boolean isDone()
        {
            return sync.innerIsDone();
        }
```

关于 AQS，在前面的章节已经进行了详细的讲解，它是一个抽象队列同步器，内部维护了一个等待队列和等待状态。下面重点讲解在 FutureTask 中 Sync 的实现。

（3）**Sync 的四种状态**

```
/** 任务准备完毕，可以运行 */
private static final int READY       = 0;
/** 任务正在运行 */
private static final int RUNNING     = 1;
/** 任务运行完毕 */
private static final int RAN         = 2;
/** 任务已取消*/
private static final int CANCELLED = 4;
```

Sync 设计了四种状态，可以想见，Sync 的实现应当也采用了状态机模式。在对 Sync 方法的分析中，将证明这个推论。

（4）**Sync 的运行**

```
void innerRun()
{
    /**
     * 只有 READY 状态下 Sync 才能运行，避免多次重复运行。READY 值为 0，
     * 也就是状态初始值，这里把状态修改为 RUNNING
     */
    if (!compareAndSetState(READY, RUNNING))
        return;

    runner = Thread.currentThread();
    if (getState()== RUNNING)   // 重复检查一次运行状态是否为 RUNNING
    {
        V result;
        try
        {
            //执行任务
            result = callable.call();
        }
        catch (Throwable ex)
        {
            setException(ex);
            return;
        }
        set(result);
    }
    else
    {
        //取消执行
        releaseShared(0);
    }
}
```

innerRun 的实现很简单：

① 检查任务是否为 READY 状态，如果不是，那么认为已经被调用过，直接返回。

② 设置任务为 RUNNING 状态，表示当前 Sync 申领了该任务，如果该任务没有被其他

线程修改状态，那么执行该任务。

③ 如果其他线程修改了该任务状态，例如 RAN 或者 CANCELLED，那么中断执行。

（5）Sync 的取消

```
boolean innerCancel(boolean mayInterruptIfRunning)
{
    //循环保证一定是从 READY\RUN 状态设置为 CANCELLED
    for (;;)
    {
        int s = getState();
        if (ranOrCancelled(s))
            return false;
        if (compareAndSetState(s, CANCELLED))
            break;
    }
    //根据参数决定取消任务的同时，是否要中断线程阻塞
    if (mayInterruptIfRunning)
    {
        Thread r = runner;
        if (r != null)
            r.interrupt();
    }
    //取消任务
    releaseShared(0);
    //调用 FutureTask 的 done 方法，以执行定制的后续工作
    done();
    return true;
}
```

innerCancel 方法的关键点有几处：

① 只有 READY 或者 RUN 状态的任务才能取消。

② 根据参数来决定是否要中断线程阻塞。

（6）Sync 获取数据

innerGet 方法用于异步获取数据，其实现逻辑如下：

① 如果任务已经执行完成了，那么直接返回结果。

② 如果任务尚未完成，那么等待任务完成后返回结果。

其实现源码如下所示：

```
V innerGet() throws InterruptedException, ExecutionException
{
    //根据任务状态来决定是否阻塞，由 AQS 提供，是否阻塞由 tryAcquireShared 决定
    acquireSharedInterruptibly(0);
    if (getState()== CANCELLED)
        throw new CancellationException();
    if (exception != null)
        throw new ExecutionException(exception);
    return result;
}
```

```
/**
 * 任务完成的标识是 RAN\CANCELLED，返回 1 表示无需阻塞，-1 表示需要阻塞
 */
protected int tryAcquireShared(int ignore)
{
    return innerIsDone() ? 1 : -1;
}
```

通过对 innerGet 的代码分析，可以得出以下结论：

① 线程访问 innerGet 时，如果任务不是 RAN 或者 CANCELLED 状态，那么线程会被阻塞。

② result 来自于 innerRun() 里 callable 的返回值。

（7）Sync 和 AQS

在运行/取消方法里，调用了 tryReleaseShared，在取值方法里，调用了 tryAcquiredShared，这两个 try 方法来自于 AQS，分别用于在共享模式下线程释放锁和持有锁。

这两个方法在 Sync 中的实现如下所示：

```
protected int tryAcquireShared(int ignore)
{
    return innerIsDone() ? 1 : -1;
}

protected boolean tryReleaseShared(int ignore)
{
    runner = null;
    return true;
}
```

tryAcquiredShared 的返回是 1 或者-1。

返回 1 时，AQS#acquiredSharedInterruptibly 不会执行有效的代码；

返回-1 时，执行 doAcquireSharedInterruptibly，该方法会查找 AQS 等待线程队列，并尝试把当前线程作为新的队列结点插入；

innerIsDone 则要验证两点：

① 任务状态为 RAN 或者 CANCELLED。

② 同时执行线程 runner == null。

任务状态是在 innerRun 和 innerCancel 方法里执行成功后改变为 RAN 和 CANCELLED，runner 则是在 tryReleaseShared 赋值为 null。

tryReleaseShared 的的返回值为 true，表示每一次都会执行 AQS 的 doReleaseShared 方法。该方法会查找 AQS 等待线程队列，并且释放结点。

结论：

① 只有已经完成\取消的任务，才可以即时的获得结果。

② 否则任务会等待执行完成或者被取消。

③ 取消结点是一定会生效的。

6.5 Latch

java.util.concurrent.CountDownLatch 经常被称为闭锁，它能够使指定线程等待计数线程完成各自工作后再执行。使用示例如下所示：

```java
CountDownLatch latch=new CountDownLatch(2);

new Thread(()->
{
    System.out.println("第一个线程开始工作");
    try
    {
        Thread.sleep(2000);
    }
    catch (InterruptedException e)
    {
        e.printStackTrace();
    }
    System.out.println("第一个线程工作结束");
    latch.countDown();
}).start();

new Thread(()->
{
    System.out.println("第二个线程开始工作");
    try
    {
        Thread.sleep(3000);
    }
    catch (InterruptedException e)
    {
        e.printStackTrace();
    }
    System.out.println("第二个线程工作结束");
    latch.countDown();
}).start();

try
{
    latch.await();
}
catch (InterruptedException e)
{
    e.printStackTrace();
}
```

System.out.println("所有任务都已经完成");

在上面的示例代码中，提供了一个计数为 2 的 CountDownLatch，每执行完一个线程就调用 latch 的 countDown 方法把计数减 1。等全部任务执行完成后，latch.await()之后的代码才会执行。

CountDownLatch 提供了对一组线程任务进行约束的能力，也就是说可以在任务中灵活的根据条件来调用 latch#countDown()方法，从而决定是否中断 CountDownLatch#await 造成的阻塞。

这种优秀的能力也是由 AQS 实现的，参见 CountDownLatch.Sync 的源码：

```java
private static final class Sync extends AbstractQueuedSynchronizer
{
    private static final long serialVersionUID = 4982264981922014374L;

    Sync(int count)
    {
        //State 用于记录队列中等待的任务数量
        setState(count);
    }

    int getCount()
    {
        //这里可以看出 State 等同于 CountDownLatch 的计数
        return getState();
    }

    protected int tryAcquireShared(int acquires)
    {
        //用于申请锁，负数代表获取锁失败，进入等待队列即是阻塞当前线程
        //正数代表获取锁成功，线程可以继续执行
        //这个三元表达式表明，只有 count==0 的时候才会中断阻塞
        return (getState()== 0) ? 1 : -1;
    }

    protected boolean tryReleaseShared(int releases)
    {
        // 使用 CAS 方式对 count 进行递减操作。虽然这是一个"死循环"，实际上只会执行成功一次

        for (;;)
        {
            int c = getState();
            if (c == 0)
                return false;
            int nextc = c-1;
            if (compareAndSetState(c, nextc))
                return nextc == 0;
        }
    }
}
```

在前面章节中已经介绍了 AQS 的特性：

- tryAcquireShared 验证失败则阻塞队列，验证成功则中断阻塞，它的返回值会增加等待

队列中的线程数。

- tryReleaseShared 则会释放等待队列中的线程。

CountDownLatch 正是利用了这两个特性，通过对 State 和 count 进行绑定，用它的计数器了来替代 AQS 中的等待线程计数，然后，提供封装了 AQS 的对外使用入口，如下列代码所示：

```java
public void await() throws InterruptedException
{
    //执行 await，只要 count!=0，则阻塞线程
    sync.acquireSharedInterruptibly(1);
}

public void countDown()
{
    //减少 count 计数，当 count==0 时，则释放等待队列里的线程，中断阻塞
    sync.releaseShared(1);
}
```

需要注意的是，一个 CountDownLatch 被使用后，它的计数不会再回归原处，而是始终为 0，所以，CountDownLatch 不可以重用。

由此可见，门闩（latch）很形象地描述了它的工作模式。

6.6　Barrier

CyclicBarrier，回环栅栏，它用于等待一组线程完成某个条件后再全部一起执行后续功能的能力。之所以称之为回环，是因为与 CountDownLatch 一次性使用方式不同，它可以被反复使用。

CycicBarrier 有多种使用方式，最基本的使用方式如下，使用计数器来约束线程：

```java
CyclicBarrier barrier=new CyclicBarrier(2);

new Thread(()->
{
    System.out.println("第一个线程开始工作");
    try {
        Thread.sleep(2000);
    } catch (InterruptedException e) {
        e.printStackTrace();
    }
    try {
        System.out.println("第一个线程等待其他线程完成工作");
        barrier.await();
    } catch (InterruptedException | BrokenBarrierException e) {
        e.printStackTrace();
    }
    System.out.println("第一个线程继续工作");
```

```
    }).start();

    new Thread(()->
    {
        System.out.println("第二个线程开始工作");
        try {
            Thread.sleep(3000);
        } catch (InterruptedException e) {
            e.printStackTrace();
        }
        try {
            System.out.println("第二个线程等待其他线程完成工作");
            barrier.await();
        } catch (InterruptedException | BrokenBarrierException e) {
            e.printStackTrace();
        }
        System.out.println("第二个线程继续工作");
    }).start();
```

在该示例中，线程一在 2s 后完成了它工作的第一阶段，开始等待其他线程完成工作，线程二则比线程一工作多了 1s，等它工作完后，两个线程都不再阻塞，继续自己的工作。

6.6.1　利用重入锁 ReentrantLock 和条件监视器 Condition 实现 Barrier

由于篇幅原因，这里只给出其内部实现中比较关键的代码，如下所示：

```
private int dowait(boolean timed, long nanos)
{
    final ReentrantLock lock = this.lock;
    lock.lock();
    try
    {
        final Generation g = generation;

        int index = --count;
        // 计数递减
        if (index == 0)
        {
            // 计数归零时唤醒所有的等待线程
            nextGeneration();
            return 0;
        }

        for (;;)
        {
            // trip 是条件监视器用于阻塞当前线程
            trip.await();

            if (g != generation)
                return index;
```

```
        }
    }
    finally
    {
        lock.unlock();
    }
}
```

从代码中可以得出以下结论：

① 当调用 Barrier.dowait 时，如果剩余计数不为 0，那么阻塞当前线程。

② 如果剩余计数为 0，那么中断阻塞。

③ 死循环 for 在这里并没有消耗过多计算资源，因为要么 trip.await()会阻塞线程，要么会遭遇到 return\throw 终止代码执行。for 循环在这里是为了 trip 多次唤醒情况下，验证是否满足了任何跳出条件。

这个简易的实现，让 CyclicBarrier 可以和 CountDownLatch 一样的工作。

6.6.2　利用 Generation 对象实现回归性

Barrier 已经提供了和 Latch 一样的能力，那么 CyclicBarrier 的回归性质体现在哪里呢？稍加观察，可以注意到 Generation 对象，这个对象是一个标志位，在同一次计数过程中，具备 Generation 对象，计数完结后，生成一个新的 Generation 对象。具体实现可以参考以下代码：

```
private void nextGeneration()
{
    // 唤醒所有等待中的线程
    trip.signalAll();
    // 重置计数器
    count = parties;
    // 生成新的 Generation
    generation = new Generation();
}

private int dowait(boolean timed, long nanos)
{
    ...
    for (;;)
    {
        // trip 是条件监视器用于阻塞当前线程
        trip.await();
        // 如果该线程被唤醒，且持有的 Generation 对象和当前的 Generation 不一样，那么说明
已经进入了下个计数流程，返回该次计数的 index
        if (g != generation)
            return index;
    }
    ...
}
```

Generation 对象的一致性保证了以下特性:

① Generation 只有在计数器重置时重新生成。

② 当 trip.singalAll 发生时,可能有超出计数器数量的线程被唤醒,Generation 对象保持相同说明是当前计数过程中的线程,因此会再次阻塞;Generation 对象不同的说明是上次计数过程的线程,不会再次阻塞,并且返回其计数值。

这两个特性为 CyclicBarrier 实现了可重复利用的能力。

6.6.3 利用 Generation 对象和 Interrupt 提供 break 功能

Break 会临时终止当前计数过程。在计数过程终止后,理想中的后续处理应当是:

1)计数器重置。

2)之后的 CyclicBarrier.await 操作抛出异常。

3)唤醒所有的当前等待中的线程,无论计数有没有归零。

4)可以重置 break 状态以重用 CyclicBarrier。

CyclicBarrier 巧妙地在 dowait 方法里实现了这个功能,参考以下代码(仅列出关键部分):

```
        private int dowait(boolean timed, longnanos) throws InterruptedException, BrokenBarrierException,
TimeoutException
        {
            final ReentrantLock lock = this.lock;
            lock.lock();
            try
            {
                final Generation g = generation;
                //Generation 对象已经损坏时,直接抛出异常
                if (g.broken)                                      //代码 3
                    throw new BrokenBarrierException();
                // 当前线程被中断,且 Generation 对象没有损坏时,破坏 Generation
                if (Thread.interrupted())
                {
                    breakBarrier();
                    throw new InterruptedException();
                }

                for (;;)
                {
                    try
                    {
                        trip.await();
                    }
                    catch (InterruptedException ie)
                    {
                        //await 被中断时破坏 Generation
                        if (g == generation && ! g.broken)
                        {
                            breakBarrier();                        //代码 1
                            throw ie;
```

```
                }
                else
                {
                        Thread.currentThread().interrupt();
                }
            }

            if (g.broken)
                throw new BrokenBarrierException();//代码 2
        }
    }
    finally
    {
        lock.unlock();
    }
}

private void breakBarrier()
{
    generation.broken = true;
    count = parties;
    trip.signalAll();
}
```

这一段代码有些难以理解，可以尝试按照以下流程来还原这个过程：

1）有多个线程被 Barrier 阻塞，且此时 Barrier 的计数没有归零。

2）有外部代码执行了 Thread.currentThread().interrupt()，中断了线程的阻塞状态。

3）此时该线程会进入 InterruptedException 处理流程，当前的 generation 必然没有重置，且没有 broken，所以，会调用 breakBarrier()方法，然后抛出异常。（代码 1）

4）breakBarrier 方法会唤醒所有使用 trip 阻塞住的线程，由于是正常唤醒操作，这些线程不会进入 InterruptedException，且它们的 generation 已经 broken，所以，会抛出 BrokenBarrierException。（代码 2）

5）如，在之后有新的线程进入 dowait 流程，那么会因为 genertion 被 broken 而抛出 BrokenBarrierException。（代码 3）

需要注意的是，如果要修复已经被破坏的 Barrier，那么可以尝试调用 reset()方法，代码如下所示：

```
public void reset()
{
    final ReentrantLock lock = this.lock;
    lock.lock();
    try
    {
        breakBarrier();    // 破坏当前的 generation
        nextGeneration(); // 创建新的 generation
    }
    finally
```

```
    {
        lock.unlock();
    }
}
```

需要注意的是，由于 reset 也调用了 breakBarrier()，所以 reset 过程中，当前正在处理的所有线程都会抛出 BrokenBarrierException。

6.6.4 为 Barrier 指定超时

在实际生产环境中，一个线程通常不会永远等待下去，而是选择合适的时机抛出 timeout。CyclicBarrier 的实现非常巧妙，仍然是在 dowait 中提供了超时能力，参考以下代码（仅列出关键部分）：

```
private int dowait(boolean timed, long nanos)throws InterruptedException, BrokenBarrierException,
TimeoutException
{
    final ReentrantLock lock = this.lock;
    lock.lock();
    try
    {
        for (;;)
        {
            try
            {
                // timed == true 表示需要已经设置了超时时间
                if (!timed)
                    trip.await();
                else if (nanos > 0L)
                    nanos = trip.awaitNanos(nanos);
            }
            catch (InterruptedException ie) {
            }
            // 该条件满足说明 nanos 已经被 awaitNanos 修改过，已经超时
            if (timed && nanos <= 0L)
            {
                breakBarrier();
                throw new TimeoutException();
            }
        }
    }
    finally
    {
        lock.unlock();
    }
}
```

这段代码非常明确，timed 参数表示是否提供超时功能，nanos 则是纳秒计数。

当前线程阻塞规定的纳秒，如果超时，那么就破坏 generation，并且抛出超时异常。

6.6.5 Barrier 的回调和回调的异常处理

CyclicBarrier 还提供了计数正常归零，以及所有线程中断阻塞后的回调方式。参见构造方法源码：

```
public CyclicBarrier(int parties, Runnable barrierAction)
{
    if (parties <= 0)
        throw new IllegalArgumentException();
    this.parties = parties;
    this.count = parties;
    this.barrierCommand = barrierAction;
}
```

barrierCommand 是一个 Runnable 对象，Barrier 正常执行完成后，Runnable.run()才会被调用。依然是在 dowait 方法里实现：

```
if (index == 0)
{
    boolean ranAction = false;
    try
    {
        final Runnable command = barrierCommand;
        if (command != null)
            command.run();
        ranAction = true;
        nextGeneration();
        return 0;
    }
    finally
    {
        if (!ranAction)
            breakBarrier();
    }
}
```

这一段代码包含两方面：

① 如果 index 归零，且用户有提供 barrierCommand，那么该回调方法会被调用。

② 如果 barrierCommand 执行过程中出现异常，那么 ranAction 标识不会设置为 true，于是，在 finally 中 breakBarrier()方法被调用，破坏 generation，在用户调用 reset()重置 Barrier 之前，该 Barrier 不能再被使用。

6.7 同步（wait&notify）

在 Java 语言中，有多种方式来实现线程间的通信，这一节将重点介绍 Object 类的 wait

和 notify 方法，因为这两个方法都是 native 的方法，也就是说方法的具体实现是由虚拟机本地的 C 代码来实现的，因此这里就不给出详细的源码解析了，本节将重点介绍如何使用这两个方法进行线程间的通信。首先通过一个例子来介绍如何使用这两个方法：

```java
public class Test
{
    private Object lock = new Object();
    private boolean envReady = false;

    private class WorkerThread extends Thread
    {
        public void run()
        {
            System.out.println("线程 WorkerThread 等待拿锁");
            synchronized (lock)
            {
                try
                {
                    //执行一些费时的操作
                    // ......
                    System.out.println("线程 WorkerThread 拿到锁");
                    if (!envReady)
                    {
                        System.out.println("线程 WorkerThread 放弃锁");
                        lock.wait();
                    }
                    // 需要使用准备好的环境
                    // ......
                    System.out.println("线程 WorkerThread 收到通知后继续执行");
                }
                catch (InterruptedException e) {
                }
            }
        }
    }

    private class PrepareEnvThread extends Thread
    {
        public void run()
        {
            System.out.println("线程 PrepareEnvThread 等待拿锁");
            synchronized (lock)
            {
                System.out.println("线程 PrepareEnvThread 拿到锁");
                //这个线程做一些初始化环境的工作后通知 WorkerThread
                envReady = true;
                lock.notify();
                System.out.println("通知 WorkerThread");
            }
        }
    }
```

```
        }

        public void prepareEnv()
        {
            new PrepareEnvThread().start();
        }

        public void work()
        {
            new WorkerThread().start();
        }

        public static void main(String[] args)
        {
            Test t = new Test();
            //模拟工作线程先开始执行的情形
            t.work();
            try {
                Thread.sleep(2000);
            } catch (InterruptedException e) {
                // TODO Auto-generated catch block
                e.printStackTrace();
            }
            t.prepareEnv();
        }
    }
```

运行结果为:

```
线程 WorkerThread 等待拿锁
线程 WorkerThread 拿到锁
线程 WorkerThread 放弃锁
线程 PrepareEnvThread 等待拿锁
线程 PrepareEnvThread 拿到锁
通知 WorkerThread
线程 WorkerThread 收到通知后继续执行
```

这个例子使用了两个线程:工作线程 WorkerThread 和环境准备线程 PrepareEnvThread,这个例子的目的是要保证只有在 PrepareEnvThread 运行结束后也就是把环境准备好以后 WorkerThread 才能继续运行使用环境的代码。

从上面的例子可以发现,wait 与 notify 方法在 synchronized 块中被使用,这也就是 Java 文档中提到的非常重要的一点:wait/notify 方法的调用必须处在该对象的锁(Monitor)中,也就是说在调用这些方法时首先需要获得该对象的锁,否则会抛出 IllegalMonitorStateException 异常。另外一个需要注意的是在 PrepareEnvThread 线程调用完 notify 后,只有等代码退出 synchronized 块后,WorkerThread 才能获取到锁。需要注意的是当调用 wait()方法后,线程会进入 WAITING(等待状态),后续被 notify()后,并没有立即被执行,而是进入等待获取锁的阻塞队列。

通过上面的讲解可以总结出 wait 与 notify 的使用方式如下所示:

```
//等待线程
synchroize( 对象 )
{   //获取对象的锁
    while(条件不满足)
    {       //不满足条件的时候调用 wait 释放锁
        对象.wait();
    }
    对应的处理逻辑......       //条件满足以后继续执行
}
//通知线程
synchronized（对象）
{       //获取对象的锁
    改变条件            //改变条件，为了让等待线程能继续执行下去
    对象.notifyAll();    //同坐等待线程。
}
```

6.8　ThreadLocal

java.lang.ThreadLocal 是自 jdk1.2 版本起提供的线程成员操作类。

在多线程环境下开发工作中，会频繁遭遇一类使用场景，比如期望对同一个 Runnable 的执行，能够根据线程的不同，而有所区分。

6.8.1　使用实例

比如下面这个实例，依赖主线程的特定参数 arg，来完成后续任务：

```
public static void main(String[] args)
{
    // 参数定义
    final int arg = 0;
    Thread t1 = new Thread(new Runnable()
    {
        @Override
        public void run()
        {
            // 需要传递参数
            task1(arg);
        }
    });
    t1.start();
}

public static void task1(int arg)
{
    // 如果之后的方法里有使用到参数，那么需要继续传递
    task2(arg);
}
```

```
private static void task2(int arg)
{
}
```

注意，在线程执行的任意阶段，arg 如果不被传递，那么 arg 就丢失了，用户无法再拾回。同理，如果有多个参数 arg2、arg3 等，那么每个参数都必须跟随调用过程传递。这无疑造成了代码的冗余。

下面介绍 ThreadLocal 提供的解决方案：

```java
// 定义一个参数 arg
static ThreadLocal<Integer> arg = new ThreadLocal<>();

public static void main(String[] args)
{
    Thread t1 = new Thread(new Runnable()
    {
        @Override
        public void run()
        {
            // 初始化参数
            arg.set(0);
            // 参数无需再次传递
            task1();
        }
    });
    t1.start();

    Thread t2 = new Thread(new Runnable()
    {

        @Override
        public void run()
        {
            // 初始化另外一个参数
            arg.set(1);
            task1();
        }
    });
    t2.start();
}

public static void task1()
{
    task2();
}

private static void task2()
{
    System.out.println(arg.get());
}
```

在利用 ThreadLocal 实现的代码里中，只要能访问到 ThreadLocal 变量的地方，都可以获取到指定的值。但是，如果仅仅是为了传递值，那么定义一个 static 变量不都可以做到吗？

这里的重点在于：ThreadLocal#get 获取到的值，对每一个线程是唯一的 。

也就是说，线程 t1 的执行输出为 0，线程 t2 的执行输出为 1。

6.8.2 原理解析

要了解 ThreadLocal 如何工作，就需要了解 ThreadLocal 如何实现存值和取值的。

（1）ThreadLocal 如何存值

源码如下所示：

```
public void set(T value)
{
    Thread t = Thread.currentThread();
    // 获取线程内部 ThreadLocalMap
    ThreadLocalMap map = getMap(t);
    // 以当前 ThreadLocal 为 key，存值
    if (map != null)
        map.set(this, value);
    else
        createMap(t, value);
}
ThreadLocalMap getMap(Thread t)
{
    return t.threadLocals;
}
```

ThreadLocalMap 是一个弱引用集合，它的存值、取值实现类似于 HashMap，使用了一个数组来存放数据，使用混淆压缩后的 ThreadLocalHashCode 作为数组下标。

弱引用特性由父类 WeakReference 的 Entry 提供，如果熟悉 Java Collection，那么应当知道 Entry 一般用于 Map 的存值，WeakReference 的特性在于，如果遇到了垃圾回收，那么弱引用对应实例将立刻变为不可达。

使用弱引用的目的在于节约资源，ThreadLocal 的使用范围被局限在单个线程内部，线程内的方法都是顺序执行的，如果在执行过程中执行了 gc，那么可以认为该变量无会再被使用。

```
static class Entry extends WeakReference<ThreadLocal<?>>
{
    Object value;

    Entry(ThreadLocal<?> k, Object v)
    {
        super(k);
        value = v;
    }
}
```

总结：ThreadLocal.set 会把指定值和当前线程绑定在一个 Map 里。

（2）ThreadLocal 如何取值

源码如下所示：

```
public T get()
{
    Thread t = Thread.currentThread();
    ThreadLocalMap map = getMap(t);
    if (map != null)
    {
        ThreadLocalMap.Entry e = map.getEntry(this);
        if (e != null)
        {
            @SuppressWarnings("unchecked")
            T result = (T)e.value;
            return result;
        }
    }
    return setInitialValue();
}
```

get 的源码和 set 非常类似，也是通过获取当前线程，然后获取指定的 ThreadLocalMap 内容。

总结：ThreadLocal.get 会根据当前线程，找到 map 中绑定的值。如果 map 或者值尚未初始化，那么会调用 setInitialValue 进行初始化。

6.8.3　Java 8 新特性

在 Java 8 中，ThreadLocal 提供了一种新的使用方式：

```
public static <S> ThreadLocal<S> withInitial(Supplier<? extends S> supplier)
{
    return new SuppliedThreadLocal<>(supplier);
}
```

SuppledThreadLocal 是 ThreadLocal 的子类，它的出现是为了动态产生初始化值，supplier 是动态产生值的方法。SuppliedThreadLocal 源码如下所示，它仅仅重写了 initialValue 方法，将其实现委托给了 supplier。

```
static final class SuppliedThreadLocal<T> extends ThreadLocal<T>
{
    private final Supplier<? extends T> supplier;

    SuppliedThreadLocal(Supplier<? extends T> supplier)
    {
        this.supplier = Objects.requireNonNull(supplier);
    }

    @Override
    protected T initialValue()
    {
```

```
                return supplier.get();
            }
        }
```

下面的示例代码展示了使用随机数作为参数的一种使用方式：

```
ThreadLocal<Double> arg = ThreadLocal.withInitial(() -> {
    return Math.random();
});

new Thread(() -> {
    System.out.println("线程一：");

    System.out.println("获取数据");
    System.out.println(arg.get());

    System.out.println("再次获取数据");
    System.out.println(arg.get());
}).start();
```

运行结果如下所示：

```
线程一：
获取数据
0.38146220342228643
再次获取数据
0.38146220342228643
```

6.9　其他 JUC 类

6.9.1　ConcurrentHashMap

ConcurrentHashMap 是 Java 5 中支持高并发、高吞吐量的线程安全 HashMap 实现。它由 Segment 数组结构和 HashEntry 数组结构组成。Segment 在 ConcurrentHashMap 里扮演锁的角色，HashEntry 则用于存储键值对数据。一个 ConcurrentHashMap 里包含一个 Segment 数组，Segment 的结构和 HashMap 类似，是一种数组和链表结构，一个 Segment 里包含一个 HashEntry 数组，每个 HashEntry 是一个链表结构的元素，每个 Segment 守护着一个 HashEntry 数组里的元素，当对 HashEntry 数组的数据进行修改时，首先必须获得它对应的 Segment 锁。

Hashtable 和 ConcurrentHashMap 存储的内容为键值对（key-value），且它们都是线程安全的容器，下面通过简要介绍它们的实现方式来对比它们的不同点。

Hashtable 所有的方法都是同步的，因此，它是线程安全的。它的定义如下所示：

public class Hashtable<K,V> extends Dictionary<K,V> implements Map<K,V>, Cloneable, Serializable

Hashtable 是通过"拉链法"实现的哈希表，因此，它使用数组＋链表的方式来存储实际的元素。如图 6-17 所示。

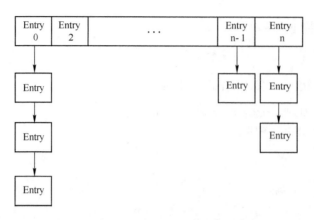

图 6-17　Hashtable 底层使用的数据结构

在图 6-17 中，最顶部标数字的部分是一个 Entry 数组，而 Entry 又是一个链表。当向 Hashtable 中插入数据的时候，首先通过键的 hashcode 和 Entry 数组的长度来计算这个值应该存放在数组中的位置 index，如果 index 对应的位置没有存放值，那么直接存放到数组的 index 位置即可，当 index 有冲突的时候，则采用"拉链法"来解决冲突。假如想往 Hashtable 中插入"aaa""bbb""eee""fff"，如果"aaa"和"fff"所得到的 index 是相同的，那么插入后 Hashtable 的结构如图 6-18 所示。

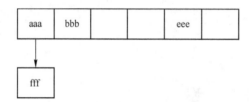

图 6-18　Hashtable 示例

Hashtable 的实现类图如图 6-19 所示。

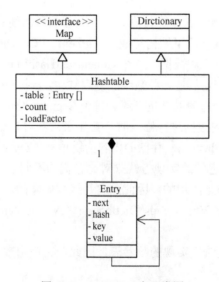

图 6-19　Hashtable 实现类图

为了使 Hashtable 拥有比较好的性能，数组的大小也需要根据实际插入数据的多少来进行动态地调整，Hashtable 类中定义了一个 rehash 方法，该方法可以用来动态地扩充 Hashtable 的容量，该方法被调用的时机为：Hashtable 中的键值对超过某一阈值。默认情况下，该阈值等于 Hashtable 中 Entry 数组的长度*0.75。Hashtable 默认的大小为 11，当达到阈值后，每次按照下面的公式对容量进行扩充：newCapacity = oldCapacity * 2 + 1。

Hashtable 通过使用 synchronized 修饰方法的方式来实现多线程同步，因此，Hashtable 的同步会锁住整个数组，在高并发的情况下，性能会非常差，Java 5 中引入 java.util.concurrent. ConcurrentHashMap 作为高吞吐量的线程安全 HashMap 实现，它采用了锁分离的技术允许多个修改操作并发进行。它们在多线程锁的使用方式如图 6-20 和 6-21 所示。

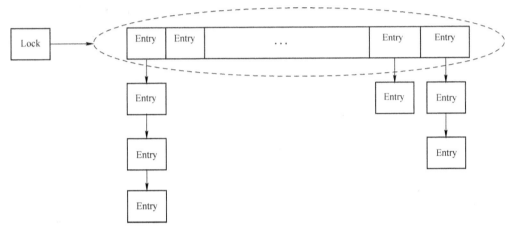

Hashtable 上锁方式

图 6-20　Hashtable 锁机制

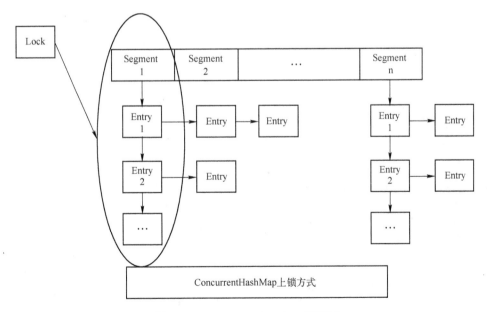

图 6-21　ConcurrentHashMap 锁机制

ConcurrentHashMap 采用了更细粒度的锁来提高在高并发情况下的效率。ConcurrentHashMap 将 Hash 表默认分为 16 个桶（每一个桶可以被看作是一个 Hashtable），大部分操作都没有用到锁，而对应的 put、remove 等操作也只需要锁住当前线程需要用到的桶，而不需要锁住整个数据。采用这种设计方式以后，在大并发的情况下，同时可以有 16 个线程来访问数据。显然，大大提高了并发性。

只有个别方法（例如：size()方法和 containsValue()方法）可能需要锁定整个表而不仅仅是某个桶，在实现的时候，需要按顺序锁定所有桶，操作完毕后，又"按顺序"释放所有桶，"按顺序"的好处是能防止死锁的发生。

假设一个线程在读取数据的时候，另外一个线程在 Hash 链的中间添加或删除元素或者修改某一个结点的值，此时必定会读取到不一致的数据。那么如何才能实现在读取的时候不加锁而又不会读取到不一致的数据呢？ConcurrentHashMap 使用不变量的方式实现，它通过把 Hash 链中的结点 HashEntry 设计成几乎不可变的方式来实现，HashEntry 的定义如下所示：

```
static final class HashEntry<K,V>
{
    final K key;
    final int hash;
    volatile V value;
    final HashEntry<K,V> next;
}
```

从以上这个定义可以看出，除了变量 value 以外，其他的变量都被定义为 final 类型。因此，增加结点（put 方法）的操作只能在 Hash 链的头部增加。对于删除操作，则无法直接从 Hash 链的中间删除结点，因为 next 也被定义为不可变量。因此，remove 操作的实现方式如下所示：把需要删除的结点前面所有的结点都复制一遍，然后把复制后的 Hash 链的最后一个结点指向待删除结点的后继结点，由此可以看出，ConcurrentHashMap 删除操作是比较耗时的。此外，使用 volatile 修饰 value 的方式使这个值被修改后对所有线程都可见（编译器不会进行优化），采用这种方式的好处：一方面，避免了加锁；另一方面，如果把 value 也设计为不可变量（用 final 修饰），那么每次修改 value 的操作都必须删除已有结点，然后插入新的结点，显然，此时的效率会非常低下。

由于 volatile 只能保证变量所有的写操作都能立即反映到其他线程之中，也就是说 volatile 变量在各个线程中是一致的，但是由于 volatile 不能保证操作的原子性，因此它不是线程安全的。如下例所示：

```
import java.util.concurrent.ConcurrentHashMap;
import java.util.concurrent.ExecutorService;
import java.util.concurrent.Executors;
import java.util.concurrent.TimeUnit;

class TestTask implements Runnable
{
    private ConcurrentHashMap<Integer, Integer> map;
    public TestTask(ConcurrentHashMap<Integer, Integer> map)
    {
```

```java
        this.map = map;
    }

    @Override
    public void run()
    {
        for (int i = 0; i < 100; i++)
        {
            map.put(1, map.get(1) + 1);
        }
    }
}

public class Test
{
    public static void main(String[] args)
    {
        int threadNumber=1;
        System.out.println("单线程运行结果：");
        for (int i = 0; i < 5; i++)
        {
            System.out.println("第"+(i+1)+"次运行结果："+testAdd(threadNumber));
        }
        threadNumber=5;
        System.out.println("多线程运行结果：");
        for (int i = 0; i < 5; i++)
        {
            System.out.println("第"+(i+1)+"次运行结果："+testAdd(5));
        }
    }

    private static int testAdd(int threadNumber)
    {
        ConcurrentHashMap<Integer, Integer> map = new ConcurrentHashMap<Integer, Integer>();
        map.put(1, 0);
        ExecutorService pool = Executors.newCachedThreadPool();
        for (int i = 0; i < threadNumber; i++)
        {
            pool.execute(new TestTask(map));
        }
        pool.shutdown();
        try
        {
            pool.awaitTermination(20, TimeUnit.SECONDS);
        }
        catch (InterruptedException e)
        {
            e.printStackTrace();
        }
        return map.get(1);
```

```
        }
    }
```

程序的运行结果为：

```
单线程运行结果：
第 1 次运行结果：100
第 2 次运行结果：100
第 3 次运行结果：100
第 4 次运行结果：100
第 5 次运行结果：100
多线程运行结果：
第 1 次运行结果：500
第 2 次运行结果：472
第 3 次运行结果：500
第 4 次运行结果：429
第 5 次运行结果：433
```

从上述运行结果可以看出，单线程运行的时候 map.put(1, map.get(1) + 1); 会被执行 100 次，因此运行结果是 100。当使用多线程运行的时候，在上述代码中使用了 5 个线程，也就是说 map.put(1, map.get(1) + 1); 会被调用 500 次，如果这个容器是多线程安全的，那么运行结果应该是 500，但是实际的运行结果并不都是 500。说明在 ConcurrentHashMap 在某种情况下还是线程不安全的，这个例子中导致线程不安全的主要原因为：

map.put(1, map.get(1) + 1); 不是一个原子操作，而是包含了下面三个操作：

1）map.get(1)。这一步是原子操作，由 CocurrentHashMap 来保证线程安全。

2）+1 操作。

3）map.put 操作。 这一步也是原子操作，由 CocurrentHashMap 来保证线程安全。

假设 map 中的值为<1,5>。线程 1 在执行 map.put(1, map.get(1) + 1);的时候首先通过 get 操作读取到 map 中的值为 5，此时线程 2 也在执行 map.put(1, map.get(1) + 1);，从 map 中读取到的值也是 5，接着线程 1 执行+1 操作，然后把运算结果通过 put 操作放入 map 中，此时 map 中的值为<1,6>；接着线程 2 执行+1 操作，然后把运算结果通过 put 操作放入 map 中，此时 map 中的值还是<1,6>。由此可以看出，两个线程分别执行了一次 map.put(1, map.get(1) + 1);，map 中的值却值增加了 1。

因此在访问 ConcurrentHashMap 中 value 的时候，为了保证多线程安全，最好使用一些原子操作。如果要使用类似 map.put(1, map.get(1) + 1);的非原子操作，那么需要通过加锁来实现多线程安全。

在上例中，为了保证多线程安全，可以把 run 方法改为：

```
public void run()
{
    for (int i = 0; i < 100; i++)
    {
        synchronized(map)
        {
            map.put(1, map.get(1) + 1);
        }
```

```
        }
    }
```

6.9.2　CopyOnWriteArrayList

CopyOnWriteArrayList 是 Java1.5 版本提供的一个线程安全的 ArrayList 变体。在 5.1.1 节介绍 ArrayList 的时候，提到过 ArrayList 的 fail-fast 特性，它是指在遍历过程中，如果 ArrayList 内容发生过修改，那么会抛出 ConcurrentModificationException。

在多线程环境下，这种情况变得尤为突出，示例代码如下（代码基于 Java 8）：

```
ArrayList<Integer> list = new ArrayList<>();
ExecutorService executorService = Executors.newFixedThreadPool(10);
for (int i = 0; i < 100; i++)
{
    // 启动一个写 ArrayList 的线程
    executorService.execute(() -> {
        list.add(1);
    });
    // 启动一个读 ArrayList 的线程
    executorService.execute(() -> {
        for (Integer v : list)
        {
            System.out.println(v);
        }
    });
}
```

运行这段代码会抛出 ConcurrentModificationException 异常，那么如何解决这个问题呢：

① 不使用迭代器形式转而使用下标来遍历，这就带来了一个问题：**读写没有分离**。写操作会影响到读的准确性，甚至导致 IndexOutOfBoundsException，比如下面的例子：

```
executorService.execute(() -> {
    list.remove(0);//异步从列表内移除内容
});
```

上述例子在多线程执行过程中，list.remove(0)会减少 list 的 size，而读操作使用的是首次遍历的 size，会极大按概率出现严重的运行时异常，所以，**遍历下标的方法不可取**。

② 不直接遍历 list，而是把 list 拷贝一份数组，再行遍历，比如把读过程修改成下面这样：

```
executorService.execute(() -> {
    for (Integer v : list.toArray(new Integer[0])) {
        System.out.println(v);
    }
});
```

此方法在 CopyOnWriteArrayList 出现之前较为常见，其本质是把 list 内容拷贝到了一个新的数组中，CopyOnWriteArrayList 也是采取的类似的手段，区别在于，这个例子使用的是 CopyOnRead 方式，也就是**读时拷贝**。

下面来介绍下 CopyOnWriteArrayList **写时拷贝**的实现方式。

写时拷贝，自然是在做写操作时，把原始数据拷贝到一个新的数组，与写操作相关的主要有三个方法：add、remove 和 set，这里以 add 方法为例来介绍其实现源码：

```java
public boolean add(E e)
{
    //加锁
    final ReentrantLock lock = this.lock;
    lock.lock();
    try
    {
        //拷贝数据
        Object[] elements = getArray();
        int len = elements.length;
        Object[] newElements = Arrays.copyOf(elements, len + 1);
        newElements[len] = e;
        setArray(newElements);
        return true;
    }
    finally
    {
        //解锁
        lock.unlock();
    }
}
```

可以注意到，**在每一次 add 操作里，数组都被拷贝了一份副本**，这就是写时拷贝的原理。

那么，写时拷贝和读时拷贝各有什么优势，要如何在它们之间做选择呢？基于实际业务，把握以下原则：

① 如果一个 list 的遍历操作比写入操作更频繁，那么应该使用 CopyOnWriteArrayList。

② 如果 list 的写入操作比遍历操作更频繁，那么考虑使用读时拷贝的方式。

第 7 章　Java IO

7.1　IO 相关基础概念

IO 即是 input 和 output 的缩写，在 Java 语境里，通常表达的是数据的流入和流出。

流是指数据的无结构化传递，以无结构的字节序列或者字符序列进行输入和输出。IO 流即是进行输入和输出操作的流。

字节流以一个字节(8bit)为最小操作单位。

字符流的最小操作单位是一个字符，字符即是字节加上编码表，单个字符占用 1 到多个字节。

7.2　同步与异步、阻塞与非阻塞

在 IO 体系中，经常能接触到同步阻塞、异步非阻塞等概念，往往使人疑惑，在多线程环境下，多线程不就是非阻塞的，单线程就是阻塞的吗？多线程不就是异步，单线程不就是同步吗？

这种普遍的疑惑，事实上是由于概念的不清晰。

多线程、单线程、同步、异步、阻塞、非阻塞，都是独立的概念，只是在多数应用场景下，它们看上去一致了，所以造成了概念的混淆。

（1）在多线程语境下的概念

在多线程语境下，用于描述任务的线程访问执行机制，同步和异步关注的是任务是否可以同时被调用，阻塞和非阻塞则关注的是线程的状态。

- 同步：指代码的同步执行(synchronous invoke)，一个执行块同一时间只有一个线程可以访问。
- 异步：指代码的异步执行(asynchronous invoke)，多个执行块可以同时被多个线程访问。
- 阻塞：线程阻塞状态（thread block），表示线程挂起。
- 非阻塞：线程不处于阻塞状态，表示线程没有挂起。

（2）在 IO 语境下的概念

在 IO 语境下，用于描述 IO 操作，同步和异步关注的是消息发起和接收的机制，阻塞和非阻塞则是表达发起者等待结果时的状态。

- 同步：是指发起一个 IO 操作时，在没有得到结果之前，该操作不返回结果，只有调用结束后，才能获取返回值并继续执行后续的操作。
- 异步：是指发起一个 IO 操作后，不会得到返回，结果由发起者自己轮询，或者 IO 操作的执行者发起回调。
- 阻塞：是指发起者在发起 IO 操作后，不能再处理其他业务。

● 非阻塞：是指发起者不会等待 IO 操作完成；

7.3 BIO

BIO 是最传统的**同步阻塞 IO 模型**，服务器端的实现是一个连接只有一个线程处理，线程在发起请求后，会等待链接返回。

常见的同步阻塞 IO 访问代码如下所示：

```
ServerSocket server = null;
try
{
    server = new ServerSocket(8088);
    while (true)
    {
        // 创建一个线程处理 server.accept 产生的 socket 链路
        new Thread(new SocketHandler(server.accept())).start();
    }
}
catch (IOException e)
{
    e.printStackTrace();
}
finally
{
    if (server != null)
    try
    {
        server.close();
    }
    catch (IOException e)
    {
        e.printStackTrace();
    }
}
```

对于每个线程而言，它们内部的实现都使用了阻塞的调用方式，核心的代码如下所示：

```
InputStream is = socket.getInputStream();
byte[] b = new byte[1024];
while(true)
{
    // 使用 read 阻塞读
    Int  = is.read(b);
    if(data != -1)
    {
        //处理读取到的数据
        System.out.println(info);
    }
    else
```

```
      {
            break;
      }
   }
```

从上面的代码可以看出，这个线程大部分的时间可能都是在等待 read 方法返回。正是由于这个读数据的方法是阻塞调用的，因此每个线程只能处理一个连接。如果请求量非常大，那么这种方式就需要创建大量的线程。而系统的资源都是有限的，可能允许创建最大的线程数远远小于要处理的连接数，而且就算线程能被创建出来，大量的线程也会降低系统的性能。

7.4　NIO

NIO 是指 New I/O，既然有 New I/O，那么就 Old I/O，Old I/O 是指基于流的 I/O 方法。从名字 NIO 是在 Java 1.4 中被纳入到 JDK 中的，它最主要的特点是：提供了基于 Selector 的异步网络 I/O，使得一个线程可以管理多个连接。下面首先给出基于 NIO 处理多个连接的结构图，如图 7-1 所示。

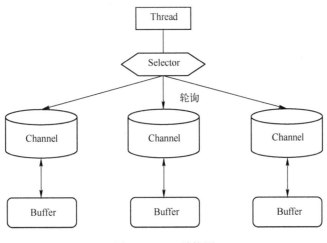

图 7-1　NIO 结构图

在介绍 NIO 的原理之前，首先介绍几个重要的概念：Channel（通道）、Buffer（缓冲区）和 Selector（选择器）。

（1）Channel（通道）

为了更容易地理解什么是 Channel，这里以 InputStream 为例来介绍什么是 Channel。传统的 IO 中经常使用下面的代码来读取文件（此处忽略异常处理）。

```
File file = new File("imput.txt");
InputStream is = new FileInputStream(file);
byte[] tempbyte = new byte[1024];
while ((tempbyte = in.read()) != -1) {
        //处理读取到的数据
}
is.close();
```

InputStream 其实就是一个用来读取文件的通道。只不过 InputStrem 是一个单向的通道，只能用来读取数据。而 NIO 中的 Channel 是一个双向的通道，不仅能读取数据，而且还能写数据。

（2）Buffer（缓冲区）

在上面的示例代码总，InputStream 把读取到的数据放在了 byte 数组中，如果用 OutputStream 写数据，那么也可以把 byte 数组中的数据写到文件中。而在 NIO 中，数据只能被写到 Buffer 中，同理读取的数据也只能放在 Buffer 中，由此可见 Buffer 是 Channel 用来读写的非常重要的一个东西。

（3）Selector（选择器）

Selector 是 NIO 中最重要的部分，是实现一个线程管理多个连接的关键，它的作用就是轮询所有被注册的 Channel，一旦发现 Channel 上被注册的事件发生，就可以对这个事件进行处理。

7.4.1　Buffer

在 Java NIO 中，Buffer 主要的作用就是与 Channel 进行交互。它本质上是一块可读写数据的内存，这块内存中有很多可以存储 byte、int、char 等的小单元。这块内存被包装成 NIO Buffer 对象，并提供了一组方法，来简化数据的读写。在 Java NIO 中，核心的 Buffer 有 7 个，如图 7-2 所示。

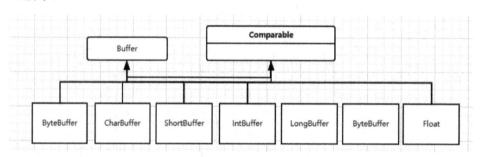

图 7-2　Buffer 的类图

一般来说，读写 Buffer 需要四个步骤：

1）准备 Buffer 数据头。

2）将数据读取到 Buffer 中。

3）调用 Buffer 的 flip()方法，将 Buffer 归零。

4）写 Buffer（包括数据头和数据内容）。

为了更好地理解上面四个步骤,下面将重点介绍 Buffer 中几个非常重要的属性：**capacity**、**position** 和 **limit**。

1）capacity 用来表示 Buffer 的容量，也就是刚开始申请的 Buffer 的大小。

2）position 表示下一次读（写）的位置。

在写数据到 Buffer 中时，position 表示当前可写的位置。初始的 position 值为 0。当写入一个数据后（例如 int 或 short）到 Buffer 后，position 会向前移动到下一个可插入数据的 Buffer 单元。position 最大的值为 capacity – 1。

在读取数据时，也是从某个位置开始读。当从 Buffer 的 position 处读取数据完成时，position 也会从向前位置移动到下一个可读的位置。

buffer 从写入模式变为读取模式时，position 会归零，每次读取后，position 向后移动。

3）limit 表示本次读（写）的极限位置。

在写数据时，limit 表示最多能往 Buffer 里写入多少数据，它等同于 buffer 的容量。

在读取数据时，limit 表示最多能读到多少数据，也就是说 position 移动到 limit 时读操作会停止。它的值等同于写模式下 position 的位置。

为了更容易地理解这三个属性之间的关系，下面通过图 7-3 来说明。

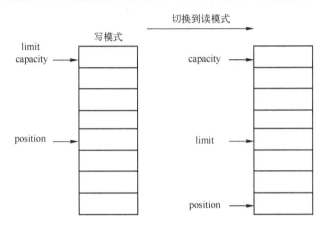

图 7-3　Buffer 的内部原理

从图 7-3 可以看出，在写模式中，position 表示下一个可写入位置，一旦切换到读模式，position 就会置 0（可以从 Buffer 最开始的地方读数据），而此时这个 Buffer 的 limit 就是在读模式下的 position，因为在 position 之后是没有数据的。

在理解了 Buffer 的内部实现原理后，下面重点介绍如何使用 Buffer。

（1）申请 Buffer

在使用 Buffer 前必须先申请一块固定大小的内存空间来供 Buffer 使用，这个工作可以通过 Buffer 类提供的 allocate()方法来实现。例如：

```
IntBuffer.allocate(64);          //申请一个可容纳 64 个 int 的 Buffer
ShortBuffer.allocate(128);       //申请一个可容纳 128 个 short 的 Buffer
```

（2）向 Buffer 中写数据

可以通过 Buffer 的 put 方法来写入数据，也可以通过 Channel 向 Buffer 中写数据，例如：

```
IntBuffer buffer = IntBuffer.allocate(32);
SocketChannel    channel = SocketChannel.open();
…
int bytesRead = channel.read(buf);     //从 Channel 中读数据到 Buffer 中
buf.put(2);                            //调用 put 方法写入数据
```

（3）读写模式的转换

Buffer 的 flip()方法用来把 Buffer 从写模式转换为读模，flip 方法的底层实现原理为：把 position 置 0，并把 Buffer 的 limit 设置为当前的 position 值。

（4）从 Buffer 中读取数据

与写数据类似，读数据也有两种方式，分别为：通过 Buffer 的 get 方法读取，或从 buffer 中读取数据到 Channel 中。例如：

```
IntBuffer buffer = IntBuffer.allocate(32);
SocketChannel   channel = SocketChannel.open();
…
channel.write(buffer);        //把 buffer 中的数据读取到 channel 中
int data = buf.get();         //调用 get 方法读数据
```

当完成数据的读取后，需要调用 clear()或 compact()方法来清空 Buffer，从而实现 Buffer 的复用。这两个方法的实现原理为：clear()方法会把 position 置 0，把 limit 设置为 capacity；由此可见，如果 Buffer 中还有未读的数据，那么 clear()方法也会清理这部分数据。如果想保留这部分未读的数据，那么就需要调用 compact()方法。下面以 IntBuffer 为例介绍 compact()方法的实现原理：

将缓冲区当前位置和界限之间的 int（如果有）复制到缓冲区的开始处。即将索引 p=position() 处的 int 复制到索引 0 处，将索引 p + 1 处的 int 复制到索引 1 处，依此类推，直到将索引 limit() - 1 处的 int 复制到索引 n = limit() - 1 - p 处。然后将缓冲区的位置设置为 n+1，并将其界限设置为其容量。如果已定义了标记，那么丢弃它。

（5）重复读取数据

Buffer 还有另外一个重要的方法：rewind()，它的实现原理如下：只把 position 的值置 0，而 limit 保持不变，使用 rewind()方法可以实现对 Buffer 中的数据进行重复的读取。

由此可见在 NIO 中使用 Buffer 的时候，通常都需要遵循如下四个步骤：

1）向 Buffer 中写入数据。

2）调用 flip()方法把 Buffer 从写模式切换到读模式。

3）从 Buffer 中读取数据。

4）调用 clear()方法或 compact()方法来清空 Buffer。

（6）标记与复位

Buffer 中还有两个非常重要的方法：mark()和 reset()。mark()方法用来标记当前的 position，一旦标记完成，在任何时刻都可以使用 reset()方法来把 position 恢复到标记的值。

7.4.2　Channel

在 NIO 中，数据的读写都是通过 Channel（通道）来实现的。Channel 与传统的"流"非常类似，只不过 Channel 不能直接访问数据，而只能与 Buffer 进行交互，也就是说 Channel 只能通过 Buffer 来实现数据的读写。如图 7-4 所示。

图 7-4　Channel 与 Buffer 的关系

虽然通道与流有很多相似的地方，但是它们也有很多区别，下面主要介绍 3 个区别：

① 通道是双向的，既可以读也可以写。但是大部分流都是单向的，只能读或者写。

② 通道可以实现异步的读写，大部分流只支持同步的读写。

③ 通道的读写只能通过 Buffer 来完成。

在 Java 语言中，主要有以下 4 个常见的 Channel 的实现：

① FileChannel：用来读写文件。

② DatagramChannel：用来对 UDP 的数据进行读写。

③ SocketChannel：用来对 TCP 的数据进行读写，一般用作客户端实现。

④ ServerSocketChannel：用来监听 TCP 的连接请求，然后针对每个请求会创建会一个 SocketChannel，一般被用作服务器实现。

下面通过一个例子来介绍 FileChannel 的使用方法：

```java
import java.io.IOException;
import java.io.RandomAccessFile;
import java.nio.ByteBuffer;
import java.nio.channels.FileChannel;

public class Test
{
    public static void writeFile()
    {
        RandomAccessFile raf = null;
        FileChannel inChannel = null;
        try
        {
            raf = new RandomAccessFile("input.txt", "rw");
            // 获取 FileChannel
            inChannel = raf.getChannel();
            // 创建一个写数据的 Buffer
            ByteBuffer writeBuf = ByteBuffer.allocate(24);
            // 写入数据
            writeBuf.put("filechannel test".getBytes());
            // 把 Buffer 变为读模式
            writeBuf.flip();
            // 从 Buffer 中读数据并写到 Channel 中
            inChannel.write(writeBuf);
        }
        catch(Exception e)
        {
            e.printStackTrace();
        }
        finally
        {
            if (inChannel != null)
            {
                try
                {
```

```java
                inChannel.close();
            } catch (IOException e) {
            }
        }

        if (raf != null)
        {
            try
            {
                raf.close();
            } catch (IOException e) {
            }
        }
    }
}

public static void readFile()
{
    RandomAccessFile raf = null;
    FileChannel inChannel = null;

    try
    {
        raf = new RandomAccessFile("input.txt", "rw");
        // 获取 FileChannel
        inChannel = raf.getChannel();
        // 创建用来读数据的 Buffer
        ByteBuffer readBuf = ByteBuffer.allocate(24);
        // 从 Channel 中把数据读取到 Buffer 中
        int bytesRead = inChannel.read(readBuf);
        while (bytesRead != -1)
        {
            System.out.println("Read " + bytesRead);
            // 把 Buffer 调整为读模式
            readBuf.flip();
            // 如果还有未读内容
            while (readBuf.hasRemaining())
            {
                System.out.print((char) readBuf.get());
            }
            // 清空缓存区
            readBuf.clear();
            bytesRead = inChannel.read(readBuf);
        }
    }
    catch(Exception e)
    {
        e.printStackTrace();
    }
    finally
```

```
                    {
                        if (inChannel != null)
                        {
                            try
                            {
                                inChannel.close();
                            } catch (IOException e) {
                            }
                        }

                        if (raf != null)
                        {
                            try
                            {
                                raf.close();
                            } catch (IOException e) {
                            }
                        }
                    }
                }

                public static void main(String args[]) throws IOException
                {
                    writeFile();
                    readFile();
                }
            }
```

程序的运行结果为：

```
Read 16
filechannel test
```

7.4.3　Selector

Selector 表示选择器或者多路复用器。它主要的功能为轮询检查多个通道的状态，判断通道注册的事件是否发生，也就是说判断通道是否可读或可写。然后根据发生事件的类型对这个通道做出对应的响应。由此可见，一个 Selector 完全可以用来管理多个连接，由此大大提高了系统的性能。这一节将重点介绍 Selector 的使用方法。

（1）创建 Selector

Selector 的创建非常简单，只需要调用 Selector 的静态方法 open 就可以创建一个 Selector，示例代码如下所示：

```
Selector selector = Selector.open();
```

一旦 Selector 被创建出来，接下来就需要把感兴趣的 Channel 的事件注册给 Selector 了。

（2）注册 Channel 的事件到 Selector

由于 Selector 需要轮询多个 Channel，因此注册的 Channel 必须是非阻塞的。在注册前需要使用下面的代码来把 Channel 注册为非阻塞的。

```
//创建支持非阻塞模式的 Channel 对象 channel
....
channel.configureBlocking(false);
```

配置完成后就可以使用下面的代码来注册感兴趣的事件了：

```
SelectionKey key = channel.register(selector, Selectionkey. OP_WRITE);
```

需要注意的是，只有继承了 SelectableChannel 或 AbstractSelectableChannel 的类才有 configureBlocking 这个方法。常用的 SocketChannel 和 ServerSocketChannel 都是继承自 AbstractSelectableChannel 的，因此它们都有 configureBlocking 方法，可以注册到 Selector 上。

register 方法用来向给定的选择器注册此通道，并返回一个选择键。

第一个参数表示要向其注册此通道的选择器；第二个参数表示的感兴趣的键的可用操作集，键的取值有下面四种或者是它们的组合（SelectionKey.OP_READ |SelectionKey.OP_WRITE）：

```
SelectionKey.OP_CONNECT      //表示 connect 事件（Channel 建立了与服务器的连接）
SelectionKey.OP_ACCEPT       //表示 accept 事件（Channel 准备好了接受新的连接）
SelectionKey.OP_READ         //表示 read 事件（通道中有数据可以读）
SelectionKey.OP_WRITE        //表示 write 事件（可以向通道写数据）
```

（3）SelectionKey

向 Selector 注册 Channel 的时候，register 方法会返回一个 SelectionKey 的对象，这个对象表示了一个特定的通道对象和一个特定的选择器对象之间的注册关系。它主要包含如下的一些属性：

```
interest 集合        //通过 key.interestOps();来获取
ready 集合           //通过 key.readyOps();来获取
Channel             //通过 key.channel();来获取
Selector            //通过 key.channel();来获取
附加的对象（可选）     //通过 key.attachment();来获取
```

1）interest 集合。interest 集合表示 Selector 对这个通道感兴趣的事件的集合，通常会使用位操作来判断 Selector 对哪些事件感兴趣，如下例所示：

```
int interestSet = key.interestOps();

boolean isInterestedInAccept  = (interestSet & SelectionKey.OP_ACCEPT) == SelectionKey.OP_ACCEPT；
boolean isInterestedInConnect = interestSet & SelectionKey.OP_CONNECT;
boolean isInterestedInRead    = interestSet & SelectionKey.OP_READ;
boolean isInterestedInWrite   = interestSet & SelectionKey.OP_WRITE;
```

2）ready 集合。ready 集合是通道已经准备就绪的操作的集合。在一次选择(Selection)之后，会首先访问这个 ready 集合。可以使用位操作来检查某一个事件是否就绪。在实际编程中，经常使用下面的方法来判断事件是否就绪：

```
key.isAcceptable();
key.isConnectable();
key.isReadable();
```

```
key.isWritable();
```

3）附加对象。可以把一个对象或者更多信息附着到 SelectionKey 上，这样就能方便地识别某个给定的通道，有两种方法来给 SelectionKey 添加附加对象：

```
selectionKey.attach(theObject);
SelectionKey key = channel.register(selector, SelectionKey.OP_READ, theObject);
```

（4）使用 Selector 选择 Channel

如果对 Selector 注册了一个或多个通道，那么就可以使用 select 方法来获取那些准备就绪的通道（如果对读事件感兴趣，那么会返回读就绪的通道；如果对写事件感兴趣，那么会获取写就绪的通道）。select 方法主要有下面三个重载的实现：

1）select()：选择一组键，其相应的通道已为 I/O 操作准备就绪。此方法执行处于阻塞模式的选择操作。仅在至少选择一个通道、调用此选择器的 wakeup 方法，或者当前的线程已中断（以先到者为准）后此方法才返回。

2）select(long timeout)：此方法执行处于阻塞模式的选择操作。仅在至少选择一个通道、调用此选择器的 wakeup 方法、当前的线程已中断，或者给定的超时期满（以先到者为准）后此方法才返回。

3）int selectNow()：此方法执行非阻塞的选择操作。如果自从前一次选择操作后，没有通道变成可选择的，那么此方法直接返回零。

一旦 select() 方法的返回值表示有通道就绪了，此时就可以通过 selector 的 selectedKeys() 方法来获取那些就绪的通道。示例代码如下所示：

```
Set selectedKeys = selector.selectedKeys();
Iterator keyIterator = selectedKeys.iterator();

//遍历就绪的通道
while(keyIterator.hasNext()) {
    SelectionKey key = keyIterator.next();
    if(key.isAcceptable()) {
        // Channel 准备好了接受新的连接
    } else if (key.isConnectable()) {
        // Channel 建立了新的连接.
    } else if (key.isReadable()) {
        // Channel 中有数据可读了
    } else if (key.isWritable()) {
        // Channel 可以用来写了
    }
    //处理完这个事件后，从 SelectionKey 中删除，下次就绪时会重新被放到 SelectionKey 中的
    keyIterator.remove();
}
```

下面给出一个 Selector 简单的使用示例：

1）服务端代码：

```
import java.io.IOException;
import java.net.InetSocketAddress;
```

```java
import java.nio.ByteBuffer;
import java.nio.channels.SelectionKey;
import java.nio.channels.Selector;
import java.nio.channels.ServerSocketChannel;
import java.nio.channels.SocketChannel;
import java.util.Iterator;
import java.util.Set;

public class Server
{
    public static void main(String[] args)
    {
     Selector selector = null;
        try
        {
            ServerSocketChannel ssc = ServerSocketChannel.open();
            ssc.socket().bind(new InetSocketAddress("127.0.0.1", 8800));
            //设置为非阻塞模型
            ssc.configureBlocking(false);

            selector = Selector.open();
            // 注册 channel，同时指定感兴趣的事件是 Accept
            ssc.register(selector, SelectionKey.OP_ACCEPT);

            ByteBuffer readBuff = ByteBuffer.allocate(1024); //读 Buffer
            ByteBuffer writeBuff = ByteBuffer.allocate(1024); //写 Buffer
            writeBuff.put("Hello client".getBytes());
            writeBuff.flip();

            while (true)
            {
                int readyNum = selector.select(); //阻塞等待
                if (readyNum == 0)
                {
                    continue;
                }
                Set<SelectionKey> keys = selector.selectedKeys(); //获取就绪的 keys
                Iterator<SelectionKey> it = keys.iterator();

                //遍历就绪的通道
                while (it.hasNext())
                {
                    SelectionKey key = it.next();

                    if (key.isAcceptable())
                    {
                        //创建新的连接，并且把新的连接注册到 selector 上，且只对读操作感兴趣
                        SocketChannel socketChannel = ssc.accept();
                        socketChannel.configureBlocking(false);
                        socketChannel.register(selector, SelectionKey.OP_READ);
```

```
                        }
                        else if (key.isReadable())
                        {
                            SocketChannel socketChannel = (SocketChannel) key.channel();
                            readBuff.clear();
                            socketChannel.read(readBuff);

                            readBuff.flip();
                            System.out.println("Server receive : " + new String(readBuff.array()));
                            //一旦读完数据后，只对写感兴趣，因为要给 client 发送数据
                            key.interestOps(SelectionKey.OP_WRITE);
                        }
                        else if (key.isWritable())
                        {
                            writeBuff.rewind();
                            SocketChannel socketChannel = (SocketChannel) key.channel();
                            socketChannel.write(writeBuff);
                            //发送完以后又指对读事件感兴趣
                            key.interestOps(SelectionKey.OP_READ);
                        }
                        //处理完事件后需要从就绪的 keys 中删除
                        it.remove();
                    }
                }
            }
            catch (IOException e)
            {
                e.printStackTrace();
            }
            finally
            {
                if (selector != null)
                {
                    try {
                        selector.close();
                    } catch (IOException e) {
                    }
                }
            }
        }
    }
```

客户端代码：

```
import java.io.IOException;
import java.net.InetSocketAddress;
import java.nio.ByteBuffer;
import java.nio.channels.SocketChannel;

public class Client
{
```

```java
        public static void main(String[] args)
        {
            SocketChannel channel = null;
            try
            {
                channel = SocketChannel.open();
                channel.connect(new InetSocketAddress("127.0.0.1", 8800));

                ByteBuffer writeBuf = ByteBuffer.allocate(1024);
                ByteBuffer readBuf= ByteBuffer.allocate(1024);

                writeBuf.put("Hello server".getBytes());
                writeBuf.flip();

                while (true)
                {
                    writeBuf.rewind();
                    channel.write(writeBuf);
                    readBuf.clear();
                    channel.read(readBuf);
                    System.out.println("Client receive : " + new String(readBuf.array()));
                }
            }
            catch (IOException e)
            {
                e.printStackTrace();
            }
            finally
            {
                if (channel != null)
                {
                    try {
                        channel.close();
                    } catch (IOException e) {
                    }
                }
            }
        }
    }
```

7.4.4　AIO

从上面的介绍可以看出 BIO 使用同步阻塞的方式工作的，而 NIO 则使用的是异步阻塞的方式。对于 NIO 而言，它最重要的地方是当一个连接创建后，不需要对应一个线程，这个连接会被注册到多路复用器上面，所以所有的连接只需要一个线程就可以管理，当这个线程中的多路复用器进行轮询的时候，发现连接上有请求的话，才开启一个线程进行处理，也就是一个请求一个线程模式。

在 NIO 的处理方式中，当一个请求来的话，开启线程进行处理，但是它仍然需要使用阻塞的方式读取数据，显然在这种情况下这个线程就被阻塞了，在大并发的环境下，也会有一定的性能的问题。造成这个问题的主要原因就是 NIO 仍然使用了同步的 IO。

AIO 是对 NIO 的改进（所以 AIO 又叫 NIO.2），它是基于 Proactor 模型实现的。

在 IO 读写的时候，如果想把 IO 请求与读写操作分离调配进行，那么就需要用到事件分离器。根据处理机制的不同，事件分离器又分为：同步的 Reactor 和异步的 Proactor。为了更好地理解 AIO 与 NIO 的区别，下面首先简要介绍一下 Reactor 模型与 Proactor 模型的区别：

（1）Reactor 模型

它的工作原理为（以读操作为例）：

① 应用程序在事件分离器上注册"读就绪事件"与"读就绪事件处理器"。

② 事件分离器会等待读就绪事件发生。

③ 一旦读就绪事件发生事件分离器就会被激活，分离器就会调用"读就绪事件处理器"。

④ 此时读就绪处理器就知道有数据可以读了，然后开始读取数据，把读到的数据提交程序使用。

（2）Proactor 模型

① 应用程序在事件分离器上注册"读完成事件"和"读完成事件处理器"，并向操作系统发出异步读请求。

② 事件分离器会等待操作系统完成读取。

③ 在操作系统完成数据的读取并将结果数据存入用户自定义缓冲区后会通知事件分离器读操作完成。

④ 事件分离器监听到"读完成事件"后会激活"读完成事件的处理器"。

⑤ 读完成事件处理器此时就可以把读取到的数据提供给应用程序使用。

由此可以看出它们的主要区别为：在 Reactor 模型中，应用程序需要负责数据的读取操作；而在 Proactor 模型中，应用程序只需以缓存读取和写入，实际的 IO 由操作系统负责。由此可以看出 AIO 的处理流程如下所示：

1）每个 socket 连接在事件分离器注册"IO 完成事件"和 "IO 完成事件处理器"。

2）应用程序需要进行 IO 操作时，会向分离器发出 IO 请求并把所需的 Buffer 区域告诉分离器，分离器则会通知操作系统进行 IO 操作。

3）操作系统则尝试 IO 操作，等操作完成后会通知分离器。

4）分离器检测到 IO 完成事件，则激活 IO 完成事件处理器，处理器会通知应用程序，接着应用程序就可以直接从 Buffer 区进行数据的读写。

在 AIO socket 编程中，服务端通道是 AsynchronousServerSocketChannel，这个类提供了一个 open() 静态工厂、一个 bind() 方法用于绑定服务端 IP 地址（还有端口号），另外还提供了 accept() 用于接收用户连接请求。在客户端使用的通道是 AsynchronousSocketChannel，这个通道处理提供 open 静态工厂方法外，还提供了 read 和 write 方法。

在 AIO 编程中，当应用程序发出一个事件（accept、read 或 write 等）后需要指定事件处理类（也就是回调函数），AIO 中使用的事件处理类是 CompletionHandler<V,A>，这个接口有如下两个方法，分别在异步操作成功和失败时被回调。

```
void completed(V result, A attachment);        //操作成功后被调用
void failed(Throwable exc, A attachment);       //操作失败后被调用
```

下面给出一个简单的 AIO 的使用示例，在实例中服务器端只是简单地回显客户端发送的数据。

① 服务端代码：

```java
import java.io.IOException;
import java.net.InetSocketAddress;
import java.nio.ByteBuffer;
import java.nio.channels.*;
import java.util.concurrent.*;

public class Server
{
private void listen(int port)
{
    try
    {
        try (AsynchronousServerSocketChannel server = AsynchronousServerSocketChannel.open())
        {
            server.bind(new InetSocketAddress(port));
            System.out.println("Server is listening on " + port);

            ByteBuffer buff = ByteBuffer.allocateDirect(5);
            server.accept(null, new CompletionHandler<AsynchronousSocketChannel, Object>()
            {
                // Accept 成功后会调用这个方法
                public void completed(AsynchronousSocketChannel result, Object attachment)
                {
                    try
                    {
                        buff.clear();
                        result.read(buff).get();
                        buff.flip();
                        // 回显客户端发送的数据
                        result.write(buff);
                        buff.flip();
                    }
                    catch (InterruptedException | ExecutionException e)
                    {
                        System.out.println(e.toString());
                    }
                    finally
                    {
                        try
                        {
                            result.close();
                            server.close();
                        }
                        catch (Exception e)
                        {
                            System.out.println(e.toString());
```

```
                                        }
                                    }
                                }

                                @Override
                                public void failed(Throwable exc, Object attachment)
                                {
                                        System.out.println("server failed: " + exc);
                                }
                        });

                        try
                        {
                            // 一直等待
                            Thread.sleep(Integer.MAX_VALUE);
                        }
                        catch (InterruptedException ex)
                        {
                                System.out.println(ex);
                        }
                    }
                }
            catch (IOException e)
            {
                    System.out.println(e);
            }
    }

    public static void main(String args[])
    {
        int port = 8000;
        Server s = new Server();
        s.listen(port);
    }
}
```

② 客户端代码:

```
import java.net.InetSocketAddress;
import java.nio.ByteBuffer;
import java.nio.channels.AsynchronousSocketChannel;
import java.nio.channels.CompletionHandler;

public class Client
{
    private final AsynchronousSocketChannel client ;

    public Client() throws Exception
    {
        client = AsynchronousSocketChannel.open();
    }
```

```java
public void start()throws Exception
{
    client.connect(new InetSocketAddress("127.0.0.1",8000),null,new CompletionHandler<Void,Void>()
    {
        @Override
        public void completed(Void result, Void attachment)
        {
            try
            {
                client.write(ByteBuffer.wrap("Hello".getBytes())).get();
            }
            catch (Exception ex)
            {
                ex.printStackTrace();
            }
        }

        @Override
        public void failed(Throwable exc, Void attachment)
        {
            exc.printStackTrace();
        }
    });

    final ByteBuffer bb = ByteBuffer.allocate(5);
    client.read(bb, null, new CompletionHandler<Integer,Object>()
    {
        // 数据读取完成一会会调用这个方法
        @Override
        public void completed(Integer result, Object attachment)
        {
            System.out.println(result);
            System.out.println(new String(bb.array()));
        }

        @Override
        public void failed(Throwable exc, Object attachment)
        {
            exc.printStackTrace();
        }
    }
    );

    try {
        // Wait for ever
        Thread.sleep(Integer.MAX_VALUE);
    } catch (InterruptedException ex) {
        System.out.println(ex);
    }
}
```

```
    }

    public static void main(String args[])throws Exception
    {
        new Client().start();
    }
}
```

第三部分　JVM

JVM 是 JRE 中最核心的部分，它被用来分析和执行 Java 字节码的工作。虽然 Java 程序员在不需要了解 JVM 运行原理的情况下也可以开发出应用程序，但是对 JVM 的了解有助于更加深入地理解 Java，而且有助于解决一些比较复杂的问题。

第8章 内存分配

本章将重点介绍 JVM 中内存的划分与垃圾回收的实现原理。

8.1 JVM 内存划分

为了便于管理，JVM 在执行 Java 程序的时候，会把它所管理的内存划分为多个不同区域，如图 8-1 所示。

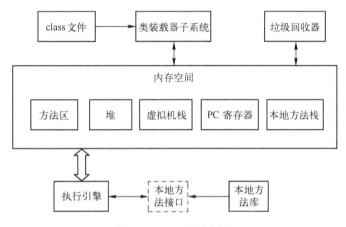

图 8-1 JVM 内存划分

以下将分别对这些区域进行介绍。

（1）class 文件

class 文件是 Java 程序编译后生成的中间代码，这些中间代码将会被 JVM 解释执行。

（2）类装载器子系统

类装载器子系统负责把 class 文件装载到内存中，供虚拟机执行。

JVM 有两种类装载器，分别是启动类装载器和用户自定义类装载器。其中，启动类装载器是 JVM 实现的一部分；用户自定义类装载器则是 Java 程序的一部分，必须是 ClassLoader 类的子类。常见的类加载器主要有如下几种：

1）Bootstrap ClassLoader。这是 JVM 的根 ClassLoader，它是用 C++语言实现的，当 JVM 启动时，初始化此 ClassLoader，并由此 ClassLoader 完成$JAVA_HOME 中 jre/lib/rt.jar（Sun JDK 的实现）中所有 class 文件的加载，这个 jar 中包含了 Java 规范定义的所有接口以及实现。

2）Extension ClassLoader。JVM 用此 ClassLoader 来加载扩展功能的一些 jar 包。

3）System ClassLoader。JVM 用此 ClassLoader 来加载启动参数中指定的 Classpath 中的 jar 包以及目录，在 Sun JDK 中，ClassLoader 对应的类名为 AppClassLoader。

4）User-Defined ClassLoader。User-Defined ClassLoader 是 Java 开发人员继承 ClassLoader

抽象类自行实现的 ClassLoader，基于自定义的 ClassLoader 可用于加载非 Classpath 中的 jar 以及目录。

（3）方法区

方法区用来存储被虚拟机加载的类信息、常量、静态变量、编译器编译后的代码等数据。在类加载器加载 class 文件的时候，这些信息将会被提取出来，并存储到方法区中。由于这个区域是所有线程共享的区域，因此，它被设计为线程安全的。方法区可以被看成 JVM 的一个规范，在 HotSpot 中，方法区是用 Perm 区来实现的方法区。

在 JDK1.6 以及以下的版本中，方法区中还存放了运行时的常量池，最典型的应用就是字符串常量，例如，定义了如下语句：String s="Hello"; String s1="Hello";，其中，"Hello"就是字符串常量，存储在常量池中，两个字符串引用 s 和 s1 都指向常量池中的"Hello"。从 JDK1.7 开始，字符串常量池已经被移到堆区了。

（4）堆

堆是虚拟机启动的时候创建的被所有线程共享的区域。这块区域主要用来存放对象的实例，通过 new 操作创建出来的对象的实例都存储在堆空间中，因此，堆就成为垃圾回收器管理的重点区域。

（5）虚拟机栈

栈是线程私有的区域，每当有新的线程创建时，就会给它分配一个栈空间，当线程结束后，栈空间就被回收，因此，栈与线程拥有相同的生命周期。栈主要用来实现 Java 语言中方法的调用与执行，每个方法在被执行的时候，都会创建一个栈帧用来存储这个方法的局部变量、操作栈、动态链接和方法出口等信息。当进行方法调用时，通过压栈与弹栈操作进行栈空间的分配与释放。当一个方法被调用的时候，会压入一个新的栈帧到这个线程的栈中，当方法调用结束后，就会弹出这个栈帧，从而回收掉调用这个方法使用的栈空间。

（6）程序计数器

程序计数器也是线程私有的资源，JVM 会给每个线程创建单独的程序计数器。它可以被看作是当前线程执行的字节码的行号指示器，解释器的工作原理就是通过改变这个计数器的值来确定下一条需要被执行的字节码指令，程序控制的流程（循环、分支、异常处理、线程恢复）都是通过这个计数器来完成的。

（7）本地方法栈

本地方法栈与虚拟机栈的作用是相似的，唯一不同的是虚拟机栈为虚拟机执行 Java 方法（也就是字节码）服务，而本地方法栈则是为虚拟机使用到的 Native（本地）方法服务。Native（本地）方法接口都会使用某种本地方法栈，当线程调用 Java 方法时，JVM 会创建一个新的栈帧并压入虚拟机栈。然而当它调用的是本地方法时，虚拟机栈保持不变，不会在线程的虚拟机栈中压入新的帧，而是简单地动态链接并直接调用指定的本地方法。如果某个虚拟机实现的本地方法接口使用的是 C++连接模型，那么它的本地方法栈就是 C++栈。

（8）执行引擎

执行引擎主要负责执行字节码。方法的字节码是由 Java 虚拟机的指令序列构成的，每一条指令包含一个单字节的操作码，后面跟随 0 个或多个操作数。当执行引擎执行字节码时，首先会取一个操作码，如果这个操作码有操作数，那么会接着取得它的操作数。然后执行这个操作，执行完成后会继续取得下一个操作码执行。

在执行方法时，JVM 提供了四种指令来执行：

1）invokestatic：调用类的 static 方法。

2）invokevirtual：调用对象实例的方法。

3）invokeinterface：将属性定义为接口来进行调用。

4）invokespecial：调用一个初始化方法、私有方法或者父类的方法。

（9）垃圾回收器

主要作用是回收程序中不再使用的内存。

8.2　运行时内存划分

8.2.1　年轻代、老年代与永久代

根据对象的生命周期的长短把对象分成不同的种类（年轻代、老年代和永久代），并分别进行内存回收，这就是分代垃圾回收。

分代垃圾回收算法的主要思路：把堆分成两个或者多个子堆，每一个子堆被视为一代。在运行的过程中，优先收集那些年幼的对象，如果一个对象经过多次收集仍然存活，那么就可以把这个对象转移到高一级的堆里，减少对其的扫描次数。

目前最常用的 JVM 是 SUN 公司（现被 Oracle 公司收购）的 HotSport，它采用的算法为分代回收。

HotSport 把 JVM 中堆空间划分为三个代：年轻代（Young Generation）、老年代（Old Generation）和永久代（Permanent Generation）。以下将分别对这三个代进行分析。

1）年轻代（Young Generation）：被分成 3 个部分，一个 Eden 区和两个相同的 Survivor 区。Eden 区主要用来存储新建的对象，Survivor 区也被称为 from 和 to 区，Survivor 区是大小相等的两块区域，在使用"复制"回收算法时，作为双缓存，起到内存整理的作用，因此，Survivor 区始终都保持一个是空的。

2）老年代（Old Generation）：主要存储生命周期较长的对象、超大的对象（无法在年轻代分配的对象）。

3）永久代（Permanent Generation）：存放代码、字符串常量池、静态变量等可以持久化的数据。SunJDK 把方法区实现在了永久代。

它们的划分如图 8-2 所示。

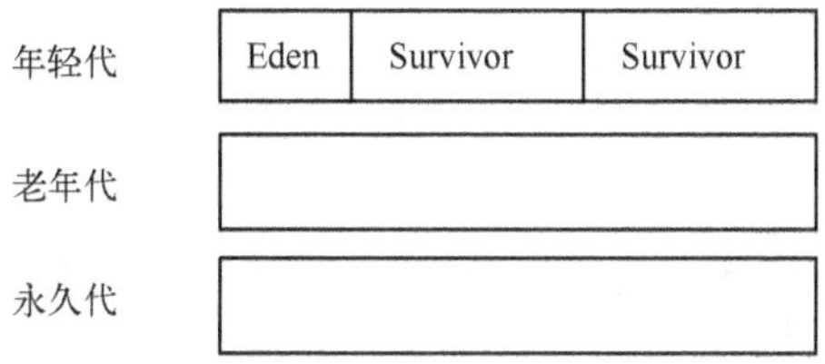

年轻代	Eden	Survivor	Survivor
老年代			
永久代			

图 8-2　内存代的划分关系

因为永久代基本不参与垃圾回收，所以，这里重点介绍的是年轻代和老年代的垃圾回收方法。

新建对象优先在 Eden 区分配内存，如果 Eden 区已满，那么在创建对象的时候，会因为无法申请到空间而触发 minorGc 操作，minorGc 主要用来对年轻代垃圾进行回收：把 Eden 区中不能被回收的对象放入到空的 Survivor 区，另一个 Survivor 区里不能被垃圾回收器回收的对象也会被放入到这个 Survivor 区，这样能保证有一个 Survivor 区是空的。如果在这个过程中发现 Survivor 区也满了，那么就会把这些对象拷贝到老年代（Old Generation），或者 Survivor 区并没有满，但是有些对象已经存在了非常长的时间，这些对象也将被放到老年代中，如果当老年代也被放满了，那么就会触发 fullGC。

引申 1：什么情况下会触发 fullGC，如何避免？

因为 fullGC 是用来清理整个堆空间—包括年轻代和永久代的，所以 fullGC 会造成很大的系统资源开销。因此，通常需要尽量避免 fullGC 操作。

下面介绍几种常见的 fullGC 产生的原因以及避免的方法。

（1）调用 System.gc() 方法会触发 fullGC

因此，在编码的时候尽量避免调用这个方法。

（2）老年代（Old Generation）空间不足

由于老年代主要用来存储从年轻代转入的对象、大对象和大数组，因此，为了避免触发 fullGC，应尽量做到让对象在 Minor GC 阶段被回收、不要创建过大的对象及数组。由于在 Minor GC 时，只有 Survivor 区放不下的对象才会被放入老年代，而此时只有老年代也放不下才会触发 fullGC，因此，另外一种避免 fullGC 的方法如下所示：根据实际情况增大 Survivor 区、老年代空间或调低触发并发 GC（并发垃圾回收）的比率。

（3）永久代（Permanent Generation）满

永久代主要存放 class 相关的信息，当永久代满的时候，也会触发 fullGC。为了避免这种情况的发生，可以增大永久代的空间（例如 -XX:MaxPermSize=16m:设置永久代大小为 16M）。为了避免 Perm 区满引起的 fullGC，也可以开启 CMS 回收永久带选项（开启的选项为：+CMSPermGenSweepingEnabled -XX:+CMSClassUnloadingEnabled。CMS 利用和应用程序线程并发的垃圾回收线程来进行垃圾回收操作。

需要注意的是，Java 8 中已经移除了永久代，新加了一个称为元数据区的 native 内存区，所以，大部分类的元数据都在本地内存中分配。

8.2.2　String.intern()

在 Java 语言中，对于 String 对象提供了专门的字符串常量池。为了便于理解，首先介绍在 Java 语言中字符串的存储机制：

在 Java 语言中，字符串起着非常重要的作用，字符串的声明与初始化主要有如下两种情况：

1）对于 String s1=new String("abc") 语句与 String s2=new String("abc") 语句，存在两个引用对象 s1、s2，两个内容相同的字符串对象 "abc"，它们在内存中的地址是不同的。只要用到 new 总会生成新的对象。

2）对于 String s1 = "abc" 语句与 String s2 = "abc" 语句，在 JVM 中存在着一个字符串池，

其中保存着很多 String 对象，并且可以被共享使用，s1、s2 引用的是同一个常量池中的对象。由于 String 的实现采用了 Flyweight 的设计模式，当创建一个字符串常量的时候，例如 String s = "abc"，会首先在字符串常量池中查找是否已经有相同的字符串被定义，它的判断依据是 String 类 equals(Object obj)方法的返回值。如果已经定义，那么直接获取对其的引用，此时不需要创建新的对象，如果没有定义，那么首先创建这个对象，然后把它加入到字符串池中，再将它的引用返回。由于 String 是不可变类，一旦创建好了就不能被修改，因此 String 对象可以被共享而且不会导致程序的混乱。

具体而言：

String s="abc"; //把"abc"放到常量区中，在编译时产生

String s="ab"+"c"; //把"ab"+"c"转换为字符串常量"abc"放到常量区中

String s=new String("abc"); //在运行时把"abc"放到堆里面

例如：

```
String s1="abc";                    //在常量区里面存放了一个"abc"字符串对象
String s2="abc";                    //s2 引用常量区中的对象，因此不会创建新的对象
String s3=new String("abc")         //在堆中创建新的对象
String s4=new String("abc")         //在堆中又创建一个新的对象
```

为了便于理解，可以把 String s = new String("abc")语句的执行人为地分解成两个过程：第一个过程是新建对象的过程，即 new String("abc")，第二个过程是赋值的过程，即 String s=。由于第二个过程中只是定义了一个名为 s 的 String 类型的变量，将一个 String 类型对象的引用赋值给 s，因此在这个过程中不会创建新的对象。第一个过程中 new String("abc")会调用 String 类的构造函数：

```
public String(String original){
    //body
}
```

由于在调用这个构造函数的时候，传入了一个字符串常量，因此语句 new String("abc")也就等价于"abc"和 new String()两个操作了。如果在字符串池中不存在"abc"，那么会创建一个字符串常量"abc"，并将其添加到字符串池中，如果存在，那么不创建，然后 new String()会在堆中创建一个新的对象。所以 str3 与 str4 指向的是堆中不同的 String 对象，地址自然也不相同了。如图 8-3 所示。

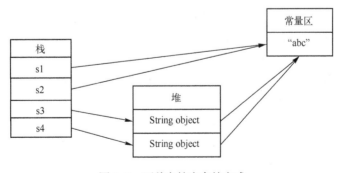

图 8-3　两种字符串存储方式

从上面的分析可以看出，在创建字符串对象的时候，会根据不同的情况来确定字符串被放在常量区还是堆中。而 intern 方法主要用来把字符串放入字符串常量池中。在以下两种情况下，字符串会被放到字符串常量池中：

1）直接使用双引号声明的 String 对象都会直接存储在常量池中。

2）通过调用 String 提供的 intern 方法把字符串放到常量池中，intern 方法会从字符串常量池中查询当前字符串是否存在，若不存在，则会将当前字符串放入常量池中。

intern 方法在 jdk6 和 jdk7 下有着不同的工作原理，下面通过一个例子来介绍它们的不同之处。

```java
public class Test
{
    public static void main(String[] args) throws Exception
    {
        String s1 = new String("a");
        s1.intern();
        String s2 = "a";
        System.out.println(s1 == s2);

        String s3 = new String("a") + new String("a");
        s3.intern();
        String s4 = "aa";
        System.out.println(s3 == s4);
    }
}
```

以上程序的运行结果为：

JDK1.6 以及以下的版本：	JDK1.7 以及以上的版本：
false	false
false	true

从上面例子的运行结果可以看出，JDK1.6 以及以前的版本一样，JDK1.7 开始的版本对 intern 方法的处理是不同的，下面分别介绍这两种不同的实现方式。

（1）在 JDK1.6 以及以前版本中的实现原理

inten()方法会查询字符串常量池是否存在当前字符串，若不存在则将当前字符串复制到字符串常量池中，并返回字符串常量池中的引用。

如图 8-4 所示，在 JDK1.6 中的字符串常量池是在 Perm 区中，前面提到过使用引号声明的字符串会直接存储在字符串常量池中，而 new 出来的 String 对象是放在堆区。即使通过调用 intern 方法把字符串放入字符串常量区中，由于堆和 Perm 区是两块独立的存储空间，存储在堆和 Perm 区中的对象一定会有不同的存储空间，因此，它们也有不同的地址。

（2）在 JDK1.7 以及以上版本中的实现原理

intern()方法会先查询字符串常量池是否存在当前字符串，若字符串常量池中不存在则再从堆中查询，然后存储并返回相关引用；若都不存在则将当前字符串复制到字符串常量池中，并返回字符串常量池中的引用。实现原理如图 8-5 所示。

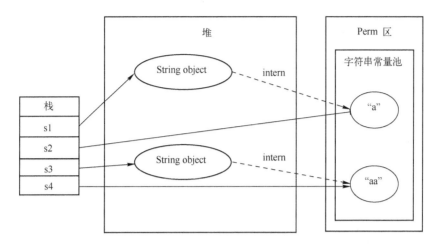

图 8-4　intern 方法在 JDK1.6 以及更低版本的实现原理

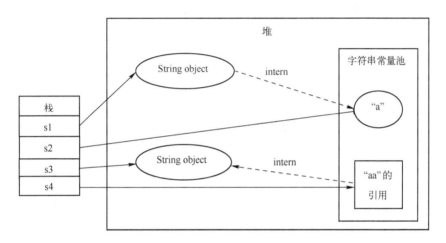

图 8-5　intern 方法在 JDK1.7 以及以上版本中的实现原理

1）String s1 = new String("a")。这句代码生成了 2 个对象。常量池中的"a"和堆中的字符串对象。s1.intern(); 这一句代码执行的时候，s1 对象首先去常量池中寻找，由于发现"a"已经在常量池里了，因此不做任何操作。

2）接下来执行 String s2 = "a"。这句代码是在栈中生成一个 s2 的引用，这个引用指向常量池中的"a"对象。显然 s1 与 s2 有不同的地址。

3）String s3 = new String("a") + new String("a")。这行代码在字符串常量池中生成"a"（由于已经存在了，不会创建新的字符串），并且在堆中生成一个字符串对象（字符串的内容为"aa"），s3 指向这个堆中的对象。需要注意的是，此时常量池中还不存在字符串"aa"。

4）接下来执行 s3.intern()。这句代码执行的过程是：首先判断"aa"在字符串常量区中不存在，因此会把"aa"放入字符串常量区中，在 JDK6 中，会在常量池中生成一个"aa"的对象。由于在 JDK7 开始字符串常量池从 Perm 区移到堆中了，在这种情况下，常量池中不需要再存储一份对象了，而是直接存储堆中的引用。这份引用指向 s3 引用的对象。 如上图所示，字符串常量区中的字符串"aa"直接指向堆中的字符串对象。由此可见，这种实现方式能够大大降低字符串所占用的内存空间。

5）执行 String s4 = "aa"。的时候，由于这个字符串在字符串常量区中已经存在了（指向 s3 引用对象的一个引用）。所以 s4 引用就指向和 s3 一样了。因此 s3 == s4 的结果 是 true。

如果把上面例子中的代码的顺序调整，那么就会得到不同的运行结果，如下例所示：

```java
public class Test
{
    public static void main(String[] args) throws Exception
    {
        String s1 = new String("a");
        String s2 = "a";
        s1.intern();
        System.out.println(s1 == s2);

        String s3 = new String("a") + new String("a");
        String s4 = "aa";
        s3.intern();
        System.out.println(s3 == s4);
    }
}
```

上述代码的运行结果为：

JDK1.6 以及以下的版本：	JDK1.7 以及以上的版本：
false	false
false	false

1）String s1 = newString("a")，生成了常量池中的字符串"a"、堆空间中的字符串对象和指向堆空间对象的引用 s1。

2）String s2 = "aa"，这行代码是生成一个 s2 的引用并直接指向常量池中的"aa"对象。

3）s1.intern()，由于"a"已经在字符串常量区中存在了，因此这一行代码没有什么实际作用。

显然 s1 与 s2 的引用地址是不相同的。

4）String s3 = new String("a") + newString("a")，这行代码在字符串常量池中生成"a"（由于已经存在了，不会创建新的字符串），并且在堆中生成一个字符串对象（字符串的内容为"aa"），s3 指向这个堆中的对象。需要注意的是，此时常量池中还不存在字符串"aa"。

5）String s4 = "aa"，这一行代码执行的时候，首先在字符串常量区中生成字符串"aa"，接着 s4 指向字符串常量区中的"aa"。

6）s3.intern()，由于"aa"已经存在了，这一行没有实际的作用。

引申 1：intern 方法内部是怎么实现的？

主要通过 JNI 调用 C++实现的 StringTable 的 intern 方法来实现的，StringTable 的 intern 方法与 Java 中的 HashMap 的实现非常类似，但是 C++中的 StringTable 没有自动扩容的功能。在 JDK1.6 中，它的默认大小为 1009。由此可见，String 的 String Pool 使用了一个固定大小的 Hashtable 来实现的，如果往字符串常量区中放入过多的字符串，那么就会造成 Hash 冲突严重，解决冲突需要额外的时间，这就会导致使用字符串常量池的时候性能会下降。因此在编写代码的时候需要注意这个问题。为了提供一定的灵活性，JDK1.7 中提供了下面的参数来指定 StringTable 的长度：

```
XX:StringTableSize=10000
```

引申 2：如何验证从 JDK1.7 开始字符串常量被移到堆中了？

可以通过 intern 方法把大量的字符串都存放在字符串常量池中直到常量池空间不够了导致溢出，根据抛出的异常可以查看是哪部分内存不够而导致溢出的，如下例所示：

```java
import java.util.*;

public class Test
{
    public static String    s = "Hello";
    public static void main(String[] args)
    {
        List<String> list = new ArrayList<String>();
        for (int i=0;i< Integer.MAX_VALUE;i++)
        {
            String str = s + s;
            s = str;
            list.add(str.intern());
        }
    }
}
```

在 JDK1.6 以及以下的版本运行会抛出"java.lang.OutOfMemoryError: PermGen space "异常，说明字符串常量池是存储在永久代中的。而在 JDK1.7 以及以上的版本中运行上述代码，会抛出"java.lang.OutOfMemoryError: Java heap space"异常，说明从 JDK1.7 开始，字符串常量池被存储在堆中。

8.2.3　原空间 MetaSpace

在 JDK1.8 以前的版本中，由于类大多是"static"的，很少被卸载或收集，因此这部分数据被称为"永久的(Permanent)"。同时，因为类 class 是 JVM 实现的一部分，而不是由应用创建的，所以又被认为是"非堆(non-heap)"内存。在 JDK1.8 之前的 HotSpot JVM 中，存放这些"永久的"的区域被叫作"永久代"。"永久代"是一片连续的堆空间。

从 JDK1.7 开始，HopSpot JVM 已经逐步开始把永久代的数据向其他存储空间转移了，例如在 JDK1.7 中把字符串常量池从永久代转移到了 JVM 的堆空间中，但是永久代并没有完全被移除。从 JDK1.8 开始彻底把永久代从 JVM 中移除了，而把类的元数据放到本地化的堆内存(native heap)中，这一块本地化的堆内存区域被叫作 Metaspace（元空间）。为什么要移除永久代呢？主要有以下几个：

1）由于 Permanent Generation 内存经常不够用或发生内存泄漏，而抛出异常：java.lang.OutOfMemoryError: PermGen。尤其是在 Java Web 开发的时候经常需要动态生成类，而永久代又是一块非常小的存储空间，动态生成过多的类会导致永久代的空间被用完而导致上述异常的出现。显然元空间有非常大的存储空间，因此从一定程度上可以避免这个问题。当然，永久代的移除并不意味着内存泄漏的问题就没有了。因此，仍然需要监控内存的消耗，因为内存泄漏仍然会耗尽整个本地内存。

2）移除永久代可以促进 HotSpot JVM 与 JRockit VM 的融合，因为 JRockit 没有永久代。

3）在 HotSpot 中，每个垃圾回收器都需要专门的代码来处理存储在 PermGen 中的类的元数据信息。从把类的元数据从永久代转移到 Metaspace 后，由于 Metaspace 的分配具有和 Java Heap 相同的地址空间，因此可以实现 Metaspace 和 Java Heap 的无缝化管理，而且简化了 FullGC 的过程，以至将来可以并行对元数据信息进行垃圾收集，而没有 GC 暂停。

Metaspace 是如何进行内存分配的呢？

Metaspace VM 通过借鉴内存管理的方式来管理 Metaspace，把原来由多个垃圾回收器完成的工作全部移到 Metaspace VM（由 C++实现的）上了。Metaspace VM 实现垃圾回收的思想非常简单：类与类加载器有着相同的生命周期，也就是说，只要类加载器还存活着，在 Metaspace 中存储的类的元数据就不能被释放。

Metaspace VM 通过一个块分配器来管理 Metaspace 内存的分配。块的大小取决于类加载器的类型。Metaspace VM 维护着一个全局的可使用的块列表。当一个类加载器需要一个块的时候，它会从这个全局块列表中取走一个块，然后添加到它自己维护的块列表中。当类加载器的生命周期结束的时候，它的块将会被释放，从而把申请的块归还给全局的块列表。每个块又被分成多个 block，每个 block 存储一个元数据单元。

由于类的大小不是固定的，当一个类加载器需要一个块的时候，有可能空闲的块太小了不足以容纳当前的类，就会出现内存碎片，目前 Metaspace VM 还没有使用压缩算法或者其他的方法来解决这个碎片问题。

MetaSpace 主要新增加了如下几个参数：

- -XX:MetaspaceSize：分配给类元数据的内存（单位是字节）。
- -XX:MaxMetaspaceSize：分配给类元数据空间的最大值，一旦超过此值就会触发 Full GC。
- -XX:MinMetaspaceFreeRatio：表示一次 GC 以后，为了避免增加元数据空间的大小，空闲的类元数据的容量的最小比例，不够就会导致垃圾回收。
- -XX:MaxMetaspaceFreeRatio：表示一次 GC 以后，为了避免增加元数据空间的大小，空闲的类元数据的容量的最大比例，不够就会导致垃圾回收。

MetaSpace 的引入主要有如下几个优点：

- 充分利用了 Java 语言规范中的好处：类及相关的元数据与类加载器有相同的生命周期。
- 每个加载器有专门的存储空间。
- 只进行线性分配。
- 不会单独回收某个类。
- 省掉了 GC 扫描及压缩的时间。

8.3 垃圾回收

在 C/C++语言中，程序员需要自己管理内存的申请与释放，而在 Java 语言中，程序员从来不需要关心内存的管理，只管去申请内存而不用担心内存是否被释放，因为 JVM 提供了垃圾回收器来实现内存的回收。不同的虚拟机会提供不同的垃圾回收器。并且提供一系列参数供用户根据自己的应用需求来使用不同的类型的回收器。本节重点四种类型的垃圾回收器。

下面首先介绍一下 Java 垃圾回收器的发展历史，然后在后面的章节中详细介绍每种垃圾回收器的工作原理：

第一阶段，串行垃圾回收器

在 JDK1.3.1 之前，Java 虚拟机仅仅只支持 Serial 收集器。

第二阶段，并行垃圾回收器

随着多核的出现，Java 引入了并行垃圾回收器，它可以充分利用多核的特性，提升垃圾回收的效率。

第三阶段，并发标记清理回收器（CMS）

垃圾回收器可以与应用程序同时运行，从而能降低暂停用户线程执行的时间。

第四阶段，G1（并发）回收器

G1 垃圾回收器的主要涉及初衷是在清理非常大的堆空间的时候能够满足特定的暂停应用程序的时间。与 CMS 相比，会有更少的内存碎片。

8.3.1　垃圾回收算法

在 Java 语言中，GC（Garbage Collection，垃圾回收）是一个非常重要的概念，它的主要作用是回收程序中不再使用的内存。在使用 C/C++语言进行程序开发的时候，开发人员必须非常仔细地管理好内存的分配与释放，如果忘记或者错误地释放内存，那么往往会导致程序运行不正确甚至是程序的崩溃。为了减轻开发人员的工作，同时增加系统的安全性与稳定性，Java 语言提供了垃圾回收器来自动检测对象的作用域，自动地把不再被使用的存储空间释放掉。具体而言，垃圾回收器要负责完成 3 项任务：分配内存、确保被引用对象的内存不被错误地回收以及回收不再被引用的对象的内存空间。

垃圾回收器的存在，一方面把开发人员从释放内存的复杂工作中解脱出来，提高了开发人员的生产效率，另一方面，对开发人员屏蔽了释放内存的方法，可以避免因为开发人员错误地操作内存从而导致应用程序的崩溃，保证了程序的稳定性。但是，垃圾回收也带来了问题，为了实现垃圾回收，垃圾回收器必须跟踪内存的使用情况，释放没用的对象，在完成内存的释放后，还需要处理堆中的碎片，这些操作必定会增加 JVM 的负担，从而降低程序的执行效率。

对于对象而言，如果没有任何变量去引用它，那么该对象将不可能被程序访问，因此，可以认为它是垃圾信息，可以被回收。只要有一个以上的变量引用该对象，该对象就不会被垃圾回收。

对于垃圾回收器来说，它使用有向图来记录和管理堆内存中的所有对象，通过这个有向图就可以识别哪些对象是"可达的"（有引用变量引用它就是可达的），哪些对象是"不可达的"（没有引用变量引用它就是不可达的），所有"不可达的"对象都是可被垃圾回收的。如下所示：

```
public class Test
{
    public static void main(String[] a)
    {
        Integer i1=new Integer(1);
        Integer i2=new Integer(2);
```

```
                i2=i1;
             //some other code
        }
    }
```

上述代码在执行到语句 i2=i1 后，内存的引用关系如图 8-6 所示。

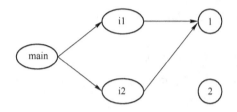

图 8-6　intern 内存引用关系图

此时，如果垃圾回收器正在进行垃圾回收操作，那么在遍历上述有向图的时候，资源 2 所占的内存是不可达的，垃圾回收器就会认为这块内存已经不会再被使用了，因此，就会回收该块内存空间。

由于垃圾回收器的存在，Java 语言本身没有给开发人员提供显式释放已分配内存的方法，也就是说，开发人员不能实时地调用垃圾回收器对某个对象或所有对象进行垃圾回收。但开发人员却可以通过调用 System.gc() 方法来通知垃圾回收器运行，当然，JVM 也并不会保证垃圾回收器马上就会运行。由于 gc 方法的执行会停止所有的响应，去检查内存中是否有可回收的对象，这会对程序的正常运行以及性能造成极大的威胁，所以，在实际编程中，不推荐频繁使用 gc 方法。

垃圾回收都是依据一定的算法进行的，下面介绍其中几种常用的垃圾回收算法。

（1）引用计数算法（Reference Counting Collector）

引用计数作为一种简单但是效率较低的方法，其主要原理是：在堆中对每个对象都有一个引用计数器，当对象被引用时，引用计数器加 1，当引用被置为空或离开作用域的时候，其引用计数减 1。由于这种方法无法解决相互引用的问题，因此 JVM 没有采用这个算法。

（2）追踪回收算法（Tracing Collector）

这个算法利用 JVM 维护的对象引用图，从根结点开始遍历对象的应用图，同时标记遍历到的对象。当遍历结束后，未被标记的对象就是目前已不被使用的对象，可以被回收了。

（3）压缩回收算法（Compacting Collector）

这个算法的主要思路是：把堆中活动的对象移动到堆中一端，这样就会在堆中另外一端留出了很大的一块空闲区域，相当于对堆中的碎片进行了处理。虽然这种方法可以大大简化消除堆碎片的工作，但是每次处理都会带来性能的损失。

（4）拷贝回收算法（Coping Collector）

拷贝回收算法的主要思路是：把堆分成两个大小相同的区域，在任何时刻，只有其中的一个区域被使用，直到这个区域的被消耗完为止，此时垃圾回收器会中断程序的执行，通过遍历的方式把所有活动的对象拷贝到另外一个区域中，在拷贝的过程中它们是紧挨着布置的，从而可以消除内存碎片。当拷贝过程结束后程序会接着运行，直到这块区域被使用完然后再采用上面的方法继续进行垃圾回收。

这个算法的优点是在进行垃圾回收的同时对对象的布置也进行了安排，从而消除了内存碎片。但是这也带来了很高的代价：对于指定大小的堆来说，需要两倍大小的内存空间；同时由于在内存调整的过程中要中断当前执行的程序，从而降低了程序的执行效率。

（5）按代回收算法（Generational Collector）

按代回收算法主要的缺点是：每次算法执行的时候，所有处于活动状态的对象都要被拷贝，这样效率很低。由于程序有"程序创建的大部分对象的生命周期都很短，只有一部分对象有较长的生命周期"的特点。因此可以根据这个特点对算法进行优化。

按代回收算法的主要思路是：把堆分成两个或者多个子堆，每一个子堆被视为一代。算法在运行的过程中优先回收那些年幼的对象，如果一个对象经过多次回收仍然存活，那么就可以把这个对象转移到高一级的堆里，减少对其的扫描次数。

8.3.2　串行垃圾回收

串行垃圾回收器是一种单线程的垃圾回收器，它主要为单线程环境设计的。它在运行的时候会暂停所有的应用线程，正因为如此，这种回收方法是 Stop The World(STW)的。由此可见，这种垃圾回收器不适合用在服务器环境中。但是对于某些客户端程序而言，年轻代占用的内存空间往往很小，此时暂停引用线程的时间非常短，因此对于运行在 client 模式下的虚拟机，串行垃圾回收器是一个不错的选择。

可以使用 JVM 参数-XX:+UseSerialGC 来指定使用串行垃圾回收器。

串行垃圾回收器是最简单的回收器，也是使用最少的回收器，在年轻代和老年代中都使用了一个单独的线程来实现垃圾的回收。

在年轻代中使用的是拷贝算法。这种算法的主要思路为：把内存分成大小相等的两部分，每次只会使用其中的一块内存进行内存的分配，当内存使用完以后就会触发 GC（Garbage Collection）。GC 的工作方式为：把所有存活的对象复制到另外一块内存中，然后清除当前使用的内存块，之后所有的内存的分配都会在另一块内存上进行。这种方法虽然比较简单高效，但是它浪费了一半的内存（有一半的内存一直处于空闲状态）。

而在老年代或永久代中使用的是"标记-清扫-压缩"算法。这种算法的原理是：在标记阶段，垃圾回收器首先识别哪些对象仍然活着；在扫描阶段，垃圾回收器会扫描整个代，然后识别哪些是垃圾；然后在压缩阶段，垃圾回收器会执行平移压缩，它会把所有存活的对象移动到代的最前端，从而使尾部有一块连续的空闲的空间。之后的分配就可以在老年代和永久代使用空闲指针（bump-the-pointer）算法。这种算法的主要思路为：JVM 内部维护两个指针（allocatedTail 指向已经分配的对象的尾部，geneTail 指向代尾），每当需要新分配内存空间的时候，它会首先检查剩余的空闲空间是否够用（通过 geneTail 与 geneTail 可以确定代中还剩余多少空间）。如果空间够用，那么通过更新 allocatedTail 来把内存分配给请求的对象。

8.3.3　并行垃圾回收

并行垃圾回收器与串行垃圾回收器唯一的区别就是并行垃圾回收器使用多线程进行垃圾回收。二者的区别如图 8-7 所示。

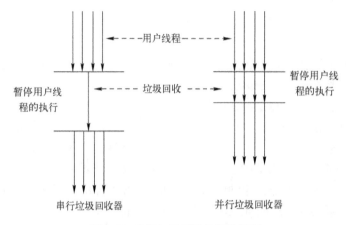

图 8-7　串行与并行回收器的区别

从上图可以看出，当并行垃圾回收器在运行的时候，它仍然会暂停所有的应用程序，但是由于使用了多线程进行垃圾回收，因此能够缩短垃圾回收的时间。

可以用命令行参数 -XX:+UseParallelGC 明确指定使用这种垃圾回收算法。

需要注意的是，在一台有 N 个 CPU 的主机上，并行垃圾回收器会使用 N 个垃圾回收器线程进行垃圾回收。当然可以使用如下的命令行来设置垃圾回收器线程的个数：

-XX:ParallelGCThreads = <垃圾回收器线程的个数>

在单核的 CPU 上，即使设置使用并行垃圾回收器，但 JVM 还是会使用默认的串行垃圾回收器。

8.3.4　并发标记清理回收器

这种回收算法官方的名字其实是"最大并发量的标记清除垃圾回收器"（Concurrent Mark Sweep CM）。它在年轻代中使用的是拷贝算法（这种算法会暂停用户线程），而在老年代中使用的是"最大并发量的标记清除算法"。

在老年代中使用这种算法的目的就是为了避免在清理老年代的内存的时候，让用户线程暂停太长的时间。在一些对响应时间有很高要求的应用或网站中，用户程序不能有长时间的停顿，CMS 可以用于此场景。它主要通过如下两种方法来实现这个目的：

1）使用空闲链表来管理回收的空间，而非压缩老年代的内存；

2）将多数标记清理工作和应用程序并发执行。

这种回收算法花费了大量的时间在标记-清理阶段，而这个阶段的任务是可以与用户线程并发执行的，也就是说在这个阶段垃圾回收器不会暂停用户线程的执行。需要注意的是，它仍然与应用程序线程竞争 CPU 时间。默认情况下，这个 GC 算法使用的线程数等于机器物理内核数量的 1/4。

可以用命令行参数 -XX:+UseConcMarkSweepGC 显示指定使用这种算法。

这种算法到底是如何执行的呢？总体而言，CMS 的执行可以分成如下几个阶段。

1）初始标记：这一步的主要作用是标记在老年代中可以从 root 集直接可达或者被年轻代中结点引用的对象。这一步的操作会暂停用户线程的执行。如图 8-8 所示。

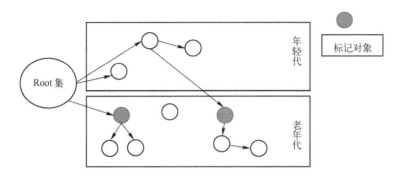

图 8-8 初始标记

2）并发标记：这一步垃圾回收器会遍历老年代，从上一步标记的结点开始，标记所有被引用的对象。由于这一步操作是与用户线程并发执行的，因此这一步并不一定会标记所有被引用的对象，因为应用程序在这个运行过程中还会修改对象的引用。如图 8-9 所示，有可能在这一步运行的时候，当前对象引用关系被删除了。

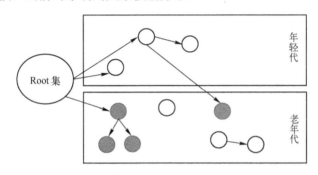

图 8-9 并发标记

3）并发预清理：这一步也是与应用程序并发执行的。由于在上一步执行的过程中，有些对象的引用关系发生了变化，会导致标记的不准确。这一步将会考虑这些结点，在上一步中发生引用变化的结点被标记为"dirty"。在这一步中，对从这些"dirty"结点出发可以到达的结点进行标记。如图 8-10 所示，"dirty"结点引用了一个对象。

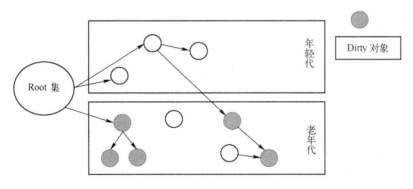

图 8-10 并发预清理

4）并行的可被终止的预清理（CMS-concurrent-abortable-preclean）阶段。这个阶段的主要目的是使这种垃圾回收算法更加可控一些，也是执行一些预清理，以减少最终标记阶段对应用暂停的时间。这一步也是与应用程序并发执行的。

5）重标记：这各阶段垃圾回收器的运行会暂停用户线程的执行。这个阶段的作用是最终确定并标记老年代中所有存活的对象。由于前面几个阶段垃圾回收器都是与应用程序并发执行的，因此对于引用变化的对象可能不能准确地进行标记。因此才需要这一步暂停应用程序的执行并标记所有存活的对象。

6）并行清理：这个阶段的主要作用是删除不再被使用的对象从而回收被它们占用的内存空间。这一步也是与应用程序并发执行的。如图 8-11 所示。

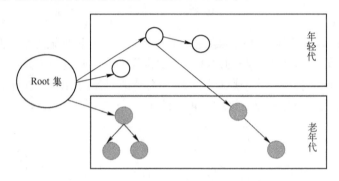

图 8-11　并行清理

7）并发重置：重置数据结构为下一次运行做准备。

总而言之，这种回收算法通过与应用程序的并发执行大大减少了暂停应用程序的时间。如果应用程序把延迟作为主要的一个指标，那么在多核机器上使用这种垃圾回收算法将会是一个不错的选择，因为这种算法会降低单次 GC 执行时暂停用户线程的时间，从而让用户感觉不到有暂停发生。但是由于在大部分时间里至少有一些 CPU 资源会被 GC 消耗，因此与并行垃圾回收器相比，CMS 通常在 CPU 密集型的应用程序中有更低的吞吐量。

8.3.5　G1

由于前面介绍的所有垃圾回收器都会或多或少地暂停应用程序，因此在一些特定的情况下，垃圾回收器有可能会对应用程序的影响非常大。比如：垃圾回收器不可预测地暂停用户程序的时间极有可能超出应用程序要求的最常响应时间。

G1（Garbage-First）的出现可以很好地解决了垃圾回收器暂停用户线程时间的不确定性，它是一款面向服务器的垃圾回收器，主要针对配备多核处理器及大容量内存的机器。在以极高的概率满足 GC 暂停用户线程时间要求的同时，还具有很高的吞吐量。这种垃圾算法是从 Oracle JDK 7 update 4 开始支持的，它主要有以下几个特点：

1）可预测性：可以预测 GC 暂停用户线程的时间，提供了设置暂停时间的选项。

2）压缩特性：在满足暂停时间要求的基础上，尽可能多地消除碎片。

3）并发性：与 CMS 算法一样，GC 操作也可以与应用的线程一起并发执行。

4）节约：这种回收算法不需要请求更大的 Java 堆。

与前面介绍的垃圾回收器相比，G1 GC 可以被看作是一种增量式的并行压缩 GC 算法，它提供了可以预测暂停时间的功能。通过并行、并发和多阶段标记循环，G1 GC 可以被应用在堆空间很大的场景，同时还能够提供合理的在最坏情况下的暂停时间。它的基本思想是在 GC 工作前设置堆范围（-Xms 用来设置堆的最小值，-Xmx 用来设置堆的最大值）和实际暂停目标时间（使用-XX：MaxGCPauseMillis 来设置）。

G1 GC 将年轻代、老年代的物理空间划分取消了，取而代之的是，G1 算法将堆划分为若干个区域（Region）。一段连续的堆空间被划分为固定大小的区域，然后用一个空闲链表来维护这些区域。每个区域要么对应老年代，要么对应年轻代。根据实际堆空间的大小，这些区域可以被划分为 1MB~32MB 大小，从而保持总的区域的个数维持在 2048 左右。G1 GC 最主要的一条原则是：在标记阶段完成后，G1 就可以知道哪些 heap 区的 empty 空间最大。它会在满足暂停时间要求的基础上，优先回收这些空闲空间最大的区域。正因为此，这种算法也被称为 garbage-First（垃圾优先）的垃圾回收器。

虽然引入了区域的概念，但是 G1 GC 从本质上来讲仍然属于分代回收器。年轻代的垃圾回收依然会暂停所有应用线程的执行，它会把存活对象拷贝到 Survivor 或者老年代。在老年代中，G1 GC 通过把对象从一个区域复制到另外一个区域来实现垃圾清理的工作。使用这种方式的好处是：在垃圾清理的过程中实现了堆内存的压缩，也就很好地避免了 CMS 方法中内存碎片的问题。而且在 G1 GC 中这些区域可以是不连续的，G1 GC 的区域划分如图 8-12 所示。

图 8-12　G1 GC 内存区域划分

图 8-12 中的 E、S 和 O 在前面的章节中已经介绍过了。在 G1 中，还有引入了一种特殊的区域：Humongous 区域。这些区域被设计成为存放占用超过分区容量 50%以上的那些对象。它们被保存在一个连续的区域集合里。对于这些很大的对象而言，在默认情况下，它们会被分配到老年代中，但是如果把一个生命周期比较短的大对象存放在老年代中，那么会对垃圾回收器的性能造成极大的影响。Humongous 区域的出现就是为了解决这个问题。如果一个 H 区无法容纳一个大的对象，那么 G1 会寻找连续的 H 区来存储这个大对象。

虽然引入了区域的概念，但是每个区域还是对应年轻代或老年代。在年轻代中，当年轻代占用达到一定比例的时候，开始出发收集。存活的对象会被拷贝到一个新的 S 区或者 O 区里面。经过 Young GC 后存活的对象被复制到一个或者多个区域空闲中，这些被填充的区域将是新的年轻代；当年轻代对象的年龄达到某个阈值的时候，这些对象也会被复制到老年代的区域中。这个回收过程是并发多线程执行的，也是 STW（Stop-The-Word）的。回收结束后会重新计算 E 区和 S 区的大小，这样有助于合理利用内存，提高回收效率。

在老年代的回收算法主要分为如下几个步骤：

（1）初始标记

在此阶段，G1 GC 对根进行标记。主要用来标记那些可能有引用对象的 O 区。这个阶段会暂停应用程序的执行。

（2）根区域扫描

G1 GC 在上一步标记的基础上扫描对老年代的引用，并标记被引用的对象。该阶段不会暂停应用程序的执行。但是只有完成该阶段后，才能开始下一次 STW 年轻代垃圾回收。

（3）并发标记

G1 GC 在整个堆中查找可访问的（存活的）对象。该阶段不会暂停应用程序的执行，而且该阶段可以被 STW 年轻代垃圾回收中断。

（4）重新标记阶段

G1 GC 在这个阶段会清空 SATB（Snapshot-At-The-Beginning）缓冲区，跟踪未被访问的存活对象，并执行引用处理。如果发现某个 region 上所有的对象都不再被引用（不存活）了，那么它们将会被直接移除。该阶段的执行会暂停应用程序的执行。

（5）清理阶段

G1 GC 在这个阶段会 执行统计和 RSet（Remembered Sets：用来跟踪指向某个 heap 区内的对象引用。堆内存中的每个区都会有一个 RSet）净化的操作。在统计的过程中，G1 GC 会识别出那些完全空闲的区域和可以进行混合垃圾回收的区域。此阶段中，仅有一个操作为并发操作：将空白区域重置，并且返回空闲链表。因此，该阶段也会触发 STW（Stop The World），暂停应用程序的执行。

在 Java 9 之前，Java 有中垃圾回收机制，但是默认使用的是 Parallel GC，从 Java 9 开始，把 G1 作为了默认的垃圾回收器。

第9章　代码的执行

虽然代码的执行是由 JVM 来完成的，但是理解代码执行的原理对编写高效的代码非常有帮助，因此这部分内容也是 Java 高级程序员面试笔试考察的重点内容。

9.1　类加载

任何一个类在被使用前都需要被 JVM 加载到内存中，本节将重点介绍 JVM 是如何实现类的加载的。

9.1.1　双亲委托模型

Java 语言是一种具有动态性的解释型语言，类只有被加载到 JVM 中后才能运行。当运行程序的时候，JVM 会将编译生成的.class 文件按照需求和一定的规则加载到内存中，并组织成为一个完整的 Java 应用程序。这个加载过程是由加载器来完成的，具体而言，就是由 ClassLoader 和它的子类来实现的。类加载器本身也是一个类，其实质是把类文件从硬盘读取到内存中。

类的加载方式分为隐式装载与显式装载两种。隐式装载指的是程序在使用 new 等方式创建对象的时候，会隐式地调用类的加载器把对应的类加载到 JVM 中。显式装载指的是通过直接调用 class.forName()方法来把所需的类加载到 JVM 中。

任何一个工程项目都是由许多个类组成的，当程序启动的时候，只把需要的类加载到 JVM 中，其他的类则在被使用到的时候才会被加载，采用这种方法，一方面可以加快加载速度，另一方面可以节约程序运行过程中对内存的开销。此外，在 Java 语言中，每个类或接口都对应一个.class 文件，这些文件可以被看成是一个个可以被动态加载的单元，因此，当只有部分类被修改的时候，只需要重新编译变化的类即可，而不需要重新编译所有的文件，因此，加快了编译速度。

在 Java 语言中，类的加载是动态的，它并不会一次性将所有类全部加载后再运行，而是保证程序运行的基础类（例如基类）完全加载到 JVM 中，至于其他类，则在需要的时候才加载。在 Java 语言中，可以把类分为三类：系统类、扩展类和自定义类。Java 语言针对这三种不同的类提供了三种类型的加载器，这三种加载器的关系如下所示：

```
Bootstrap Loader  -负责加载系统类（jre/lib/rt.jar 的类）
       |
     - - ExtClassLoader  -负责加载扩展类（jar/lib/ext/*.jar 的类）
            |
          - -AppClassLoader  -负责加载应用类（classpath 指定的目录或 jar 中的类）
```

除了系统提供的这几个类加载器以外，用户还可以自定义类加载器，如图 9-1 所示。

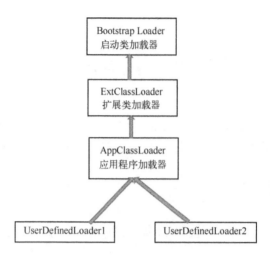

图 9-1　类加载器之间的关系

它们之间的层次关系被称为类加载器的**双亲委派模型**。这种模型要求除了顶层的启动类加载器外，其余的类加载器由自己的父类加载，而这种父子关系是通过组合关系来实现，而不是通过继承。那么类加载器是如何协调工作来完成类的加载呢？其实，它们是通过委托的方式实现的。具体而言，就是当有类需要被加载时，类装载器会请求父类来完成这个载入工作，父类会使用其自己的搜索路径来搜索需要被载入的类，如果搜索不到，那么会由子类按照其搜索路径来搜索待加载的类。下例可以充分说明加载器的工作原理。

```java
public class TestLoader
{
    public static void main(String[] args)    throws Exception
    {
        //调用 Class 加载器
        ClassLoader clApp = TestLoader.class.getClassLoader();
        System.out.println(clApp);
        //调用上一层 Class 加载器
        ClassLoader clExt = clApp.getParent();
        System.out.println(clExt);
        //调用根部 Class 加载器
        ClassLoader clBoot = clExt.getParent();
        System.out.println(clBoot);
    }
}
```

程序的运行结果为：

```
sun.misc.Launcher$AppClassLoader@19821f
sun.misc.Launcher$ExtClassLoader@addbf1
null
```

从上例可以看出，TestLoader 类是由 AppClassLoader 来加载的。另外需要说明的一点是，由于 Bootstrap Loader 是使用 C++语言来实现的，因此，在 Java 语言中，是看不到它的，所以，此时程序会输出 null。

类加载的主要步骤分为以下三步：

1）装载：根据查找路径找到相对应的 class 文件，然后导入。

2）链接：链接又可以分为三个小的步骤，具体如下：

① 检查：检查待加载的 class 文件的正确性。

② 准备：给类中的静态变量分配存储空间。

③ 解析：将符号引用转换成直接引用（这一步是可选的）。

3）初始化：对静态变量和静态代码块执行初始化工作。

在 Java 语言中，任何一个类，都要由加载它的类加载器和这个类自己共同确定它在 JVM 中的**唯一性**。也就是说两个类相等必须满足两个条件：

① 这两个类是被同一个类加载器加载的。

② 这两个类的.class 路径和名字是相同的。

这就能确保类的唯一性，例如 java.lang.Object，它被定义在 rt.jar 中，无论哪一个类加载器要加载这个类，最终都会委派给处于模型最顶端的 Bootstrap ClassLoader 进行加载，因此 Object 类在整个应用程序中对应的都是相同的类。如果没有这种双亲委托机制，那么假如用户自定义了一个类 java.lang.Object，这时候系统中将会出现多个不同的 Object 类，这将会造成程序混乱，而且还占用额外的内存空间。

引申：双亲委派模型的系统实现原理

类加载的主要加载过程如下：

1）加载类是通过调用 java.lang.ClassLoader 类的 loadClass 方法实现的，这个方法会首先检查类是否已经被加载过，如果没有被加载，那么它会把类加载请求委派给父类加载器去完成。

2）同理，父类加载器也把类加载请求委派给它的父类加载器，直到所有的类加载请求都传递给顶层的启动类加载器。

3）如果父类加载器加载失败，那么它会抛出 ClassNotFoundException 异常，在这种情况下子类加载器会尝试去加载，依次类推直到最初被请求使用的加载器，如果加载成功，那么说明类已经被成功加载，否则加载失败，同时不再会调用其子类加载器去进行类加载。

LoadClass 方法主要实现逻辑的源代码如下所示：

```
protected Class<?> loadClass(String name, boolean resolve)throws ClassNotFoundException
{
    /* 加上锁，使其能够在多线程环境下运行 */
    synchronized (getClassLoadingLock(name))
    {
        /* 判断类是否已经被加载过了 */
        Class c = findLoadedClass(name);
        if (c == null)
        {
            try
            {
                /* 如果不是顶层类加载器，那么调用父类的 loadClass 进行加载类 */
                if (parent != null)
                {
                    c = parent.loadClass(name, false);
```

```
            }
            else
            {
                /* 没有父类加载器（Bootstrap 类加载器），直接调用
                ** findBootstrapClass 方法查找类
                */
                c = findBootstrapClassOrNull(name);
            }
        }
        catch (ClassNotFoundException e)
        {
            /* 加载失败，抛出异常 */
        }

        if (c == null)
        {
            /* 父类加载类失败，调用自己的 findClass 方法进行类加载 */
            c = findClass(name);
        }
    }
    if (resolve)
    {
        resolveClass(c);
    }
    return c;
    }
}
```

9.1.2 线程上下文类加载器

上一节中主要介绍了双亲委托模型，这也是 Java 默认使用的类加载器模型。但是在有些应用场景中，这种机制却不能很好的工作。例如 Java 提供了很多服务提供者接口（Service Provider Interface，SPI），在 Java 类库中只定义了接口，允许第三方为来实现这些接口。常见的 SPI 有 JDBC、JCE、JNDI、JAXP 和 JBI 等。以 JDBC 为例，它是 Java 语言提供的一组用来执行 SQL 语句的接口，由两部分组成：Java 类库提供的接口和数据库厂商提供的具体实现类（通常被称为 driver）。如果要通过 Java 访问 Oracle 数据库，那么就需要 Oracle 的 driver；如果要使用 SQLserver，那么就需要使用 SQLserver 的 driver。由此可见对于 JDBC 而言，接口是 Java 类库提供的，但是具体实现是由不同数据库厂商来实现的。而且接口和具体的实现应该由同一个的类加载器进行加载。否则就会造成接口找不到具体的实现。

对于这种情况，如果仍然使用双亲委托模式进行加载，那么 SPI 的接口是 Java 核心库的一部分，是由启动类加载器（Bootstrap Loader）来加载的，但是 SPI 的具体实现类只能由应用程序加载器（AppClassLoader）来加载的。显然启动类无法找到 SPI 的实现类，因为它只负责加载核心库（SPI 的实现类由第三方提供）。同时也不能代理给应用程序类加载器，因为它是应用程序类加载器的父类，所以在这种情况下，"双亲委托模型"就不能很

好的工作了。而线程上下文类加载器（Thread Context ClassLoader）的出现很好地解决了这个问题，它在实现类加载的时候提供了很大的灵活性。在线程上下文类加载器中，可以自定义类加载器，并且指定这种类加载器不使用双亲委托机制，从而可以实现接口和实现类使用相同的类加载器。

具体而言，Thread类中提供了getContextClassLoader()和setContextClassLoader(ClassLoader cl)两个方法用来获取和设置上下文类加载器，如果没有使用setContextClassLoader(ClassLoader cl)方法设置类加载器，那么线程将继承父线程的上下文类加载器，如果在整个上下文环境中都没有设置类加载器，那么就会使用默认的应用程序类加载器（Application ClassLoader）。对于SPI接口与实现类，可以通过线程上下文类加载器来加载具体的实现类，而不使用双亲委托模式，从而实现接口与实现类使用同一个类加载器来加载。下面通过JDBC实现的示例来进一步深入地分析线程上下文类加载器。

1）首先给出一段经常使用的连接数据库的代码，如下所示：

```
String url = "jdbc:mysql://127.0.0.1:3306/mydb";
String username = "root";
String password = "root1234";
// 注册连接数据库使用的驱动类
Class.forName("com.mysql.jdbc.Driver");
// 获取对数据库的连接
Connection connection = DriverManager.getConnection(url, username, password);
```

2）源代码分析。上例中 Class.forName 方法用来返回一个给定类或者接口的一个 Class 对象，由于传入的参数是"com.mysql.jdbc.Driver"，因此调用 forName 方法会初始化这个类，这个类的源代码如下所示：

```
public class Driver extends NonRegisteringDriver implements java.sql.Driver
{
    static
    {
        try
        {
            java.sql.DriverManager.registerDriver(new Driver());
        }
            catch (SQLException E)
        {
            throw new RuntimeException("Can't register driver!");
        }
    }
    public Driver() throws SQLException {    }
}
```

从上面的源代码可以发现调用 Class.forName 与直接调用 DriverManager.registerDriver（new com.mysql.jdbc.Driver()）可以实现同样的功能。

registerDriver 方法的功能是：把类"com.mysql.jdbc.Driver"注册到系统的 DriverManager 中，注册的方法就是把这个类添加到一个名为 registeredDrivers 的 CopyOnWriteArrayList 中。

3）接下来调用 getConnection 方法就会用到线程上下文类加载器，源代码如下所示：

```
private static Connection getConnection(String url,
java.util.Properties info, Class<?> caller) throws SQLException
{
    /*
    ** caller 指的是 java.sql.DriverManager，它是由 Bootstrap 加载的
    ** 根据上一节的讲解可知，这里获取到的是 NULL
    */
    ClassLoader callerCL = caller != null ? caller.getClassLoader() : null;
    synchronized(DriverManager.class)
    {
        /* 获取线程上下文类加载器，默认为 AppClassLoader */
        if (callerCL == null)
        {
            callerCL = Thread.currentThread().getContextClassLoader();
        }
    }

    if(url == null)
    {
        throw new SQLException("The url cannot be null", "08001");
    }

    SQLException reason = null;
    /* 遍历所有被注册的 Driver 类，显然能找到 com.mysql.jdbc.Driver*/
    for(DriverInfo aDriver : registeredDrivers)
    {
        /* 实现了类的加载 */
        if(isDriverAllowed(aDriver.driver, callerCL))
        {
            try
            {
                println("    trying " + aDriver.driver.getClass().getName());
                /* 调用 com.mysql.jdbc.Driver.connect 方法获取连接 */
                Connection con = aDriver.driver.connect(url, info);
                if (con != null)
                {
                    // Success!
                    return (con);
                }
            } catch (SQLException ex)
            {
                if (reason == null)
                {
                    reason = ex;
                }
            }

        }
        else
        {
```

```
            println("       skipping: " + aDriver.getClass().getName());
        }
    }
    throw new SQLException("No suitable driver found for "+ url, "08001");
}

private static boolean isDriverAllowed(Driver driver, ClassLoader classLoader)
{
    boolean result = false;
    if(driver != null)
    {
        Class<?> aClass = null;
        try
        {
            /*   使用给定的类加载器加载这个类   */
            aClass =   Class.forName(driver.getClass().getName(), true, classLoader);
        } catch (Exception ex)
        {
            result = false;
        }
        /* 判断二者是否是同一个类 *、
        result = ( aClass == driver.getClass() ) ? true : false;
    }

    return result;
}
```

从上面的分析可以看出，connect 方法的具体实现是由不同的数据库厂商提供的类来实现的，但是对 connect 方法的调用是通过 DriverManager 加载外部实现类后，调用具体的实现类或获取的 connection。由于 DriverManager 是由 Bootstrap Loader 加载的，但是这个类加载器无法加载 com.mysql.jdbc.Driver 类，也无法委托给其他类加载器加载（因为它已经是根加载器了），所以只能使用 Thread 中保存的 AppClassLoader 来完成加载。

9.2　代理模式

代理模式就是为另外一个对象提供替身或者占位符以控制这个对象的访问。根据代理创建的时机，代理可以分为静态代理和动态代理：

静态代理：由程序员提供代理类，在程序运行之前，代理类已经以.class 的格式存在。

动态代理：在程序运行时，通过反射机制动态创建而成。

9.2.1　静态模式

代理模式是 Java 中常见的一种模式。其实代理在生活中也是很常见的，比如中介公司。在需要购买二手房的时候，买家当然可以与卖家自己去完成交易，但是这其中涉及很多烦琐的手续，那么买卖双方就可以让中介来做代理，全权负责整个交易中的所有手续，而不用去关心其中的细节问题。代理模式的类图如图 9-2 所示。

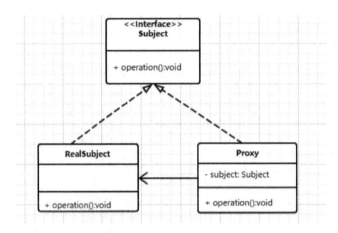

图 9-2　代理模式类图

如图 9-2 所示，代理模式中总共有三种角色：抽象角色（Subject）、真实角色（RealSubject）和代理角色（Proxy），它们之间的关系如下所示：

1）抽象角色（Subject）：声明真实对象和代理对象的共同接口。由于 RealSubject 和 Proxy 都实现了这个接口，因此 Proxy 在所有 RealSubject 类出现的地方都可以取代它。在没有代理模式的时候，客户需要直接调用 RealSubject，有了代理类后，客户可以直接访问 Proxy，由 Proxy 来根据需求来实现与 RealSubject 的交互，一方面实现了客户与 RealSubject 的解耦合，另一方面可以在 Proxy 类中实现权限的控制。

2）代理角色（Proxy）：代理对象角色内部持有对真实对象的引用，通过这个引用来操作真实对象。由于 Proxy 持有 RealSubject 的引用，因此他还需要负责 RealSubject 对象的创建与销毁。

3）真实角色（RealSubject）：代理角色所代表的真实对象，这是正在实现功能的类。

下面给出一个使用代理模式的示例：

```java
/* 买房接口抽象主题 */
interface IBuyHouse
{
    public void buy();
}

/* 具体主题 */
class Customer implements IBuyHouse{
    @Override
    public void buy()
    {
        System.out.println("买房成功");
    }
}

/* 代理 */
class Proxy implements IBuyHouse
{
    private IBuyHouse subject;
```

```
        public Proxy(IBuyHouse subject)
        {
            this.subject = subject;
        }

        @Override
        public void buy()
        {
            System.out.println("中介处理其他手续后，与房主或开发商完成交易");
            subject.buy();
        }
    }

public class Test
{
    public static void main(String[] args)
    {
        IBuyHouse subject = new Customer();
        Proxy proxy = new Proxy(subject);
        proxy.buy();
    }
}
```

程序的运行结果为：

```
中介处理其他手续后，与房主或开发商完成交易
买房成功
```

对于上面的例子，读者可能有个疑问，难道不能直接找房主或开发商买房吗？当然可以，但是扩展性不好，一旦现有的逻辑不能满足要求，要扩展的时候，根据开闭原则需要在不修改实现类代码的情况下实现扩展，这时代理类的优势就体现出来了。例如在购房的时候需要增加一个功能：审核购房者的贷款能力，如果贷款能力不足，那么不能完成交易。对于这种特殊的需求，只修改代理类就可以实现，而不需要修改真实角色中买房的逻辑：

```
/* 代理 */
class Proxy implements IBuyHouse
{
    private IBuyHouse subject;
    public Proxy(IBuyHouse subject)
    {
        this.subject = subject;
    }

    /* 根据具体需求实现审核功能*/
    private boolean checkCredit()
    {
        return true;
    }

    @Override
```

```
            public void buy()
            {
                System.out.println("中介处理其他手续后，与房主或开发商完成交易");
                if( checkCredit() )
                {
                    System.out.println("可以贷款，交易继续");
                    subject.buy();
                }
                else
                {
                    System.out.println("不能贷款，无法交易");
                }
            }
        }
```

在 Java 语言中，常用的几种代理的控制方式为：

1）远程代理控制访问远程对象，为一个位于不同的机器或 JVM 上的对象提供一个本地的代理对象。使得一个机器上的对象可以调用另外一个机器上对象的方法，在 Java 语言中可以通过 RMI（Remote Method Invocation）来实现。

在图 9-3 中，Client 需要访问 RealSubject 对象，但是由于它们不在同一个 JVM 上，因此不可以直接访问，在这种情况下，可以使用本地的代理类 Proxy 类来代替 RealSubject，Client 可以通过 Proxy 类来间接地访问 RealSubject，Proxy 类通过网络传输把 Client 的请求发送给 RealSubject。

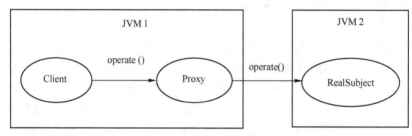

图 9-3　远程代理

2）虚拟代理：根据实际需要创建开销很大的对象。如果需要创建一个消耗资源较大的对象，那么可以先创建一个消耗相对较小的对象来表示这个大的对象（作为大对象的代理），大对象只在需要时才会被真正创建。如图 9-4 所示。

图 9-4　虚拟代理

在图 9-4 中，创建 LargeObject 的开销很大，此时可以用代理 Proxy 来处理 Client 的请求，只有在必要的时候才会创建 LargeObject 来处理实际的请求。例如在网站开发中经常需要从远端服务器上加载图片视频等比较大的资源，而这都是比较耗时的操作，如果等到把所有的资源都加载完成后才显示网页的内容，那么这样的网站由于延时太大，会导致可用性太差。在这种情况下就可以使用虚拟代理：创建一个代理类 Proxy 负责加载图片或视频等比较大的资源，网页不会直接负责加载这些资源，而是请求代理类来负责加载。当代理类在完成图片的加载之前，它可以通知网页在完成加载前可以显示一些提示信息，比如"正在加载，请稍后……"等文字信息，等实际的图片或视频加载完成后，代理类可以把显示的文字替换成加载好的图片。这样显然会提高网站的可用性。

3）保护代理：基于权限控制对资源的访问。保护代理用于对象应该有不同的访问权限的时候。

通过上面的介绍，可以发现代理模式有很多优点，这里重点介绍两个比较明显的优点：

1）职责清晰：每个角色只完成特定的功能，使代码的结构清晰，便于阅读与维护。

2）权限控制：代理对象在客户端和目标对象之间起到中介的作用，这样实现了客户对象与目标对象的解耦合，一方面起到了保护目标对象的作用（可以通过中介进行权限的控制）。另一方面，通过解耦合，使系统有更好的可扩展性。

9.2.2　动态代理

从上一节的介绍可以发现，静态代理模式中，代理类必须与真实角色一样，必须要实现抽象角色接口，而且还必须实现接口中所有的方法，这种方式显然会造成很多代码的重复。为了解决这个问题，引入了动态代理，动态代理类克服了 proxy 需要继承专一的 Interface 接口，并且要实现接口中所有方法的缺陷。与静态代理相比，动态代理更加灵活，因为它不用在编译时就指定代理的对象，而可以把这种指定延迟到程序运行时通过反射机制来实现。动态代理的类图如图 9-5 所示。

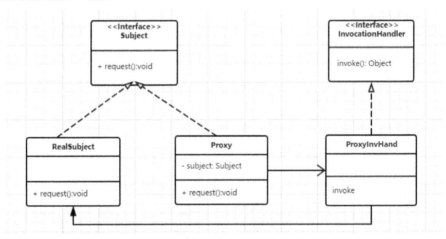

图 9-5　动态代理

Java 是从 JDK 1.3 开始支持动态代理，实现动态代理的类都位于 java.lang.reflect 包中，其中最重要的两个类为 InvocationHandler 接口和 Proxy 类：

（1）InvocationHandler 接口

InvocationHandler 接口是代理处理程序类的实现接口，该接口作为代理实例的调用处理者的公共父类，每一个代理类都必须实现这个接口，这个接口中定义了一个方法：Object: invoke(Object obj, Method method, Object[] args)。这个方法的第一个参数 obj 表示代理类的对象，第二个参数 method 表示被代理的方法，第三个参数 args 表示这个方法的参数。

（2）Proxy 类

Proxy 类提供了用于创建动态代理类和对象的方法，常用的方法有：

```
public static Class<?> getProxyClass(ClassLoader loader,Class<?>... interfaces),
```

这个方法用来获得一个代理类，其中 loader 是类装载器，interfaces 是真实类所拥有的全部接口的数组。

```
// 这个方法指明了将要代理的类的加载器，业务类接口，以及代理类要执行动作的调用处理器。
public static Object newProxyInstance(ClassLoader loader, Class<?>[]interfaces, InvocationHandler h):
```

动态代理类最大的特点就是在运行时指定所代理真实主题类的接口，客户端在调用动态代理对象的方法时，代理类会通过 InvocationHandler 对象的 invoke()方法把请求转发给真实角色，实现示例如下所示：

```java
import java.lang.reflect.Method;
import java.lang.reflect.Proxy;
import java.lang.reflect.InvocationHandler;

/* 抽象角色 */
interface Subject
{
    abstract   public   void request();
}

/* 真实角色 */
class RealSubject implements Subject
{
    public RealSubject() {}

    public   void request()
    {
        System.out.println( "调用真实角色的方法" );
    }
}

 /* 动态代理 */
class DynamicSubject implements InvocationHandler
{
    private Object subject;
    public DynamicSubject() {}

    public DynamicSubject(Object subject)
    {
        this.subject = subject;
    }

    public Object invoke(Object proxy, Method method, Object[] args) throws Throwable
    {
        System.out.println( "准备调用方法：" + method);
```

```
            method.invoke(subject , args);
            System.out.println( "调用结束： "   + method);
            return    null ;
        }
    }

    public class Test
    {
        public static void main(String[] args)
        {
            RealSubject realSubject = new RealSubject();
            InvocationHandler dynSubject = new DynamicSubject(realSubject);
            Class<?> c = realSubject.getClass();

            Subject subject = (Subject) Proxy.newProxyInstance(c.getClassLoader(), c.getInterfaces(), dynSubject);
            subject.request();
        }
    }
```

程序的运行结果为：

```
准备调用方法：public abstract void Subject.request()
调用真实角色的方法
调用结束：public abstract void Subject.request()
```

动态代理有哪些优点呢？

1）通过动态代理，可以实现在运行时修改代理类，从而使代理关系更加灵活。

2）由于代理类不需要继承抽象角色接口，由此减少了代码的重复，可以提高编程的效率。

3）代码有更好的可扩展性和可维护性。

9.2.3　CGLIB

上一节重点介绍了动态代理，Java 类库提供了 InvocationHandler 接口和 Proxy 类来实现动态代理，但是这种方法有一个缺点：被代理的类必须实现某一个接口。如果一个类没有实现接口，那么采用上一节介绍的方法无法对这个类实现动态代理。CGLIB 的出现恰好可以解决这个问题，CGLIB 是一个功能强大，高性能的代码生成包。它可以为没有实现接口的类提供代理，因此，当需要给没有接口的类实现代理时，使用 CGLIB 将会是一个很好的选择。

它的主要实现原理为：对指定的目标类动态生成一个子类，在子类中，可以重写要代理的类的所有非 final 的方法（因为 final 方法是不能被继承的）。最重要的是在子类中采用了方法拦截的技术拦截所有对父类方法的调用，顺势织入横切逻辑。因此它比使用 Java 提供的类库采用反射机制实现的动态代理要有更好的性能。由此也可以看出，对于 final 方法或 final 类，采用这种方法无法实现代理。Spring AOP 也是采用这种动态代理来实现的。

要想使用 CGLIB 必须导入 cglib-nodep-2.2.jar、cglib-2.2.jar 和 asm-2.2.3.jar 包（这里只给出了本书例子使用的版本），下面给出 CGLIB 的使用示例：

```
import java.lang.reflect.Method;
```

```
import net.sf.cglib.proxy.Enhancer;
import net.sf.cglib.proxy.MethodInterceptor;
import net.sf.cglib.proxy.MethodProxy;

class Library
{
    public boolean BuyBook()
    {
        System.out.println("买书成功");
        return true;
    }

    public String toString()
    {
        return "被代理的对象："+ getClass();
    }
}

class BuyBookCglib implements MethodInterceptor
{
    /**
     * 代理对象，拦截实际的调用，可以在调用前后加入新的逻辑
     * 来增强这个方法的功能。
     *
     * 参数：
     * obj       -  目标对象
     * method    -  目标方法
     * params    -  方法参数
     * proxy     -  CGlib 方法代理对象
     */
    public Object intercept(Object obj, Method method, Object[] params,      MethodProxy proxy)
throws Throwable
    {
        System.out.println("调用前");
        Object result = proxy.invokeSuper(obj, params);
        System.out.println("调用后:"+result);
        return result;
    }
}

public class Test
{
    public static void main(String args[])
    {
        Enhancer enhancer =new Enhancer();
        enhancer.setSuperclass(Library.class);
        enhancer.setCallback(new BuyBookCglib());
        Library targetObject2=(Library)enhancer.create();
        targetObject2.BuyBook();
    }
```

```
    }
```

程序的运行结果为：

```
    调用前
    买书成功
    调用后:true
```

9.3　Java 代码的执行

Java 代码的执行方式如下：首先把 Java 代码编译为字节码，然后 JVM 通过解释字节码来执行。这一节将重点介绍 JVM 是如何执行字节码的。

9.3.1　Java 字节码

可以把 Java 语言中的字节码理解为 C/C++中的汇编语言，因此理解字节码以及它们的执行方式不仅能帮助程序员理解底层的执行原理，而且能够帮助程序员编写高性能的代码或者对代码进行调优。

JVM 是一个基于堆栈模式的虚拟机。每个线程都有一个栈来存储栈桢信息。每次方法的调用都会创建新的栈桢，方法调用结束后栈桢通过弹栈的方式被回收，这种执行方式与 C/C++是相类似的。下面通过一个简单的例子来理解如何用栈来进行计算。以 1+2 为例，通常用栈计算的表达式都会被表示为后缀表达式，1+2 的后缀表达式可以表示为：1　2　+，计算的过程如图 9-6 所示。

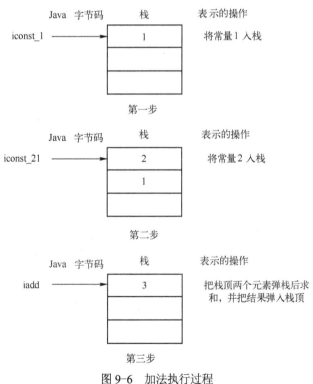

图 9-6　加法执行过程

Java 字节码与汇编语言类似，也是包含了很多操作指令，由于 Java 字节码中的指令只占用一个字节，因此最多能表示 256 种指令。指令是由"类型+操作"组成的。例如 iadd（i 表示 integer，add 表示相加）表示对两个整数求和。

本地变量数组也被称为本地变量列表，它包括方法的参数，同时也用来保持本地变量的值。本地变量列表的大小是在编译时决定的，取决于数字和本地变量的大小和方法的参数。

JVM 是一个基于栈模式的虚拟机，因此栈中自然就包含了栈桢信息，栈桢在方法调用的时候被创建，它主要由操作数栈（Operand Stack）、本地变量数组和一个与当先类的方法的运行时常量池的引用组成，如图 9-7 所示。

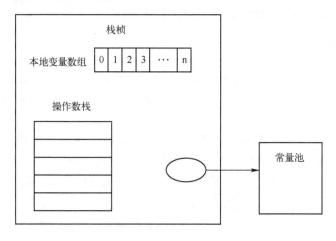

图 9-7　栈桢

本地变量数组有时候也被称为本地变量表，主要存储了方法的参数和方法内声明的本地变量，根据实际情况的不同，可以分为如下几种情况：

1）对于普通的方法而言，由于本地变量表中会首先存储方法的参数（从下标 0 开始），因此下标为 0 的位置存储第一个参数，下标为 1 的位置存储第二个参数，依次类推，接着存储本地变量。

2）如果这个栈桢用来实现构造方法的调用或者一个实例方法的调用，那么显然在调用时必须要保存实例的引用。在这种情况下，下标为 0 的位置存储的是 this（实例的引用），然后从位置 1 开始存储方法的参数。

3）对于类方法（被 static 修饰的方法）而言，由于它的调用是不需要实例的引用的，因此栈桢中没有必要存储 this。在这种情况下，从位置 0 开始存储方法的参数。

根据上面的分析可以发现，本地变量表的大小主要根据方法参数和本地变量的数量以及大小来决定。操作数栈是一个后进先出的栈，栈的大小也是在编译时确定的，它通过入栈和出栈的操作来完成特定的运算功能。

由于指令比较多，因此表 9-1 中只给出部分在本节中用到的指令。

表 9-1　常见指令

字节码	助记符	指令含义
0x01	aconst_null	把 null 压入栈顶
0x02	iconst_m1	把 int 类型的常量-1 压入栈顶
0x03	iconst_0	把 int 类型的常量 0 压入栈顶
0x04	iconst_1	把 int 类型的常量 1 压入栈顶
……		
0x08	iconst_5	把 int 类型的常量 5 压入栈顶
0x10	bipush	把 byte 类型的常量（-128~127）压入栈顶
0x19	aload	把指定的引用类型局部变量压入栈顶
0x12	ldc	将 int、float 或 String 型常量值从常量池中取出压入栈顶
0x99	ifeq	当栈顶 int 型数值等于 0 的时候进行跳转
0x2a	aload_0	把第一个引用类型（例如 this）的局部变量压入栈顶
Ox2b	aload_1	把第二个引用类型的局部变量压入栈顶
0x36	istore	将栈顶 int 型数值存入到指定的局部变量
0x3c	istore_1	将栈顶 int 型数值存入到第二个局部变量（在局部变量数组中下标为 1）
0x84	iinc	对指定 int 型变量执行自增操作
0xa2	if_icmpge	比较栈顶两 int 型数值大小，当结果大于等于 0 时跳转
0xa7	goto	无条件跳转到给定的指令
0xaa	tableswitch	用于 switch 条件跳转，case 的值连续
0xab	invokevirtual	用于 switch 条件跳转，case 的值不连续
0xb5	putfield	给对象的属性赋值，这个字段是保存在常量池中的
0xb6	invokevirtual	调用对象的方法
0xc0	checkcast	检验类型转换，检验未通过将抛出 ClassCastException

下面介绍一些在 Java 语言中最基本的执行语句对应的字节码以及它们是如何执行的。

9.3.2　变量的执行

（1）局部变量

上面介绍了栈桢的基本概念，在栈桢中，所有的局部变量都存储在本地变量数组中（包括方法中定义的局部变量、方法的参数，如果是对象的方法，那么在下标为 0 的位置还存储了 this）。局部变量主要可以存储的类型为：Java 的 8 种基本类型（byte、char、short、int、long、float、double、boolean）、引用和返回值地址。在这些局部变量中，因为 double 需要占用 2 个字节，所以它在本地变量数组中占用两个位置，其他的变量都只占用一个位置。

在方法中声明一个局部变量是怎么执行的呢？首先，变量的值会被存储在操作数栈上，接着会把这个变量的值存入本地局部变量表中对应的变量的位置。对于引用也是类似的，只不过这个变量的值是一个引用而不是具体的值，被引用的对象仍然存储在堆中。

下面通过一个例子来介绍具体执行的过程：

```
public class Test
{
    public static void main(String args[])
    {
        int i=6;
    }
}
```

使用 "Javac Test.java" 编译生成.class 文件，然后使用 "javap -c Test" 反编译生成字节码，如下所示：

```
public class Test {
    public Test();
    Code:
        0:aload_0                    //把 This 压入栈顶
        1: invokespecial #1          // Method java/lang/Object."<init>":()V          //调用父类构造方法
        4: return

    public static void main(java.lang.String[]);
    Code:
        0: bipush          6
        1: istore_1
        2: return
}
```

这里重点介绍 "int i=6;" 对应的字节码（上面加粗的字节码）：

"bipush   6"：用来把 6 压入到操作栈中。

"istore_1"：用来把栈顶的元素存入到第二个局部变量，由于第一个局部变量是 this，第二个局部变量是 i，因此这两行中间码执行的结果就是把 6 赋值给 i。执行过程如图 9-8 所示。

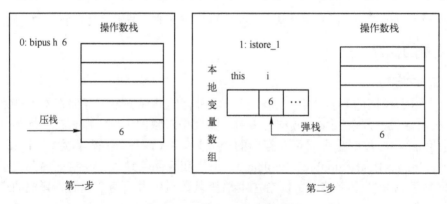

图 9-8　赋值操作的执行流程

编译后的 class 文件对每个方法都保存着一个局部变量表，可以使用 "Javac -g Test.java" 编译生成.class 文件，然后使用 "javap -l Test" 反编译生成字节码，如下所示：

```
public class Test {
  public Test();
    LineNumberTable:
      line 1: 0
    LocalVariableTable:
      Start  Length  Slot  Name  Signature
        0      5      0    this  LTest;

  public static void main(java.lang.String[]);
    LineNumberTable:
      line 5: 0
      line 6: 3
    LocalVariableTable:
      Start  Length  Slot  Name  Signature
        0      4      0    args  [Ljava/lang/String;
        3      1      1    i     I
}
```

由此可以看出，在局部变量表中，下标为 1 的位置存储的是局部变量 i。

（2）实例变量

实例变量的初始化在字节码中会被加入到构造方法中，如下例所示：

```
public class Test
{
    public int age = 20;
}
```

使用"Javac -g Test.java"编译生成.class 文件，然后使用"javap -v Test"可以获取到实例变量初始化的字节码，如下所示：

```
Classfile /C:/Test/Test.class
  Last modified Jun 7, 2017; size 275 bytes
  MD5 checksum 0be1824a4dfa0ec042610c23a2638aa3
  Compiled from "Test.java"
public class Test
  minor version: 0
  major version: 52
  flags: ACC_PUBLIC, ACC_SUPER
Constant pool:
  #1 = Methodref     #4.#16      // java/lang/Object."<init>":()V
  #2 = Fieldref      #3.#17      // Test.age:I
  #3 = Class         #18         // Test
  #4 = Class         #19         // java/lang/Object
  #5 = Utf8          age
  #6 = Utf8          I
  #7 = Utf8          <init>
  #8 = Utf8          ()V
  #9 = Utf8          Code
 #10 = Utf8          LineNumberTable
```

```
                #11 = Utf8                   LocalVariableTable
                #12 = Utf8                   this
                #13 = Utf8                   LTest;
                #14 = Utf8                   SourceFile
                #15 = Utf8                   Test.java
                #16 = NameAndType            #7:#8          // "<init>":()V
                #17 = NameAndType            #5:#6          // age:I
                #18 = Utf8                   Test
                #19 = Utf8                   java/lang/Object
            {
                public int age;
                    descriptor: I
                    flags: ACC_PUBLIC

                public Test();                          //构造方法，方法体内初始化实例变量
                    descriptor: ()V
                    flags: ACC_PUBLIC                   //作用域修饰符，表明这个属性时 public 的
                    Code:
                        stack=2, locals=1, args_size=1
                            0: aload_0
                            1: invokespecial #1          // Method java/lang/Object."<init>":()V
                            4: aload_0
                            5: bipush        20
                            7: putfield      #2          // Field age:I
                            10: return
                        LineNumberTable:
                            line 1: 0
                            line 3: 4
                        LocalVariableTable:
                            Start   Length   Slot   Name   Signature
                                0      11       0   this   LTest;
            }
            SourceFile: "Test.java"
```

首先介绍构造方法中字节码的含义：

aload_0：由于局部变量表中 0 的位置存储的是 this，因此这个指令的含义是把 this 压入栈顶。

invokespecial：调用父类的构造方法。

bipush 20：把 20 压入栈顶。

putfield #2：根据参数#2 在常量池中找到实例变量 age，然后把栈顶的元素弹栈并赋值给这个示例变量，因此执行的是 age=20。从上面生成的字节码中可以看出，常量池中有一行字节码

"#2 = Fieldref   #3.#17   // Test.age:I"，显然#2 表示的就是 age。

具体执行过程如图 9-9 所示。

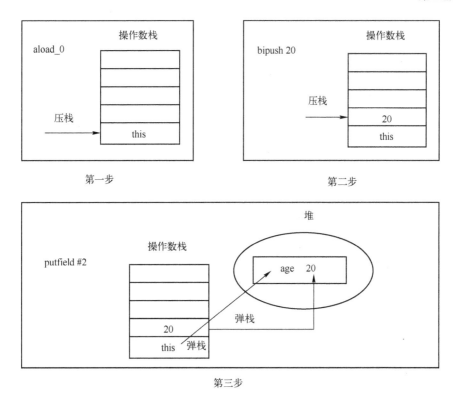

图 9-9 对象的属性赋值操作

（3）常量

在 Java 语言中，被 final 修饰的变量就是常量。常量的字节码与变量类似，唯一不同的是增加了一个修饰符 ACC_FINAL，如下例所示：

```
public class Test
{
    public final int age = 20;
}
```

对应的字节码为：

```
public final int age;
  descriptor: I
  flags: ACC_PUBLIC, ACC_FINAL
  ConstantValue: int 20

public Test();
  descriptor: ()V
  flags: ACC_PUBLIC
  Code:
    stack=2, locals=1, args_size=1
      0: aload_0
      1: invokespecial #1                 // Method java/lang/Object."<init>":()V
      4: aload_0
      5: bipush        20
```

```
      7: putfield        #2                              // Field age:I
     10: return
```

（4）静态变量

静态变量是类的属性，是所有对象共享的，因此不会在构造方法中初始化，取而代之的是在类的构造方法中用 putstatic 进行初始化，如下例所示：

```java
public class Test
{
    public static int age = 20;
}
```

对应的字节码如下所示：

```
Classfile /C/Test.class
    Last modified Jun 7, 2017; size 320 bytes
    MD5 checksum f14222496cedefba160f2b108c625c2d
    Compiled from "Test.java"
public class Test
    minor version: 0
    major version: 52
    flags: ACC_PUBLIC, ACC_SUPER
Constant pool:
    #1 = Methodref          #4.#17          // java/lang/Object."<init>":()V
    #2 = Fieldref           #3.#18          // Test.age:I
    #3 = Class              #19             // Test
    #4 = Class              #20             // java/lang/Object
    #5 = Utf8               age
    #6 = Utf8               I
    #7 = Utf8               <init>
    #8 = Utf8               ()V
    #9 = Utf8               Code
   #10 = Utf8               LineNumberTable
   #11 = Utf8               LocalVariableTable
   #12 = Utf8               this
   #13 = Utf8               LTest;
   #14 = Utf8               <clinit>
   #15 = Utf8               SourceFile
   #16 = Utf8               Test.java
   #17 = NameAndType        #7:#8           // "<init>":()V
   #18 = NameAndType        #5:#6           // age:I
   #19 = Utf8               Test
   #20 = Utf8               java/lang/Object
{
    public static int age;
      descriptor: I
      flags: ACC_PUBLIC, ACC_STATIC

    public Test();
      descriptor: ()V
      flags: ACC_PUBLIC
```

```
Code:
    stack=1, locals=1, args_size=1
        0: aload_0
        1: invokespecial #1                           // Method java/lang/Object."<init>":()V
        4: return
    LineNumberTable:
        line 1: 0
    LocalVariableTable:
        Start   Length   Slot   Name    Signature
            0        5      0    this    LTest;

static {};
    descriptor: ()V
    flags: ACC_STATIC
    Code:
        stack=1, locals=0, args_size=0
            0: bipush          20
            2: putstatic       #2                      // Field age:I
            5: return
        LineNumberTable:
            line 3: 0
}
SourceFile: "Test.java"
```

在上例中，初始化静态变量使用的是"putstatic　　#2"，#2 在常量池中对应的是静态变量 age。

9.3.3　条件语句的执行

流程控制语句主要通过比较两个变量的值，然后根据比较的结果使用 goto 跳转到指定的字节码去执行，下面重点对常见的几种流程控制语句进行讲解：

（1）if/else

对于 if/else 的语法以及表示的含义这里就不做介绍了，下面直接通过一个例子来说明其对应的字节码：

```
public class Test
{
    public static int max(int m, int n)
    {
        if(m>n)
            return m;
        else
            return n;
    }
    public static void main(String[] args)
    {
        max(2,3);
    }
}
```

通过"javac -g Test.java"和"javac -g Test.java"可以生成比较完整的字节码，有兴趣的

读者可以通过这个命令获取完整的中间码，这里重点介绍 max 方法中 if/else 对应的中间码，如下所示：

```
public static int max(int, int);
  descriptor: (II)I
  flags: ACC_PUBLIC, ACC_STATIC
  Code:
    stack=2, locals=2, args_size=2
      0: iload_0              //把第一个参数压栈：m
      1: iload_1              //把第二个参数压栈：n
      2: if_icmple       7    /*比较两个参数的值，如果 m<n 不满足，那么直接跳转到 7 执行
                              **比较操作会把栈顶的两个元素弹栈进行比较 */
      5: iload_0              //把第一个参数压栈：m
      6: ireturn             //返回栈顶元素：m
      7: iload_1              //把第二个参数压栈
      8: ireturn             //返回栈顶元素：n
    LineNumberTable:
      line 5: 0
      line 6: 5
      line 8: 7
    LocalVariableTable:
      Start  Length  Slot  Name  Signature
        0      9      0     m      I
        0      9      1     n      I
    StackMapTable: number_of_entries = 1
      frame_type = 7 /* same */
```

（2）switch

switch 表达式的类型只能是下面的几种：byte、char、short、Byte、Character、Short、Integer、enum。从 Java 7 开始也支持 String 了。JVM 主要通过 tableswitch 和 lookupswitch 这两个指令实现 switch 的逻辑，但是这两个指令都只能操作整数，因此在使用 switch 的时候，传入的参数都会被默认转换委托 int 类型。对于 String 而言，它是通过 hashCode()方法转换为 int 类型来执行的。

下面首先介绍 tableswitch 指令，它的主要工作原理为：把 case 分支中介于最大值与最小值范围的所有取值都列出来（case 中没有的值也列出来，但是它们会指向 default 代码块）；因此，对于给定的取值，通过 tableswitch 可以直接找到需要执行的代码块，如果传入的参数值不在这个范围内，那么可以直接跳转到 default 代码块执行。由于这种方法会把 case 中没有的值也会被列出，因此需要耗费更多的内存，但是执行时间比较快，是一种典型的空间换时间的方法。示例如下所示：

```
public class Test
{
    public int testSwitch(int param) {
        switch (param) {
            case 1:
                return 1;
            case 2:
```

```
                        return 2;
                case 4:
                        return 4;
                default:
                        return 0;
            }
        }
    }
```

对应的字节码如下所示（由于篇幅原因，这里只列出了文中需要介绍的部分内容）：

```
0: iload_1                          //把 this 压入操作数栈
1: tableswitch       { // 1 to 4
                1: 32               //参数为 1 的时候，跳转到 32 执行
                2: 34               //参数为 2 的时候跳转到 34 执行
                3: 38               //参数为 3 的时候跳转到 38 执行（与 default 相同）
                4: 36               //参数为 4 的时候跳转到 36 执行
          default: 38               //不满足以上条件的参数都跳转到 38
    }
32: iconst_1                        //把常数 1 压入操作数栈中
33: ireturn                         //返回栈顶元素，也就说返回 1
34: iconst_2
35: ireturn
36: iconst_4
37: ireturn
38: iconst_0
39: ireturn
```

从上面例子可以看出，执行 switch 操作最重要的就是 tableswitch，它可以根据输入的参数找到需要跳转的指令，从而实现了根据不同的参数执行不同的分支的功能。在上面的例子中，case 中并没有 3，但是在 tableswitch 中却有 3，这样做是为了提高查询效率，但是如果不同的 case 对应的值比较分散，如果仍然采用这种方式，那么必然会浪费大量内存，因此 Java 还有另外一种实现方式，那就是 lookupswitch，这种方式不会列出 case 对应的范围内所有可取的值，而是只列出 case 中出现的值。在执行 lookupswitch 指令时，操作数栈顶的值需要和 lookupswitch 中的每一个值进行比较，来确定跳转的地址。由此可见，lookupswitch 指令的性能比 tableswitch 低，后者在执行时可以立即索引到对应的匹配。编译器在编译 switch 语句的时候会根据性能与内存的消耗等因素做一个权衡来选择其中一个指令来完成 switch 操作。下面通过一个例子来介绍 lookupwtitch 的执行方式：

```
public class Test
{
    public int testSwitch(int param) {
        switch (param) {
            case 1:
                return 1;
            case 10:
                return 10;
            case 50:
```

```
                    return 50;
            default:
                    return 0;
        }
    }
}
```

对应的字节码如下所示:

```
0: iload_1
 1: lookupswitch   { // 3
                 1: 36
                10: 38
                50: 41
           default: 44
    }
36: iconst_1
37: ireturn
38: bipush        10
40: ireturn
41: bipush        50
43: ireturn
44: iconst_0
45: ireturn
```

从上面的例子可以看出，二者的执行方式是非常类似的，唯一不同的是执行 lookupswitch 的时候性能比较低下。由此可以看出，在使用 switch 的时候尽可能使 case 的取值比较集中，这样能提高执行效率。

在前面的章节也介绍过从 Java 7 开始，switch 也开始支持 String 类型了，但是它的执行是通过调用 String 类型的 hashCode 方法得到一个整数后，使用这个整数来执行 tableswitch 或 lookupswitch，跳转到特定的指令后，再通过调用 String 类的 equals 方法来比较字符串是否相等从而执行进一步指令的跳转，下面通过一个例子来深入讲解具体的执行过程:

```
public class Test
{
    public int testSwitch(String param) {
        switch (param) {
            case "a":
                    return 1;
            case "b":
                    return 2;
            case "c":
                    return 3;
            default:
                    return 0;
        }
    }
}
```

对应的字节码如下所示：

```
public class Test
  minor version: 0
  major version: 52
  flags: ACC_PUBLIC, ACC_SUPER
Constant pool:
  #1 = Methodref       #8.#24        // java/lang/Object."<init>":()V
  #2 = Methodref       #25.#26       // java/lang/String.hashCode:()I
  #3 = String          #27           // a 字符串的值存储在#27 位置，显然对应的值是"a"
  #4 = Methodref       #25.#28       // java/lang/String.equals:(Ljava/lang/Object;)Z
  #5 = String          #29           // b
  #6 = String          #30           // c
  #7 = Class           #31           // Test
  #8 = Class           #32           // java/lang/Object
  #9 = Utf8            <init>
  #10 = Utf8           ()V
  #11 = Utf8           Code
  #12 = Utf8           LineNumberTable
  #13 = Utf8           LocalVariableTable
  #14 = Utf8           this
  #15 = Utf8           LTest;
  #16 = Utf8           testSwitch
  #17 = Utf8           (Ljava/lang/String;)I
  #18 = Utf8           param
  #19 = Utf8           Ljava/lang/String;
  #20 = Utf8           StackMapTable
  #21 = Class          #33           // java/lang/String
  #22 = Utf8           SourceFile
  #23 = Utf8           Test.java
  #24 = NameAndType    #9:#10        // "<init>":()V
  #25 = Class          #33           // java/lang/String
  #26 = NameAndType    #34:#35       // hashCode:()I
  #27 = Utf8           a
  #28 = NameAndType    #36:#37       // equals:(Ljava/lang/Object;)Z
  #29 = Utf8           b
  #30 = Utf8           c
  #31 = Utf8           Test
  #32 = Utf8           java/lang/Object
  #33 = Utf8           java/lang/String
  #34 = Utf8           hashCode
  #35 = Utf8           ()I
  #36 = Utf8           equals
  #37 = Utf8           (Ljava/lang/Object;)Z
{
  public Test();
    ……

  public int testSwitch(java.lang.String);
```

```
descriptor: (Ljava/lang/String;)I
flags: ACC_PUBLIC
Code:
  stack=2, locals=4, args_size=2
      0: aload_1                         /*把下标为 1 的局部变量的值弹栈 */
      1: astore_2                        /*把栈顶元素赋值给下标为 2 对应的局部变量*/
      2: iconst_m1                       /*把常数-1 压入栈顶 */
      3: istore_3                        /*把栈顶元素赋值给下标为 3 对应的局部变量*/
      4: aload_2                         /*把下标为 2 的局部变量的值弹栈 */
      5: invokevirtual #2                // Method java/lang/String.hashCode:()I
      8: tableswitch     { // 97 to 99
                    97: 36               /*switch 的参数为 97 时跳转到 36 执行*/
                    98: 50               /*switch 的参数为 98 时跳转到 50 执行*/
                    99: 64               /*switch 的参数为 99 时跳转到 64 执行*/
               default: 75               /*switch 的参数为在 case 中没有值时跳转到 75 执行*/
          }
     36: aload_2                         /*把下标为 2 的局部变量的值弹栈 */
     37: ldc             #3              // String a，把#3 位置对应的字符串常量压入栈顶
     39: invokevirtual #4                // Method java/lang/String.equals:(Ljava/lang/Object;)Z
     42: ifeq            75              /*如果栈顶元素为 0，那么跳转到 75*/
     45: iconst_0                        /*把常数 0 压入栈顶 */
     46: istore_3                        /*把栈顶元素赋值给下标为 3 对应的局部变量*/
     47: goto            75              /*跳转到 75 对应的指令继续执行*/
     50: aload_2
     51: ldc             #5              // String b
     53: invokevirtual #4                // Method java/lang/String.equals:(Ljava/lang/Object;)Z
     56: ifeq            75
     59: iconst_1
     60: istore_3
     61: goto            75
     64: aload_2
     65: ldc             #6              // String c
     67: invokevirtual #4                // Method java/lang/String.equals:(Ljava/lang/Object;)Z
     70: ifeq            75
     73: iconst_2
     74: istore_3
     75: iload_3
     76: tableswitch     { // 0 to 2
                     0: 104
                     1: 106
                     2: 108
               default: 110
          }
    104: iconst_1
    105: ireturn
    106: iconst_2
    107: ireturn
    108: iconst_3
    109: ireturn
```

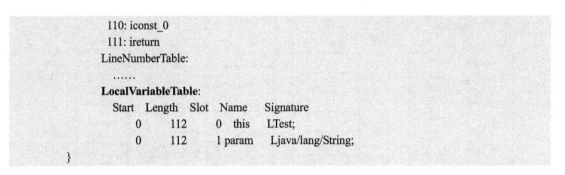

```
                110: iconst_0
                111: ireturn
            LineNumberTable:
                ......
            LocalVariableTable:
                Start   Length   Slot   Name      Signature
                  0      112       0    this      LTest;
                  0      112       1    param     Ljava/lang/String;
        }
```

下面以参数"c"为例介绍代码的执行过程，如图 9-10 所示。

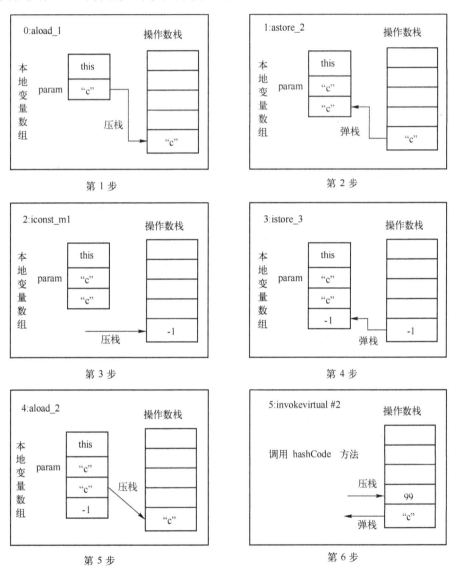

图 9-10　switch 执行过程

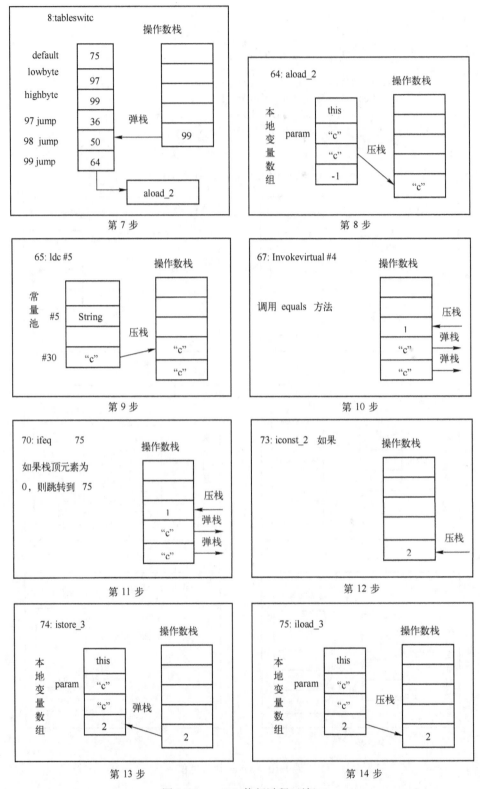

图 9-10　switch 执行过程（续）

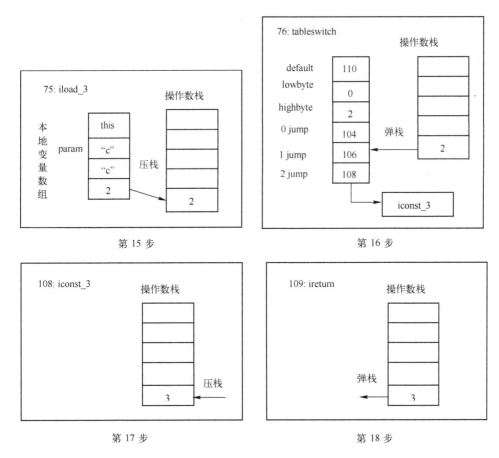

图 9-10　switch 执行过程（续）

9.3.4　循环语句的执行

条件判断语句的字节码的实现是通过比较两个值的大小来决定跳转的位置的，而由于循环语句需要多次迭代执行循环体中的代码，因此也需要根据比较结果跳转到特定的指令去执行，这里主要以 while 循环为例进行讲解，其他的几种循环的实现方式非常类似。

while 循环的字节码包含一个条件判断指令（if_icompge 或者 if_icmplt）和一个 goto 语句。一旦条件不满足，就会跳转到循环之后的指令去执行，从而结束循环；循环体的最后一句指令是 goto，为了跳转到循环的开始部分，继续执行下一次循环，示例代码如下所示：

```
public class Test
{
    public void testWhile()
    {
        int i = 0;
        while (i < 4)
        {
            i++;
        }
    }
}
```

```
        }
```

使用"javac -g Test.java"和"javap -v Test"可以生成这个 testWhile 函数对应的字节码如
下所示：

```
        0: iconst_0      /*把常数 0 压入栈顶*/
        1: istore_1      /*把栈顶元素弹栈赋值给下标为 1 的局部变量(局部变量表中为 i)*/
        2: iload_1       /*把下标为 1 的局部变量(i=0)的值压入栈顶*/
        3: iconst_4      /*把常数 4 压入栈顶*/
        4: if_icmpge    13  /*如果栈顶元素的值（4）大于栈中第二个元素的值，那么跳转到13*/
        7: iinc         1, 1  /*对局部变量表中下标为 1 的变量自增（i++）*/
        10: goto        2     /*跳转到 2 继续执行下次循环*/
        13: return
      LineNumberTable:
        line 5: 0
        line 6: 2
        line 8: 7
        line 10: 13
      LocalVariableTable:
        Start   Length   Slot   Name    Signature
        0       14       0      this    LTest;   /*局部变量第一个存储的是 this*/
        2       12       1      i       I        /*局部变量第二个存储的是 i*/
```

9.3.5 泛型擦除的类型转换

在前面泛型擦除章节已经介绍过，因为 Java 代码在编译的过程中会进行类型擦除，所以
所有的泛型类型变量最后都会被替换为原始类型。例如：ArrayList<Integer>的类型参数为
Integer，但是被擦除类型后就变成了原始类型 Object。既然都被替换为原始类型，那么为什么
在获取的时候，不需要进行强制类型转换呢？而且只能获取到 String 类型的值呢？其实它是
通过类型转换来实现的。下面通过一个例子从字节码的角度来分析这种类型转换的实现方式：

```java
import java.util.ArrayList;

public class Test
{
    public static void main(String[] args)
    {
        ArrayList<String> list = new ArrayList<String>();
        list.add(new String("Hello"));
        String s = list.get(0);
    }
}
```

这段代码对应的字节码如下所示（下面只列出部分关键的信息，如果想查看全部字节码，
那么可以使用 javac -g Test.java 和 javap -v Test.class 来生成）：

```
      Constant pool:
        #1 = Methodref    #10.#30        // java/lang/Object."<init>":()V
        #2 = Class        #31            // java/util/ArrayList
```

```
        #3 = Methodref        #2.#30              // java/util/ArrayList."<init>":()V
        #4 = Class            #32                 // java/lang/String
        #5 = String           #33                 // Hello
        #6 = Methodref        #4.#34              // java/lang/String."<init>":(Ljava/lang/String;)V
        #7 = Methodref        #2.#35              // java/util/ArrayList.add:(Ljava/lang/Object;)Z
        #8 = Methodref        #2.#36              // java/util/ArrayList.get:(I)Ljava/lang/Object;
        ......
    public static void main(java.lang.String[]);
        descriptor: ([Ljava/lang/String;)V
        flags: ACC_PUBLIC, ACC_STATIC
        Code:
          stack=4, locals=3, args_size=1
             0: new              #2                 // class java/util/ArrayList
             3: dup
             4: invokespecial #3                    // Method java/util/ArrayList."<init>":()V
             7: astore_1
             8: aload_1
             9: new              #4                 // class java/lang/String
            12: dup
            13: ldc              #5                 // String Hello
            15: invokespecial #6   // Method java/lang/String."<init>":(Ljava/lang/String;)V
            18: invokevirtual #7   // Method java/util/ArrayList.add:(Ljava/lang/Object;)Z
            21: pop
            22: aload_1
            23: iconst_0
            24: invokevirtual #8   // Method java/util/ArrayList.get:(I)Ljava/lang/Object;
            27: checkcast        #4   // class java/lang/String
            30: astore_2
            31: return
```

从上面的字节码可以看出：24: invokevirtual #8 完成了 get 方法的调用，它的返回值是 Object 类型，最重要的是字节码：27: checkcast #4，它实现了类型检查（#4 在常量池中表示的是 String 类型）。由此可见，类型检查是调用的地方进行的，如果试图把 get 返回的结果复制给 Integer 类型的引用变量，那么 checkcast 指令将会抛出异常，这也就是为什么类型被擦除后仍然能够检查类型是否匹配。

第 10 章 设 计 模 式

设计模式（Design Pattern）是一套被反复使用、多数人知晓的、经过分类编目的、代码设计经验的总结。使用设计模式的目的是为了代码重用，避免程序大量修改，同时使代码更容易被他人理解，并且保证代码可靠性。显然，设计模式不管是对自己还是对他人还是对系统都是有益的，设计模式使得代码编制真正的工程化，设计模式可以说是软件工程的基石。

GoF（Gang of Four）23 种经典设计模式如表 10-1 所示。

表 10-1 23 种经典设计模式

	创建型	结构型	行为型
类	Factory Method（工厂方法）	Adapter_Class（适配器类）	Interpreter（解释器） Template Method（模板方法）
对象	Abstract Factory（抽象工厂） Builder（生成器） Prototype（原型） Singleton（单例）	Adapter_Object（适配器对象） Bridge（桥接） Composite（组合） Decorator（装饰） Façade（外观） Flyweight（享元） Proxy（代理）	Chain of Responsibility（职责链） Command（命令） Iterator（迭代器） Mediator（中介者） Memento（备忘录） Observer（观察者） State（状态） Strategy（策略） Visitor（访问者模式）

常见的设计模式有工厂模式（Factory Pattern）、单例模式（Singleton Pattern）、适配器模式（Adapter Pattern）、享元模式（Flyweight Pattern）以及观察者模式（Observer Pattern）等。

10.1 单例模式

在某些情况下，有些对象只需要一个就可以了，即每个类只需要一个实例，例如，一台计算机上可以连接多台打印机，但是这个计算机上的打印程序只能有一个，这里就可以通过单例模式来避免两个打印作业同时输出到打印机中，即在整个的打印过程中只有一个打印程序的实例。

简单来说，单例模式（也叫单件模式）的作用就是保证在整个应用程序的生命周期中，任何一个时刻，单例类的实例都只存在一个（当然也可以不存在）。

单例模式确保某一个类只有一个实例，而且自行实例化并向整个系统提供这个实例单例模式。单例模式只应在有真正的"单一实例"的需求时才可使用。

10.2 工厂模式

工厂模式专门负责实例化有大量公共接口的类。工厂模式可以动态地决定将哪一个类实例化，而不必事先知道每次要实例化哪一个类。客户类和工厂类是分开的。消费者无论什么时候需要某种产品，需要做的只是向工厂提出请求即可。消费者无须修改就可以接纳新产品。

当然也存在缺点，就是当产品修改时，工厂类也要做相应的修改。

工厂模式包含以下几种形态：

① 简单工厂（Simple Factory）模式。简单工厂模式的工厂类是根据提供给它的参数，返回的是几个可能产品中的一个类的实例，通常情况下它返回的类都有一个公共的父类和公共的方法。设计类图如图 10-1 所示。

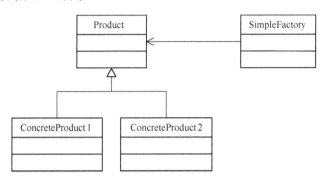

图 10-1 简单工厂模式类图

其中，Product 为待实例化类的基类，它可以有多个子类；SimpleFactory 类中提供了实例化 Product 的方法，这个方法可以根据传入的参数动态地创建出某一类型产品的对象。

② 工厂方法（Factory Method）模式。工厂方法模式是类的创建模式，其用意是定义一个用于创建产品对象的工厂的接口，而将实际创建工作推迟到工厂接口的子类中。它属于简单工厂模式的进一步抽象和推广。多态的使用，使得工厂方法模式保持了简单工厂模式的优点，而且克服了它的缺点。设计类图如图 10-2 所示。

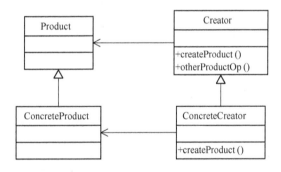

图 10-2 工厂方法模式类图

Product 为产品的接口或基类，所有的产品都实现这个接口或抽象类（例如 ConcreteProduct），这样就可以在运行时根据需求创建对应的产品类。Creator 实现了对产品所有的操作方法，而不实现产品对象的实例化。产品的实例化由 Creator 的子类来完成。

③ 抽象工厂（Abstract Factory）模式。抽象工厂模式是所有形态的工厂模式中最为抽象和最具一般性的一种形态。抽象工厂模式是指当有多个抽象角色时使用的一种工厂模式，抽象工厂模式可以向客户端提供一个接口，使客户端在不必指定产品的具体的情况下，创建多个产品族中的产品对象。根据 LSP 原则（即 Liskov 替换原则），任何接受父类型的地方，都应当能够接受子类型。因此，实际上系统所需要的，仅仅是类型与这些抽象产品角色相同的

一些实例，而不是这些抽象产品的实例。换句话说，也就是这些抽象产品的具体子类的实例。工厂类负责创建抽象产品的具体子类的实例。设计类图如图 10-3 所示。

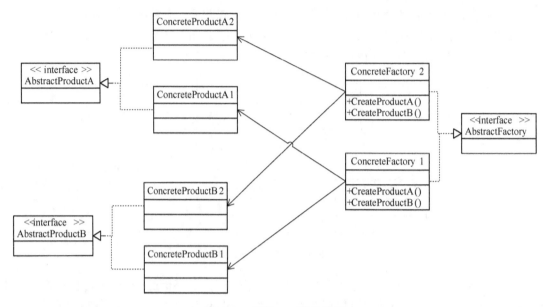

图 10-3　抽象工厂模式类图

AbstractProductA 和 AbstractProductB 代表一个产品家族，实现这些接口的类代表具体的产品。AbstractFactory 为创建产品的接口，能够创建这个产品家族中所有类型的产品，它的子类可以根据具体情况创建对应的产品。

10.3　适配器模式

适配器模式也称为变压器模式，它是把一个类的接口转换成客户端所期望的另一种接口，从而使原本因接口不匹配而无法一起工作的两个类能够一起工作。适配类可以根据所传递的参数返还一个合适的实例给客户端。

适配器模式主要应用于"希望复用一些现存的类，但是接口又与复用环境要求不一致的情况"，在遗留代码复用、类库迁移等方面非常有用。同时适配器模式有对象适配器和类适配器两种形式的实现结构，但是类适配器采用"多继承"的实现方式，会引起程序的高耦合，所以一般不推荐使用，而对象适配器采用"对象组合"的方式，耦合度低，应用范围更广。

例如，现在系统里已经实现了点、线、正方形，而现在客户要求实现一个圆形，一般的做法是建立一个 Circle 类来继承以后的 Shape 类，然后去实现对应的 display、fill、undisplay 方法，此时如果发现项目组其他人已经实现了一个画圆的类，但是他的方法名却和自己的不一样，为 displayhh、fillhh、undisplayhh，不能直接使用这个类，因为那样无法保证多态，而有的时候，也不能要求组件类改写方法名，此时，可以采用适配器模式。设计类图如图 10-4 所示。

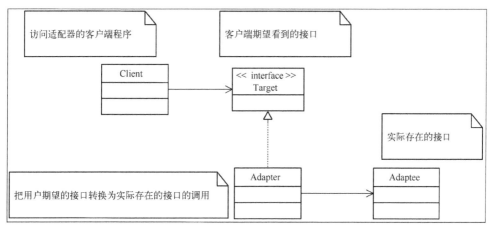

图 10-4　适配器模式类图

10.4　观察者模式

　　观察者模式（也被称为发布/订阅模式）提供了避免组件之间紧密耦合的另一种方法，它将观察者和被观察的对象分离开。在该模式中，一个对象通过添加一个方法（该方法允许另一个对象，即观察者注册自己）使本身变得可观察。当可观察的对象更改时，它会将消息发送到已注册的观察者。这些观察者使用该信息执行的操作与可观察的对象无关，结果是对象可以相互对话，而不必了解原因。Java 与 C#的事件处理机制就是采用的此种设计模式。

　　例如，用户界面可以作为一个观察者，业务数据是被观察者，用户界面观察业务数据的变化，发现数据变化后，就显示在界面上。面向对象设计的一个原则是：系统中的每个类将重点放在某一个功能上，而不是其他方面。一个对象只做一件事情，并且将它做好。观察者模式在模块之间划定了清晰的界限，提高了应用程序的可维护性和重用性。设计类图如图 10-5 所示。

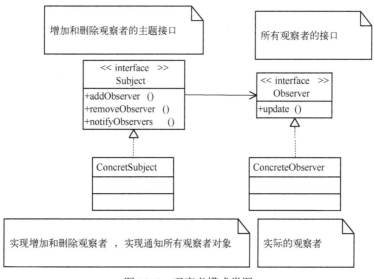

图 10-5　观察者模式类图

附录（常见面试笔试题）

1．假设有以下代码 **String s="hello"; String t="hello"; char c[]={'h','e','l','l','0'}**，下列选项中，返回 **false** 语句的是：（   ）

A．s.equals(t)   B．t.equals(c)   C．s==t   D．t.equals(new String("hello"))

答案：B。从上面的介绍可以看出 A 与 D 显然会返回 true，从不可变类小节的介绍中可以得出，选项 C 的返回值也为 true。对于选项 B，由于 t 与 c 分别为字符串类型和数组类型，因此返回值为 false。

2．下面程序的输出结果是什么？

String s="abc";

String s1="ab"+"c";

System.out.println(s==s1);

答案：true。在不可变类小节中已经介绍过，"ab"+"c"在编译器就被转换为"abc"，存放在常量区，因此输出结果为 true。

3．下列关于按值传递与按引用传递的描述中，正确的是（   ）

A．按值传递不会改变实际参数的数值   B．按引用传递能改变实际参数的参考地址

C．按引用传递能改变实际参数的内容   D．按引用传递不能改变实际参数的参考地址

答案：A、C、D。

4．**Java** 中提供了哪两种用于多态的机制？

答案：编译时多态和运行时多态。编译时多态是通过方法重载实现的，运行时多态是通过方法覆盖（子类覆盖父类方法）实现的。

5．如下代码输出结果是什么？

```
class Super
{
    public int f() { return 1; }
}
public class SubClass extends Super
{
    public float f() {    return 2f;    }
    public static void main(String[] args)
    {
        Super s=new SubClass();
        System.out.println(s.f());
    }
}
```

答案：编译错误。因为函数是不能以返回值来区分的，虽然父类与子类中的函数有着不同的返回值，但是它们有着相同的函数名，因此，编译器无法区分。

6. 定义如下一个外部类：

```
public class OuterClass
{
        private int d1 = 1;
        //编写内部类
}
```

先需要在这个外部类中定义一个内部类，下面定义中，正确的是（　　　）

A: class InnerClass{
　　public static int methoda() {return d1;}
}
	B: public class InnerClass{
	　　static int methoda() {return d1;}
	}

C: private class InnerClass{
　　int methoda() {return d1;}
}
	D: static class InnerClass{
	　　protected int methoda() {return d1;}
	}

E: abstract class InnerClass{
　　public abstract int methoda();
}	

答案：C、E。由于在非静态内部类中不能定义静态成员，因此 A 和 B 是错误的。由于静态内部类不能访问外部类的非静态成员，因此 D 是错误的。

7. 找出下面代码中可能抛出异常的位置，并指出引起异常的原因，需要注意的是，代码中可能有多处异常。

```
public <Integer> void test(Integer param)
{
        List<Number> list = new ArrayList<Double>();
        list.add(100);
        list.add(param);
}
```

答案：这道题一方面考察了无关性，另一方面又考察了泛型使用规范。

在实际使用泛型的时候，有一个常被忽略的问题：泛型参数指定的类型是某个特定类型。也就是说泛型中的参数在编译的时候会做精确的匹配。由于在 List 中指定的类型是 Number，但是在 ArrayList 中指定的是 Double，虽然 Double 是 Number 的子类，但因为泛型采用类型的精确匹配，所以 new ArrayList<Double>()会抛出异常：

```
Type mismatch: cannot convert from ArrayList<Double> to List<Number>
```

list.add(100)可以通过编译，那么，类似于 list.add(param)这样的可以通过编译吗？如果 Integer 表达的是 java.lang.Integer，那么是可以通过编译的。这里的陷阱在于，此 Integer 并非 java.lang.Integer，它是方法的泛型参数名。所以，禁止使用常见类名作为泛型参数名，建议泛型的参数名使用一个大写字母来表示。

8. 利用泛型知识，修改下面代码中会出现类型转化异常的 **InstanceFactory** 类，使之能通过编译，并且限定为只能用于生产 **Parent**：

```
class Parent {...}
class Sub1 extends Parent {...}
class Sub2 extends Parent {...}
```

```
class InstanceFactory {
    static Parent build(Class clazz) throws InstantiationException,IllegalAccessException
    {
        return clazz.newInstance();
    }
}
```

答案：分析本题题干不难发现，最后需要实现的效果如下所示：

```
//编译通过
Parent parent = InstanceFactory.build(Parent.class);
//编译失败
Parent parent = InstanceFactory.build(Sub1.class);
```

这里需要的知识是泛型方法。定义一个泛型来限制参数，所以，对 build 方法修改如下所示：

```
static <T> T build (Class<T> clazz) throws InstantiationException, IllegalAccessException
{
    return clazz.newInstance();
}
```

9．优化上题中的 build 方法，使下面的代码能够编译执行通过：

```
Sub1 sub1 = InstanceFactory.build(Sub1.class);
Sub2 sub2 = InstanceFactory.build(Sub2.class);
Parent parent = InstanceFactory.build(Parent.class);
```

答案：本题考察的是泛型的上界这一知识点，使用 Parent 作为上界后，自然可以 build Sub1 和 Sub2。同时，该方法的返回类型是 Parent，题干中的代码依然会因为类型转换问题编译失败，所以，还需要把方法的返回值泛型化。对上述代码的修改如下所示：

```
static <T extends Parent> T build (Class<T> clazz) throws InstantiationException, IllegalAccessException
{
    return clazz.newInstance();
}
```

10．<? extends T>和<? super T>有哪些区别？

答案：<? extends T>表示类型的上界，也就是说，参数化的类型可能是 T 或是 T 的子类。例如：下面赋值语句的写法都是合法的：

```
List<?extends Number> list = new ArrayList<Number>();
List<? Extends Number> list = new ArrayList<Integer>(); // Integer 是 Number 的子类
List<? Extends Number> list = new ArrayList<Float>();    // Float 也是 Number 的子类
```

<? extends T>被设计为用来读数据的泛型（只能读取类型为 T 的元素），原因如下：

（1）在上面赋值的示例中，对读数据进行分析：

① 不管给 list 如何赋值，可以保证 list 里面存放的一定是 Number 类型或其子类，因此，可以从 list 列表里面读取 Number 类型的值。

② 不能从 list 中读取 Integer，因为 list 里面可能存放的是 Float 值，同理，也不可以从 list 里面读取 Float。

（2）对写数据进行分析：

① 不能向 list 中写 Number，因为 list 中有可能存放的是 Float。

② 不能向 list 中写 Integer，因为 list 中有可能存放的是 Float。

③ 不能向 list 中写 Float，因为 list 中有可能存放的是 Integer。

从上面的分析可以发现，只能从 List<? extends T> 读取 T，因为无法确定它实际指向列表的类型，因此，无法确定列表里面存放的实际的类型，所以，无法向列表里面添加元素。

<? super Float>表示类型下界，也就是说，参数化的类型是此类型的超类型（父类型）。

```
List<?super Float>list = new ArrayList<Float>();
List<?super Float>list = new ArrayList<Number>();        // Number 是 Float 的父类
List<?super Float>list = new ArrayList<Object>();         // Object 是 Number 的父类
```

<? super Float>被设计为用来写数据的泛型（只能写入 T 或 T 的子类类型），不能用来读，分析如下：

（1）读数据

无法保证 list 里面一定存放的是 Float 类型或 Number 类型，因为有可能存放的是 Object 类型，唯一能确定的是 list 里面存放的是 Object 或其子类，但是无法确定具体子类的类型。正是由于无法确定 list 里面存放数据的类型，因此，无法从 list 里面读取数据。

（2）写数据

① 可以向 list 里面写入 Float 类型的数据（不管 list 里面实际存放的是 Float、Number 或者是 Object，写入 Float 都是允许的）；同理，也可以向 list 里面添加 Float 子类类型的元素。

② 不可以向 list 里面添加 Number 或 Object 类型的数据，因为 list 中可能存放的是 Float 类型的数据。

下面给出泛型上下界使用的场景：

```
public class Collections
{
        public static <T>    void copy(List<? super T> dest, List<? extends T> src)
        {
                for (int i=0; i<src.size(); i++)
                        dest.set(i,src.get(i));
        }
}
```

以上这段代码的主要功能是把容器 src 中的元素拷贝到容器 dest 中。

例题：阅读源码，判断输出结果，并解释理由。

```
List<String> l1 = new ArrayList<String>();
List<Integer> l2 = new ArrayList<Integer>();
System.out.println(l1.getClass()==l2.getClass());
```

答案：输出结果为：true。

这道题主要考察的是泛型擦除这个概念。当声明了 List<String> 和 List<Integer> 时，按照正常的理解，由于这两个 List 可以存储的数据类型是不同的。但实际上它们的类型是相同的，都是 List，具体的类型信息（String 或 Integer）在编译阶段被擦除了。

11. 下面的代码片段来自 **ArrayList**，请问，如果测试 **main** 方法中的代码，那么执行结果是什么？为什么？

```
private transient Object[] elementData;
E elementData(int index)
{
    return (E) elementData[index];
}
public E get(int index)
{
    rangeCheck(index);
    return elementData(index);
}

public static void main(String[] args) throws Exception
{
    ArrayList<String> list = new ArrayList<String>();
    //添加 String 类型数据
    list.add("StingValue");

    Method addMethod = list.getClass().getDeclaredMethod("add", Object.class);
    //添加 Integer 类型数据
    addMethod.invoke(list, 100);

      //输出 list 内容
    for (int i = 0, len = list.size(); i < len; i++)
      {
          Object obj = list.get(i);
          System.out.println(obj.getClass());
      }
}
```

答案：编译和运行都能通过。输出结果为：

```
class java.lang.String
class java.lang.Integer
```

这道题主要考点在于下面这一段代码：

```
E elementData(int index)
{
    return (E) elementData[index];
}
```

ArrayList 在指定<String>后，其 elementData(int)方法会被分析为：

```
String elementData(int index) {
    return (String) elementData[index];
}
```

那么，在之后 addMethod 反射为该列表增加一个 Integer 类型数据时候，看起来是会出错的，可为什么可以通过呢？

答案还是擦除，无论是返回值还是强制转换里的 String，都被擦除了。

这里可能会有一个疑问：既然类型会被擦除，那么，在这里做（String）强制类型转换，还有意义吗？

这里需要辩证地看待问题：

① 在**编译期**，该强制转换是有意义的，是为了开发者能得到明确的报错信息。

② 在**运行期**，泛型信息被擦除，由于 elementData 被设计为一个 Object[]数组，强制转换没有意义。

12. 下面代码的运行结果是什么？

```
class Dog{}
class Cat{}

class Animal<T>
{
    public static int age=0;
}

public class Generic3_4
{
    public static void main(String[] args)
    {
        Animal<Dog> dog = new Animal<Dog>();
        dog.age=1;
        Animal<Cat> cat = new Animal<Cat>();
        cat.age=2;
        System.out.println(dog.age);
    }
}
```

答案：运行结果为 2。因为编译过程中会进行类型擦除，那么所有的泛型类实例都会关联到同一份字节码上，也就是说静态变量会被所有实例共享。

换而言之，Java 的泛型是一种伪泛型，不同的泛型类不会产生新的内存模版，泛型信息会在编译时擦除。

13. 请写出下面代码的执行结果。

```
List<Integer> list = new ArrayList<Integer>();
list.add(1);
list.add(2);
list.add(3);
list.add(4);

Integer i = 2;
list.remove(i);
System.out.println(list);
```

解析：这道题考察的是对 remove 方法的理解，要知道，remove 方法有两种重写形式，分别是移除下标和移除对象。那么，对于 Integer i = 2，到底是调用哪个方法呢？

这里存在一个误区，有可能会错误地把 Integer i = 2 认为是引用类型为 Integer，实例类型为 int，事实上，编译器会认为这句赋值等同为 Integer i = Integer.valueof(2)。所以，此处是不存在 int 类型的。

理解了以上，自然可以得出结论，本题中调用的方法是 remove(Object)，得出结果，移除的是 2 这个对象。输出为：[1，3，4]

14．请写出下面代码的执行结果。

```
Vector v = new Vector();
v.add(1);
Iterator it = v.iterator();
int i = 0;
while (it.hasNext()) {
    Object num = it.next();
    System.out.println(num);
    if (i++ < 5)
        v.add(it.next());
}
System.out.println(v);
```

解析：之前介绍过，Vector 和 ArrayList 一样，都是 fail-fast 的，而 fail-fast 特性是说在迭代数据时，如果数据发生改动，那么会抛出异常。

在本题里，v.add(it.next()) 是可以执行的，所以会输出 1。紧跟着，it.hasNext() 第二次执行，此时 v 的内容发生了改变，抛出了异常。

15．AQS 使用的什么方法阻塞的当前线程？

答案：AQS 使用 LockSupport 来阻塞线程。为什么不用 Object.wait、Thread.join 或是 Thread.sleep 等常见方式实现线程阻塞呢？

原因如下所示：

1）是否可以使用 Object.wait 方法实现阻塞？

Object.wait 是对象监视器的等待方法，用在 synchronized 语句内部，ReentrantLock 不可能使用同为同步锁的 synchronized 作为内部实现。

2）是否可以使用 Thread.join 方法实现阻塞？

join 方法用于阻塞当前线程，直到调用线程生命周期结束，该方法实现如下所示：

```
public final synchronized void join(long millis) throws InterruptedException
{
    long base = System.currentTimeMillis();
    long now = 0;
    if (millis < 0)
    {
        throw new IllegalArgumentException("timeout value is negative");
    }

    if (millis == 0)
    {
        while (isAlive())
        {
```

```
                              //循环阻塞
                              wait(0);
                      }
              }
              else
              {
                  while (isAlive())
                  {
                      long delay = millis - now;
                      if (delay <= 0)
                      {
                          break;
                      }
                      //循环阻塞指定时长
                      wait(delay);
                      now = System.currentTimeMillis() - base;
                  }
              }
      }
```

可以看到，该阻塞本质上依然是 Object.wait。因此可以排除使用 Thread.join 作为 AQS 阻塞方式的可能性。

3）现在只剩下 sleep()一种可能了，是它吗？

sleep 的作用是使当前线程沉睡特定的时长，而 AQS 的等待队列需要在持有锁的线程释放锁之后，马上让下一个线程持有锁，所以，它也不符合需求。

4）事实上，AQS 使用的一种不常见的方式——LockSupport。

java.util.concurrent.LockSupport 是 concurrency 包提供的创建锁和基本线程阻塞操作的原语，它的实现也是依托于强大但是不安全的 sun.misc.Unsafe，其阻塞线程的关键代码如下所示：

```
public static void park(Object blocker)
{
    Thread t = Thread.currentThread();
    setBlocker(t, blocker);
    UNSAFE.park(false, 0L);
    setBlocker(t, null);
}
private static void setBlocker(Thread t, Object arg)
{
    UNSAFE.putObject(t, parkBlockerOffset, arg);
}
```

这里涉及 unsafe.park 和 unsafe.putObject 两个方法。

此处的 unsafe.putObject 用于为 Thread 设置 parkBlocker，parkBlocker 这个对象用于记录该线程的阻塞者是谁，通常情况下是提供给线程分析工具使用的。

unsafe.park 用于阻塞当前线程，是阻塞的核心方法，它有两个参数：

第一个参数是布尔值，为 true 表示相对时间，false 表示绝对时间。

第二个参数是 long 型整数，表示时间长度。

这两个参数需要组合使用，当第一个参数为 true 时，表达的是"线程阻塞，直到指定毫秒的时间"，当第一个参数为 false 时，表达的是"线程阻塞指定纳秒（1 毫秒= 1,000,000 纳秒）"。

通过以上的分析就能理解 LockSupport 是如何通过对 unsafe 的封装来实现阻塞当前线程的了。

同样的，LockSupport 也提供了中断阻塞的方法：

```
public static void unpark(Thread thread)
{
    if (thread != null)
        UNSAFE.unpark(thread);
}
```

由于被阻塞的线程肯定是无法中断自己的阻塞的，所以该方法需要由其他线程调用，需要中断阻塞的线程由参数传入。

16．FairSync 公平锁和 NonfairSync 非公平锁相比，有什么优势和劣势？

答案：FairSync 保证了有序性，在严格要求线程执行顺序的场景里，比如排队，它更加适用。NonfairSync 让线程去竞争锁，不要求顺序，所以它的执行效率更高。

17．下方代码的输出是什么？

```
CountDownLatch latch=new CountDownLatch(3);

new Thread(()->
{
    System.out.println("第一个线程开始工作");
    try
    {
        Thread.sleep(2000);
    }
    catch (InterruptedException e)
    {
        e.printStackTrace();
    }
    System.out.println("第一个线程工作结束");
    latch.countDown();
}).start();

new Thread(()->
{
    System.out.println("第二个线程开始工作");
    try
    {
        Thread.sleep(3000);
    }
    catch (InterruptedException e)
    {
        e.printStackTrace();
    }
```

```
            System.out.println("第二个线程工作结束");
            latch.countDown();
    }).start();

    new Thread(()->
    {
            System.out.println("第三个线程开始工作");
            try
            {
                    Thread.sleep(4000);
            }
            catch (InterruptedException e)
            {
                    e.printStackTrace();
            }
            System.out.println("第三个线程工作结束");
            latch.countDown();
    }).start();

    try
    {
            latch.await();
    } catch (InterruptedException e)
    {
            e.printStackTrace();
    }
    System.out.println("所有任务都已经完成");
```

答案：运行结果为：

```
第一个线程开始工作
第二个线程开始工作
第三个线程开始工作
第一个线程工作结束
第二个线程工作结束
第三个线程工作结束
所有任务都已经完成
```

18. 对上题中的 **latch** 初始化进行修改，请问，执行结果会发生什么样的变化？

```
CountDownLatch latch=new CountDownLatch(2);
```

答案：程序的运行结果为：

```
第一个线程开始工作
第二个线程开始工作
第三个线程开始工作
第一个线程工作结束
第二个线程工作结束
所有任务都已经完成
第三个线程工作结束
```

19. Synchronized 容器和 Concurrent 容器有什么区别？

在 Java 语言中，多线程安全的容器主要分为两种：Synchronized 和 Concurrent，虽然它们都是线程安全的，但是它们在性能方面差距比较大。

Synchronized 容器（同步容器）主要通过 synchronized 关键字来实现线程安全，在使用的时候会对所有的数据加锁。需要注意的是，由于同步容器将所有对容器状态的访问都串行化了，这样虽然保证了线程的安全性，但是这种方法的代价就是严重降低了并发性，当多个线程竞争容器时，吞吐量会严重降低。于是引入了 Concurrent 容器（并发容器），Concurrent 容器采用了更加智能的方案，该方案不是对整个数据加锁，而是采取了更加细粒度的锁机制，因此，在大并发量的情况下，拥有更高的效率。

20. 如何能使 JVM 的堆、栈和永久代（perm）发生内存溢出？

答案：1）在 Java 语言中，通过 new 实例化的对象都存储在堆空间中，因此，只要不断地用 new 实例化对象且一直保持对这些对象的引用（垃圾回收器无法回收），实例化足够多的实例出来就会导致堆溢出，示例代码如下所示：

```
List<Object> l=new ArrayList<Object>();
while(true)
    l.add(new Object());
```

上面这段代码会一直不停地创建 Object 的对象，并存储在 List 里面。因为创建出来的对象一直被引用，因此，垃圾回收器无法进行回收，在创建一定的数量后，就会出现堆溢出。

2）在方法调用的时候，栈用来保存上下文的一些内容。由于栈的大小是有上限的，当出现非常深层次的方法调用的时候，就会把栈的空间用完，最简单的栈溢出的代码就是无限递归调用，示例代码如下所示：

```
public class Test
{
    public static void f()
    {
        System.out.println("Hello");
        f();
    }
    public static void main(String[] args)
    {
        f();
    }
}
```

程序运行的过程中会不断地输出"Hello"，输出一会后就会抛出 java.lang.StackOverflowError 异常。

3）永久代。在 Java 语言中，当一个类第一次被访问的时候，JVM 需要把类加载进来，而类加载器就会占用永久代的空间来存储 classes 信息，永久代中主要包含以下的信息：类方法、类名、常量池、JVM 使用的内部对象等。当 JVM 需要加载一个新的类的时候，如果永久代中没有足够的空间，那么此时就会抛出 Java.Lang.OutOfMemoryError: PermGen Space 异常。所以，当代码加载足够多类的时候就会导致永久代溢出。当然，并不是所有的 Java 虚拟机都有永久代的概念。

```
import java.io.File;
import java.net.*;
import java.util.*;

class Test
{}

public class Test2
{
    public static void main(String[] args)
    {
        URL url = null;
        List<ClassLoader> cl = new ArrayList<ClassLoader>();
        try
        {
            url = new File("/file1").toURI().toURL();
            URL[] urls = {url};
            while (true)
            {
                ClassLoader loader = new URLClassLoader(urls);
                cl.add(loader);
                loader.loadClass("Test");
            }
        } catch (Exception e) {
            e.printStackTrace();
        }
    }
}
```

这段代码在 JDK1.7 中运行的时候就会出现"java.lang.OutOfMemoryError: PermGen space"异常。由于从 JDK1.8 开始永生代已经从 HotSpot JVM 移走了，将其原有的数据迁移至 Java Heap 或 Metaspace。关于这部分知识涉及 JVM 原理，具体可阅读 JVM 相关章节。

21. 在 **JDK1.7** 以及以上的版本中，下面代码的运行结果是什么？

```
public class Test
{
    public static void main(String[] args) throws Exception
    {
        String s1 = new String("Hello")+ new String("world");
        System.out.println(s1.intern()== s1);
        System.out.println(s1 == "HelloWorld");
    }
}
```

答案:

```
true
false
```

22. 用 **Java** 语言实现一个观察者模式。

下面给出一个观察者模式的示例代码，代码的主要功能是实现天气预报，同样的温度信息可以有多种不同的展示方式：

```java
import java.util.ArrayList;
interface Subject
{
    public void registerObserver(Observer o);
    public void removeObserver(Observer o);
    public void notifyObservers();
}
class Whether implements Subject
{
    private ArrayList<Observer>observers=new ArrayList<Observer>();
    private float temperature;
    @Override
    public void notifyObservers() {
        for(int i=0;i<this.observers.size();i++)
        {
            this.observers.get(i).update(temperature);
        }
    }
    @Override
    public void registerObserver(Observer o) {
        this.observers.add(o);
    }
    @Override
    public void removeObserver(Observer o) {
        this.observers.remove(o);
    }
    public void whetherChange()        {
        this.notifyObservers();
    }
    public float getTemperature(){
        return temperature;
    }
    public void setTemperature(float temperature) {
        this.temperature = temperature;
        notifyObservers();
    }
}
interface Observer
{
    //更新温度
    public void update(float temp);
}
class WhetherDisplay1 implements Observer
{
    private float temprature;
    public WhetherDisplay1(Subject whether){
        whether.registerObserver(this);
    }
    @Override
```

```
        public void update(float temp) {
            this.temprature=temp;
            display();
        }
        public void display(){
            System.out.println("display1****:"+this.temprature);
        }
    }
    class WhetherDisplay2 implements Observer
    {
        private float temprature;
        public WhetherDisplay2(Subject whether)
        {
            whether.registerObserver(this);
        }
        @Override
        public void update(float temp) {
            this.temprature=temp;
            display();
        }

        public void display()
        {
            System.out.println("display2----:"+this.temprature);
        }
    }
    public class Test
    {
        public static void main(String[] args)
        {
            Whether whether=new Whether();
            WhetherDisplay1 d1=new WhetherDisplay1(whether);
            WhetherDisplay2 d2=new WhetherDisplay2(whether);
            whether.setTemperature(27);
            whether.setTemperature(26);
        }
    }
```

23．给出两种单例模式的实现方法，并说明这两种方法的优缺点。

答案：两种单例模式的实现代码如下所示：

写法一：

```
    public class Test
    {
        private static Test test = new Test();
        private Test(){      }
        public static Test getInstance()
        {
            return test;
        }
    }
```

写法二：

```
public class Test
{
    private static Test test = null;
    private Test(){     }
    public static Test getInstance()
    {
        if (test == null)
        {
            test = new Test();
        }
        return test;
    }
}
```

对于第一种写法，当类被加载的时候，已经创建好了一个静态的对象，因此，是线程安全的，但缺点是在这个对象还没有被使用的时候就已经被创建出来了。

对于第二种写法，缺点是：这种写法不是线程安全的，例如当第一个线程执行判断语句if(test==null)时，第二个线程执行判断语句 if(test==null)，接着第一个线程执行语句 test = new Test()，第二个线程也执行语句 test = new Test()，在这种多线程环境下，可能会创建出来两个对象。当然，这种写法的优点是按需创建对象，只有对象被使用的时候才会被创建。

24．银行系统中的电子银行各个子系统是相互独立的，例如手机银行和网络银行，为了以后更好的发展，银行决定对这些子系统进行整合，现在请你设计一套登录系统，要求如下：各个子系统具体登录过程不一样，如手机银行不需要证书，仅仅需要用户名和密码即可，而网络银行需要 UKEY 或者文件证书，但登录流程都是一致的，首先对用户进行验证，验证通过后，显示欢迎界面。登录系统能够很方便地接入更多的电子银行的形式。要求选用合适的设计模式，画出 UML 图和系统框架图。

答案：模板设计模式是指在一个方法中定义一个简单的算法骨架，而将一些步骤延迟到子类中实现，模板方法子类可以在不改变算法结构的情况下，重新定义算法中的某些步骤。实现类图如下图所示。

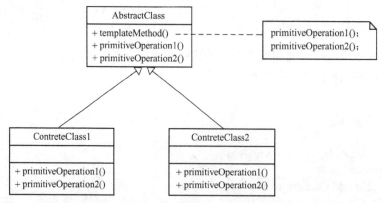

AbstractClass 为模板抽象类，这个抽象类中定义了两个抽象方法 primitiveOperation1 和 primitiveOperation2，同时定义了算法的骨架 templateMothod 方法，这个方法内按照顺序调用了 primitiveOperation1 和 primitiveOperation2 方法，实现了算法的结构。这两个方法的具体实

现细节由子类来决定。

通过对模板设计模式进行研究发现，本题所描述的系统非常适合采用模板设计模式来实现，实现类图如下图所示。

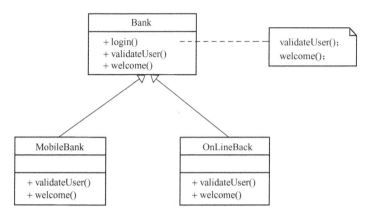

其中，Bank 类定义了银行登录的流程，login 方法的方法体为：调用 validateUser 验证用户的登录信息，当登录成功后，调用 welcome 进入欢迎界面。

对于手机银行的子类 MobileBack，validateuser 方法采用用户名和密码的方式来验证用户的合法性，welcome 方法内实现手机银行的欢迎界面。

对于网上银行的子类 OnLineBack，validateuser 方法采用 UKEY 或者文件证书来验证用户的合法性，welcome 方法内实现网页的欢迎界面。

如果后期有其他的接入方式，那么只需要继承 Bank 类，同时实现这两个抽象方法即可。

25. 请设计综合对账单里的一个显示模块，此模块功能是获取数据库里的数据，在界面上进行显示，可以有表格、柱形、饼状等显示形式，当数据库里的数据改变时，这些显示形式也会立即改变，同时可以在这些显示形式上更改数据后，数据库里的数据会立即更改并且其他显示形式也需要立即改变，要求选用合适的设计模式，画出 **UML** 图。

答案：本题考查的是对观察者模式的理解。

对于本题而言，可以采用下图所示类图来实现本题的要求。

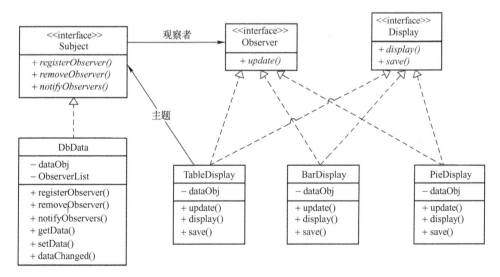

Subject 为主题接口，定义了主题的基本操作。

DbData 为具体的主题，这个类的功能是当数据库中有数据变化的时候就调用 dataChange 方法，这个方法会调用 notifyObservers 方法，而这个方法会调用所有注册观察者的 update 方法来把最新更改的数据通知到所有的观察者（例如 TableDisplay、BarDisplay 等），观察者的 update 方法会调用内部的 display 方法把新的数据显示到界面上。

Observer 为观察者接口，关心数据库数据变化的类都需要实现这个接口中的 update 方法，只要实现这个接口的观察者对主题进行了注册，当数据库中数据发生变化的时候，这个观察者的 update 方法就会被调用来更新数据。

Display 接口为数据显示的接口，display 方法用来把从数据库中拿到的数据显示出来，save 方法用来把对数据的修改保存到数据库中。

对于本题而言，只需要三个具体的观察者，分别为以表格形式显示的观察者、以柱状图格式显示的观察者和以饼图方式显示的观察者。以表格形式显示的观察者为例，在这个类的 update 方法中，可以把数据库更新的数据保存到 dataObj 属性中，同时可以调用 display 方法来把数据以表格的方式显示出来。当表格中的数据有变化的时候，可以调用 save 方法把变化的数据保存到数据库中。当数据库中的数据有变化的时候，又会通知所有的观察者更新数据。